《采油工安全生产标准化操作丛书》
编 委 会

主　　　　任：	吴　奇
副　主　任：	黄　革　郑新权　万　军
执 行 副 主 任：	王渝明　张守良　郝庆华
	王子云　张　超　赵捍军
委员：	姜宝山　王　林　于胜泓　章卫兵　董洪亮
	王松波　吴景刚　全海涛　李亚鹏　范　猛
	王玉琢　杨　东　吴成龙　张万福　杨海波
	周　燕　侯继波　柴方源　祝汉强　肖长军
	赵　伟　卢盛红　朱继红　宋伟光　尹前进
	王海波　袁　月　王鹏飞　张　利　邓　钢
	吴文君　高　媛

《工具、用具、量具使用 1 采油工常用扳手的使用》编委会

主　编：吴　奇

副主编：邓兆玉　张春超　张　衡

委　员：吴文君　董敬宁　丁洪涛

　　　　李雪莲　生凤英　王殿辉

　　　　吕庆东　王冬艳　郑　瑜

　　　　王大一　程　亮　刘　昱

　　　　张云辉　白丽君　邹宏刚

采油工安全生产标准化操作丛书

中国石油人事部
中国石油勘探与生产分公司 编

工具、用具、量具使用 1

采油工常用扳手的使用

石油工业出版社

图书在版编目（CIP）数据

工具、用具、量具使用 / 中国石油人事部，中国石油勘探与生产分公司编 .—北京：石油工业出版社，2019.5

（采油工安全生产标准化操作丛书）

ISBN 978-7-5183-3248-9

Ⅰ.①工… Ⅱ.①中… ②中… Ⅲ.①石油开采－工具－使用方法 ②石油开采－量具－使用方法 Ⅳ.① TE35-65

中国版本图书馆 CIP 数据核字（2019）第 050026 号

出版发行：石油工业出版社
（北京安定门外安华里 2 区 1 号楼 100011）
网　址：www.petropub.com
编辑部：（010）64523537
图书营销中心：（010）64523633
经　销：全国新华书店
印　刷：北京中石油彩色印刷有限责任公司

2019 年 5 月第 1 版　2019 年 5 月第 1 次印刷
880×1230 毫米　开本：1/64　印张：13.625
字数：195 千字

定价：165.00 元（全 11 册）
（如出现印装质量问题，我社图书营销中心负责调换）
版权所有，翻印必究

开发单位

中国石油天然气股份有限公司勘探与生产分公司

大庆油田有限责任公司人事部(党委组织部)

大庆油田有限责任公司开发部

大庆油田有限责任公司质量安全环保部

大庆油田有限责任公司第二采油厂

大庆油田有限责任公司第四采油厂

大庆油田有限责任公司第六采油厂

大庆油田有限责任公司文化集团

大庆油田有限责任公司人才开发院

大庆油田有限责任公司大庆医学高等专科学校

合作单位

长庆油田分公司

辽河油田分公司

新疆油田分公司

大港油田分公司

华北油田分公司

石油工业出版社

FOREWORD 序

"求木之长者，必固其根本；欲流之远者，必浚其泉源。"2017年，党中央、国务院印发了《新时期产业工人队伍建设改革方案》，明确指出，产业工人是工人阶级中发挥支撑作用的主体力量，是创造社会财富的中坚力量，是创新驱动发展的骨干力量，是实施制造强国战略的有生力量。同时提出，要造就一支有理想守信念、懂技术会创新、敢担当讲奉献的宏大的产业工人队伍。这充分体现了党和国家对产业工人队伍建设的关心支持。

中国石油牢固树立以人为本、质量至上、安全第一、环保优先的理念，坚持施行标准化操作作为保证安全生产、深化精细管理、实现

企业内涵发展的重要支撑。中国石油将提升员工技能水平作为抓好产业工人队伍建设的主攻方向,把标准化操作固化成基层单位和干部职工尤其是新员工的行为准则和工作标准,牢固树立"上标准岗、干标准活"的工作意识和理念,形成人人讲安全、人人会安全、人人都安全的良好局面。

守正笃实,久久为功。提升员工技能操作水平是一项长期而艰巨的任务,完善标准是基础,加强领导是保障,优化执行是根本。这需要大家积极推广标准化操作工作,不断加强和改进操作流程与标准,不断规范与完善标准化操作,引导广大员工全面提升对标准化操作的认知度,全面提升标准化操作执行力,规范本质化安全行为,推进各项工作上水平。

中国石油人事部和中国石油勘探与生产分公司共同组织编写的《采油工安全生产标准化

操作丛书》及配套的视频课件,包含中国石油各油气田单位通用性的140个基本操作,具有开发标准高、内容全面、注重安全风险、应用范围广、培训效果突出等方面优点。相对应的视频课件利用三维动画技术,通过分解、剖切等方式展示常规不可见的设备内部结构,让员工学习起来更加直观,是一套"看得懂、学得会、易掌握"的实用教材,真正做到了将"技术有形化",填补了中国石油安全生产操作培训课件方面的空白,为进一步提升操作员工整体素质提供有力支撑。

目前,跨国公司员工培训已经进入了"互联网+培训"的员工混合式培训阶段,以多终端应用设备为载体,展现多种资源,结合线下培训和社区化学习模式,以网络化应用进行培训评估,实现可规划路径的人才发展优化培训。这套丛书从生产实际出发,以满足需求为导向,

以促进员工养成标准化操作习惯为目标,实践性和针对性都很强。同时,大批专家的参与写作使教材的权威性有了保证。丛书配套的视频课件可以满足石油员工远程移动学习,也可以满足员工单机高清自学和集中学习。这样就形成了三位一体的员工培训模式,逐步迈入员工混合式培训阶段。希望这套丛书的出版发行,能为促进中国石油员工培训工作的深入开展,为促进员工操作技能水平的不断提升,为推动油气主业高质量发展,为实现中国石油建成世界一流综合性国际能源公司作出积极贡献。

中国石油天然气集团有限公司
总经理助理、人事部总经理

PREFACE 前言

采油工是油田企业主体关键工种之一,在中国石油操作类员工中占比较大,采油工技能水平的高低,对油田的安全平稳生产起到至关重要的作用。为进一步提高采油工的基本素质和业务技能水平,中国石油人事部和中国石油勘探与生产分公司于2016年联合启动了采油工安全生产标准化操作视频培训课件开发项目,成立了课件编委会,委托大庆油田公司负责课件具体编制工作,并确定长庆、辽河、新疆、大港、华北5家油田公司和石油工业出版社,共同配合大庆油田做好视频培训课件编制工作。

课件开发过程中,大庆油田高度重视,按照"实际、实用、实效"的原则,专门成立了

课件开发工作领导组,组织公司人事部、开发部、安全环保部、第二采油厂、第四采油厂等9个部门和二级单位共同参与,共计抽调了100余名专家参与项目的研发设计。勘探与生产分公司加强过程监督和质量把控,针对开发方案、课件脚本、制作标准、课件样片等内容,按照不同工作节点先后组织三次大的集中审核会议,邀请中国石油各油田行业专家建言献策,为提高课件的通用性和实用性奠定坚实基础。大庆油田按照总体工作要求,历时两年,完成了视频培训课件的编制任务,并同步完成《采油工安全生产标准化操作丛书》的编写工作。本套丛书紧贴油田生产实际,以采油工岗位职责为依据,包含《安全防护用具使用》《工具、用具、量具使用》《采油工艺简介》《抽油机井标准化操作》《电动潜油泵井标准化操作》《电动螺杆泵井标准化操作》《注水井标准化操作》

《计量间标准化操作》《抽油机井生产故障分析与处理》《电动潜油泵井生产故障分析与处理》《电动螺杆泵井生产故障分析与处理》《注水井生产故障分析与处理》《计量间生产故障分析与处理》《现场应急救护》,共 14 种 140 个分册。本套丛书具有突出的实用性和规范性特点,可广泛用于新员工岗前培训、日常岗位练兵、鉴定考前培训、师徒帮带、技能竞赛等学习培训活动。

希望本套丛书能够为各石油企业提供借鉴,为今后采油工岗位培训的扎实有效开展提供有力保障。由于各油田在采油工艺、设备等方面存在差异性,书中难免有不足之处,敬请读者批评指正。

编者
2018 年 8 月

CONTENTS 目录

项目说明 1

参考标准 2

活扳手 3

呆扳手 14

梅花扳手 27

套筒扳手 39

使用中的注意事项 55

试题 60

试题参考答案 63

项目说明

扳手是常用的安装与拆卸工具。采油工常用的扳手有活扳手、呆扳手、梅花扳手、套筒扳手。

参考标准

GB/T 4440—2008《活扳手》

GB/T 4389—2013《呆扳手》

GB/T 4393—2008《梅花扳手》

GB/T 3390.1—2013《手动套筒扳手 套筒》

活扳手

活扳手开口宽度可在一定范围内调节,是用来紧固或拆卸不同规格的六角头、方头螺栓或其他紧固件的一种常用工具。常用的规格有 200mm×24mm、250mm×28mm、300mm×34mm、375mm×43mm、450mm×52mm。

采油工常用扳手的使用

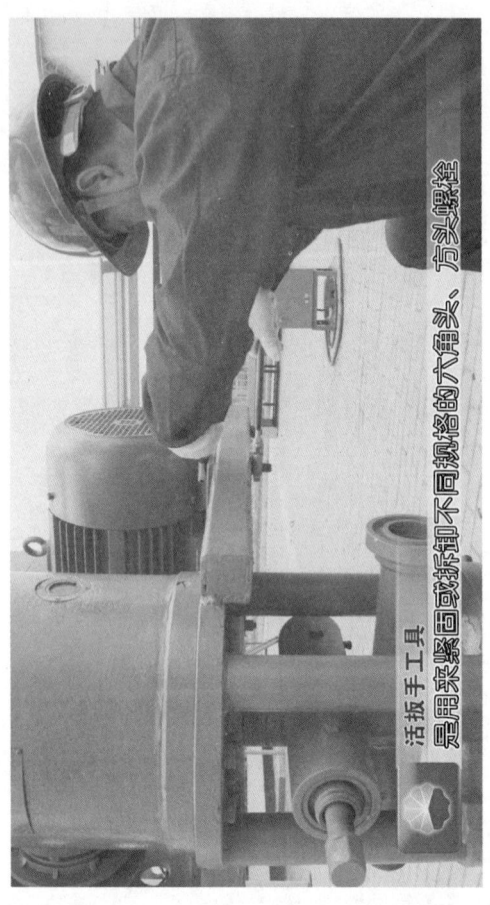

活扳手工具是用来紧固或拆卸不同规格的大//// 头、方头螺栓

活扳手

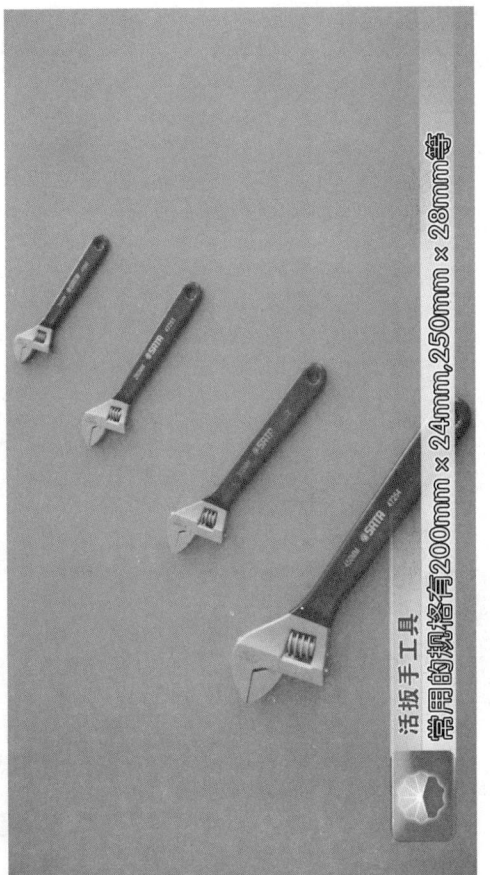

活扳手工具
常用的规格有200mm × 24mm,250mm × 28mm等

1. 结构组成

活扳手由扳头和扳柄两大部分组成。扳头由活络扳唇、呆扳唇、涡轮及轴销组成。以 200mm×24mm 活扳手为例,200mm 表示扳手全长尺寸,24mm 表示扳手最大开口尺寸。

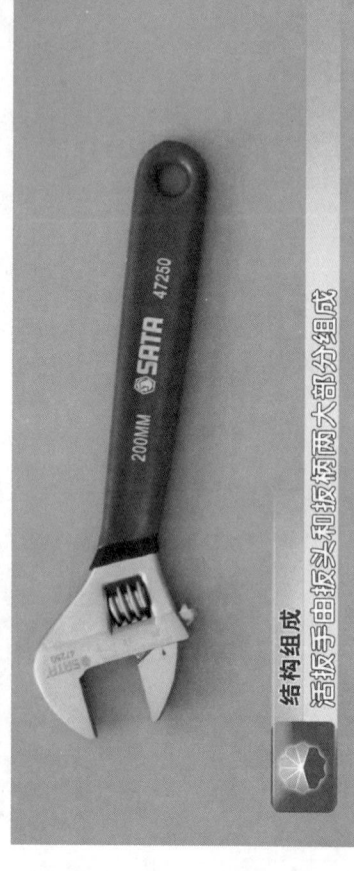

结构组成
活扳手由扳头和扳柄两大部分组成

活扳手

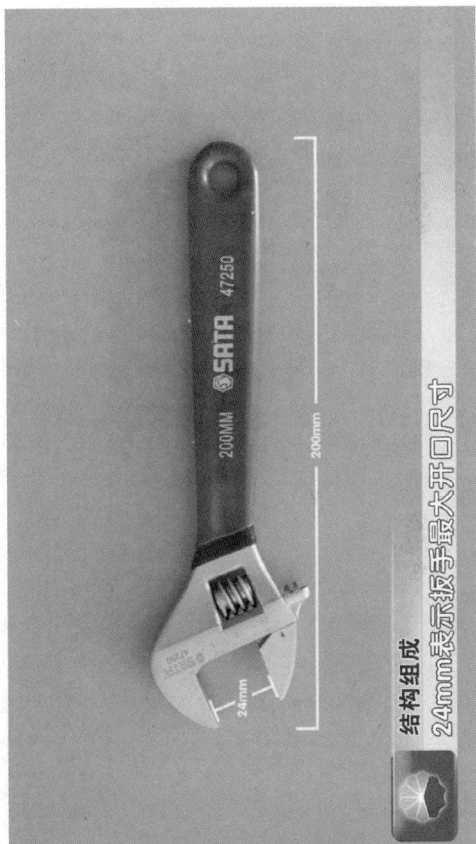

结构组成

24mm表示扳手最大开口尺寸

2. 使用方法

（1）根据工件的大小及需要的扭力选择活扳手。检查活扳手外观完好，涡轮及轴销灵活好用。

使用方法　根据工件的大小及需要的扭力选择活扳手

活扳手

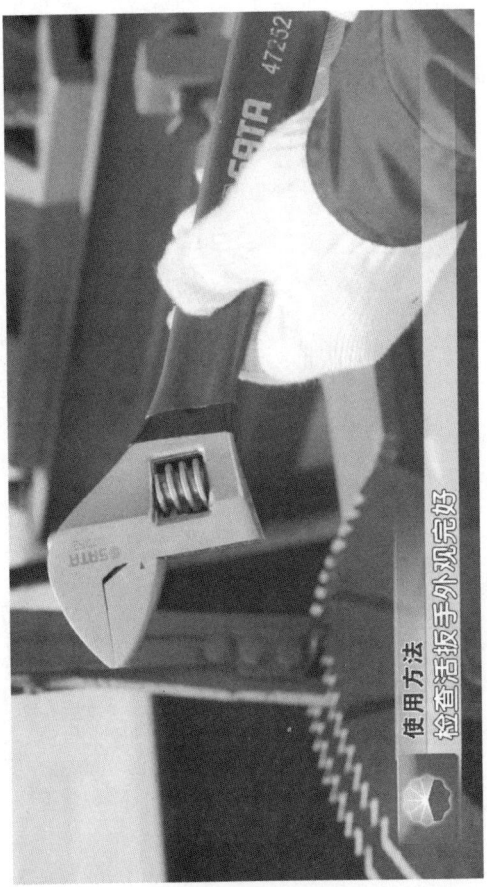

使用方法
检查活扳手外观完好

采油工常用扳手的使用

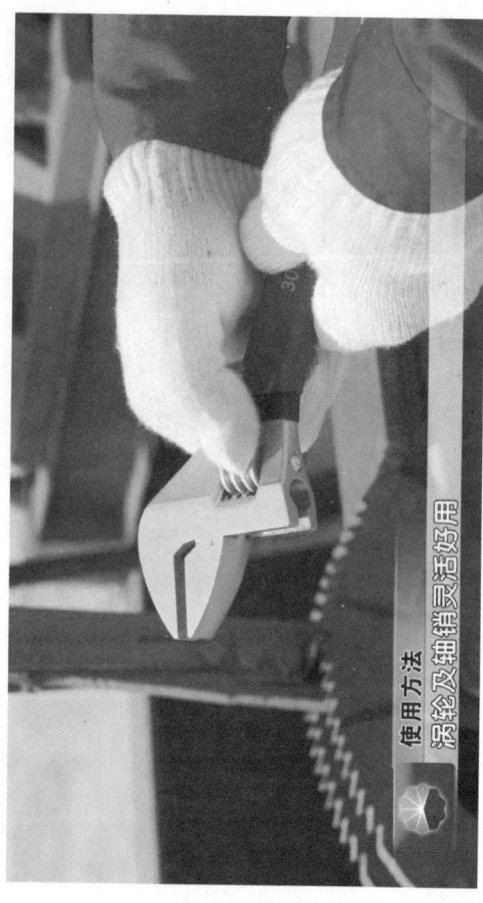

活扳手

(2) 使用时,调整扳口尺寸,使其与螺栓或螺母宽度一致。手握扳柄向活络扳唇方向垂直拉动。工具使用完毕后,擦拭干净。

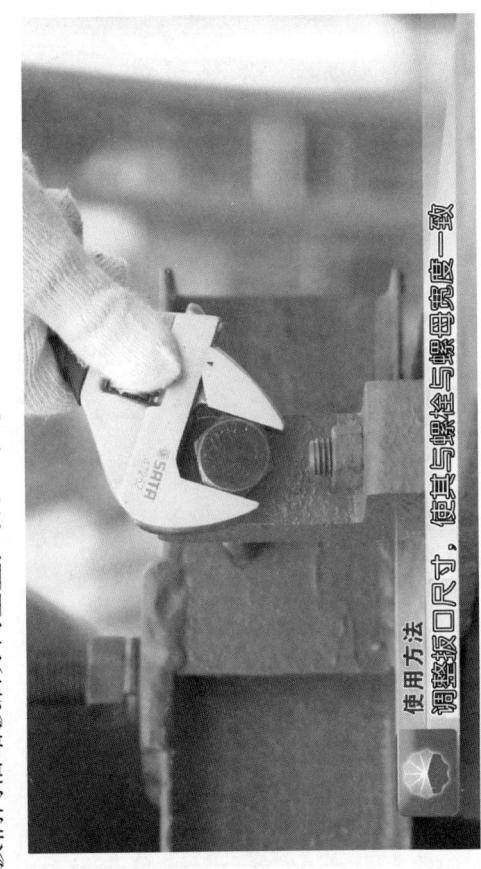

使用方法
调整扳口尺寸,使其与螺栓与螺母宽度一致

采油工常用扳手的使用

使用方法
手握扳顶向活络扳唇方向垂直拉动

呆扳手

呆扳手是扳拧螺栓和螺母或其他紧固件的常用工具，开口宽度不能调节，用于紧固或拆卸六角头或方头螺栓。呆扳手分单头呆扳手、双头呆扳手和敲击呆扳手。常用双头呆扳手的规格有 12mm×14mm、14mm×17mm、17mm×19mm、24mm×27mm、30mm×32mm。

呆扳手

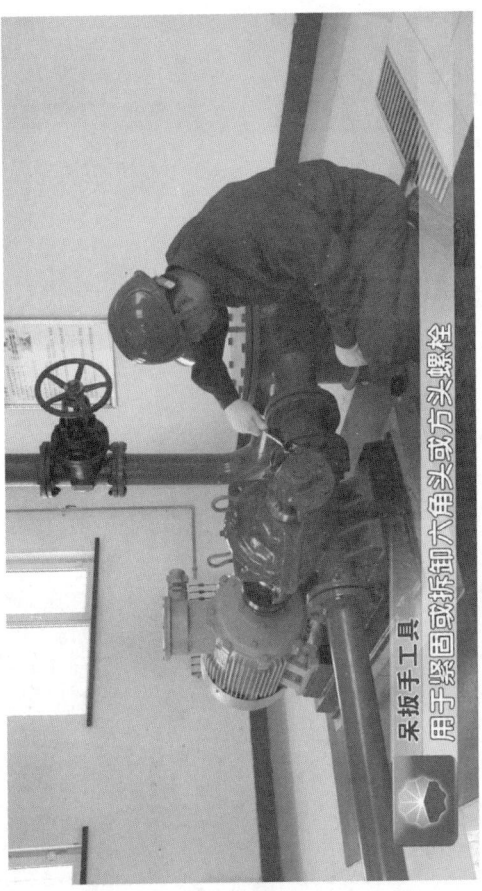

呆扳手工具
用于紧固或拆卸六角头或方头螺栓

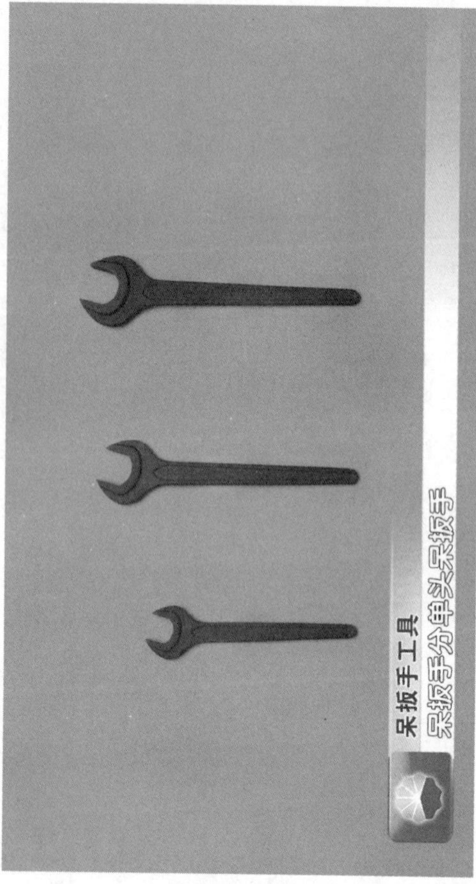

采油工常用扳手的使用

采扳手工具
呆扳手分单头呆扳手

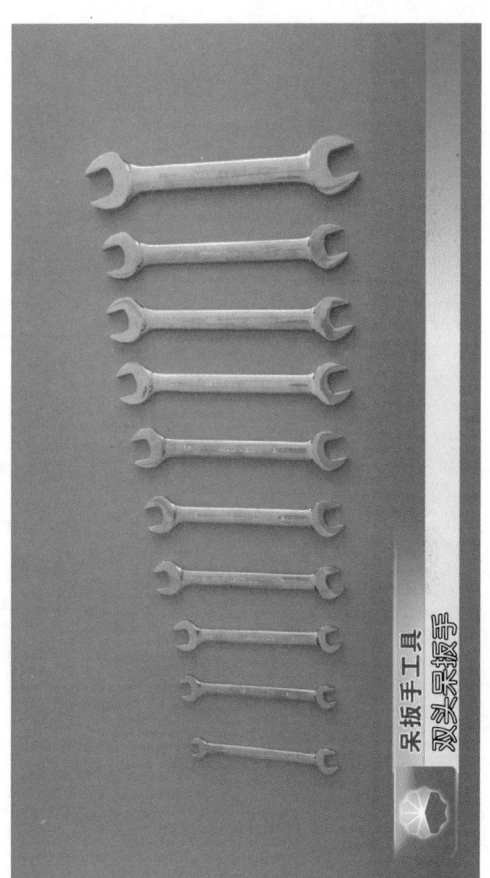

呆扳手工具
双头呆扳手

采油工常用扳手的使用

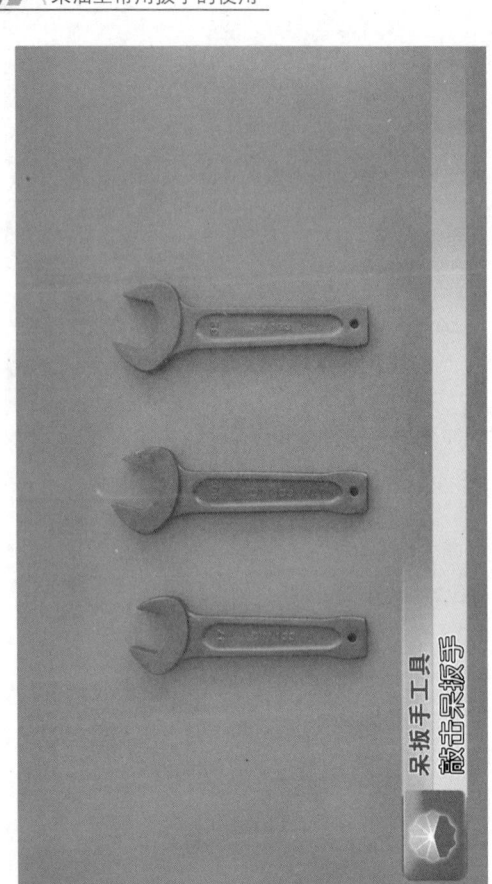

呆扳手工具
敲击呆扳手

1. 结构组成

双头呆扎手是由钳口和手柄两部分组成。以 24mm × 27mm 双头呆扳手为例，24mm 和 27mm 分别表示呆扳手两头开口宽度。

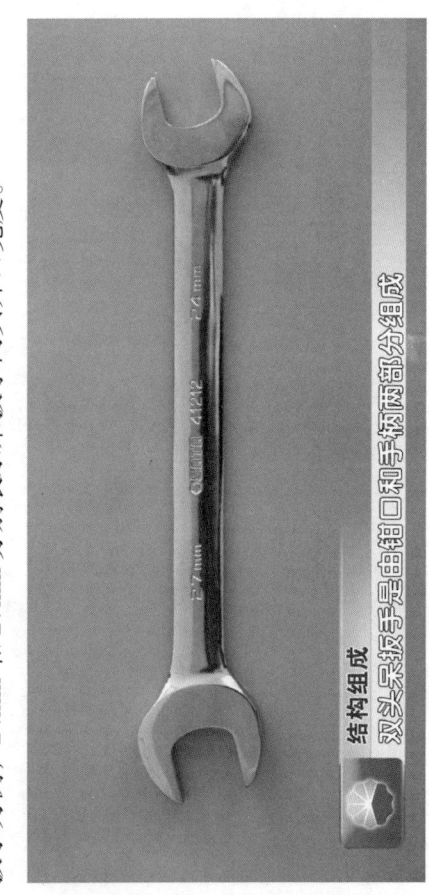

结构组成
双头呆扳手是由钳口和手柄两部分组成

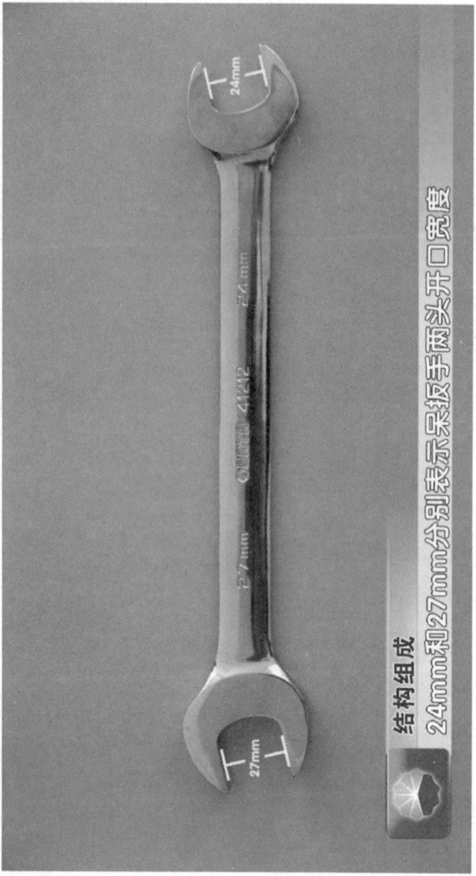

采油工常用扳手的使用

结构组成

24mm和27mm分别表示呆扳手两头开口宽度

2. 使用方法

(1) 根据工件大小选择合适规格的呆扳手, 保证钳口与紧固件端面配合紧密。检查呆扳手无裂纹, 扳头内无污物。

使用方法：根据工件大小选择合适规格的呆扳手

采油工常用扳手的使用

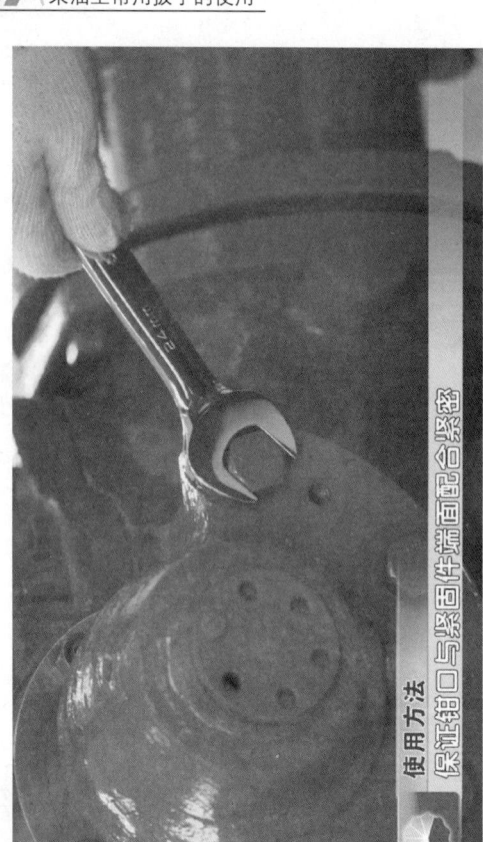

使用方法
保证钳口与紧固件端面配合紧密

呆扳手

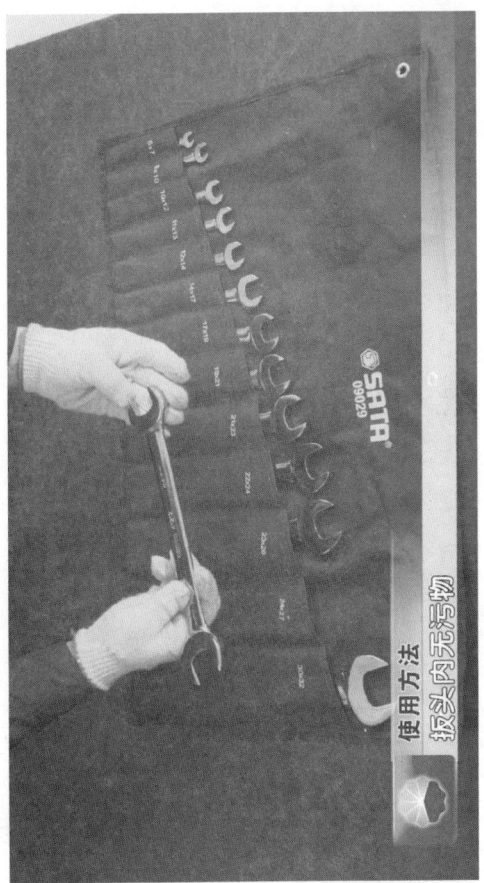

使用方法
扳头内无污物

(2)使用时,握住扳手手柄末端拉动扳手,应使扳头与螺栓完全咬合,用力方向与手柄运动方向一致,以获得最大扭力。工具使用完毕后,擦拭干净。

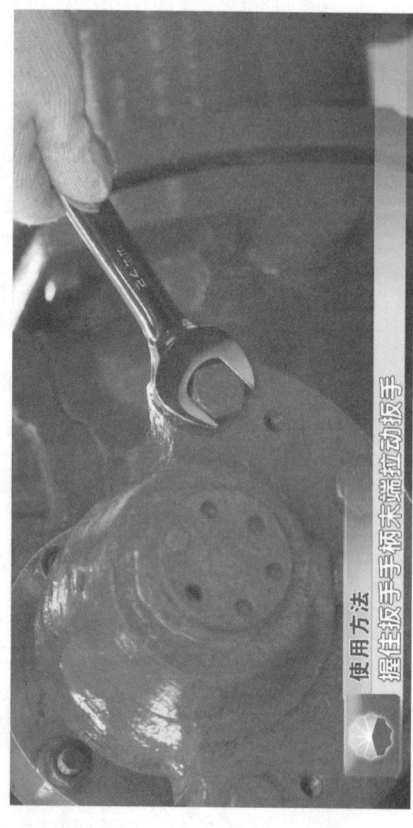

使用方法
握住扳手手柄末端拉动扳手

呆扳手

使用方法
应使扳头与螺栓完全啮合

采油工常用扳手的使用

使用方法
工具使用完毕后，擦拭干净

梅花扳手

梅花扳手是紧固和拆卸六角头螺栓、螺母的专用工具。一端或两端具有带六角孔或十二角孔的工作端,适用于工作空间狭小、凹处的场合。梅花扳手分为单头梅花扳手、双头梅花扳手和敲击梅花扳手。常用的双头梅花扳手规格有12mm×14mm、14mm×17mm、17mm×19mm、24mm×27mm、30mm×32mm。

采油工常用扳手的使用

梅花扳手工具
一端式及两端具有带六角孔或十二角孔的工作端

梅花扳手

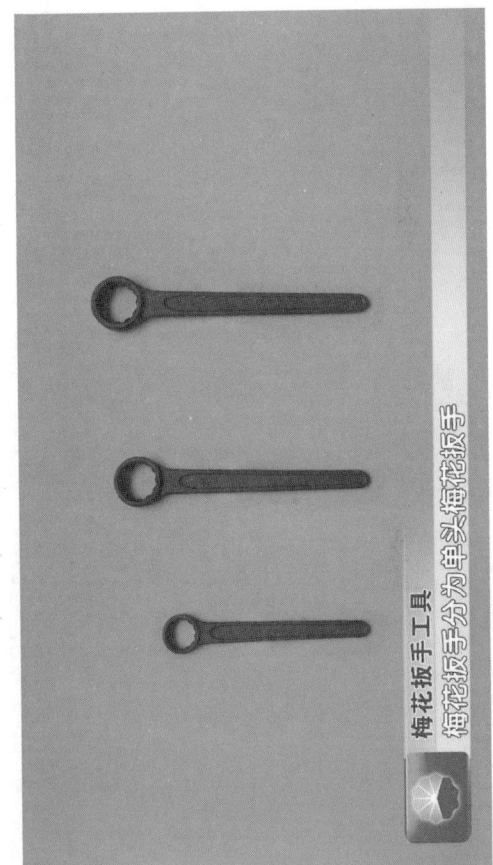

梅花扳手工具
梅花扳手分为单头梅花扳手

采油工常用扳手的使用

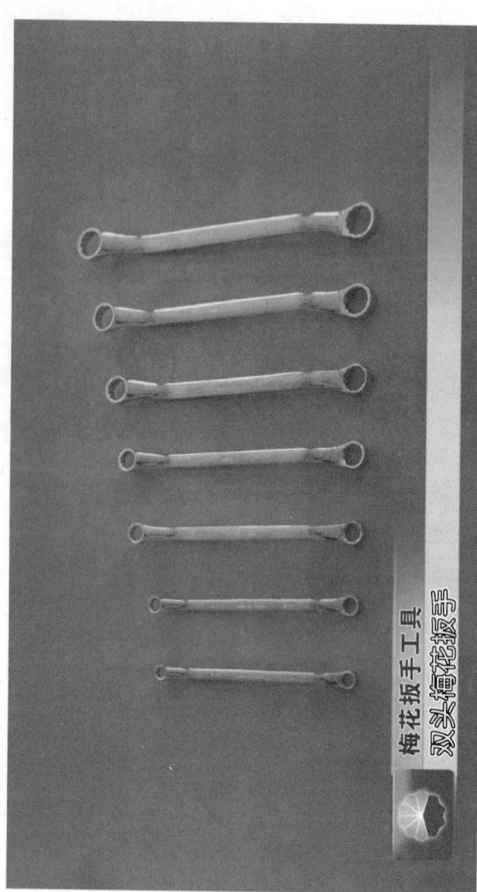

梅花扳手

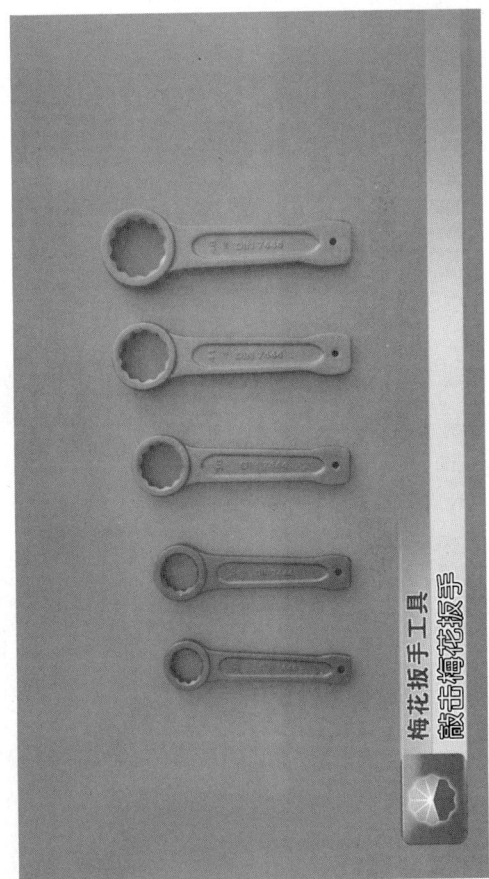

梅花扳手工具
敲击梅花扳手

1. 结构组成

双头梅花扳手由扳头和手柄组成。以 17mm × 19mm 双头梅花扳手为例，17mm 和 19mm 分别表示梅花扳手两侧扳头对边宽度。

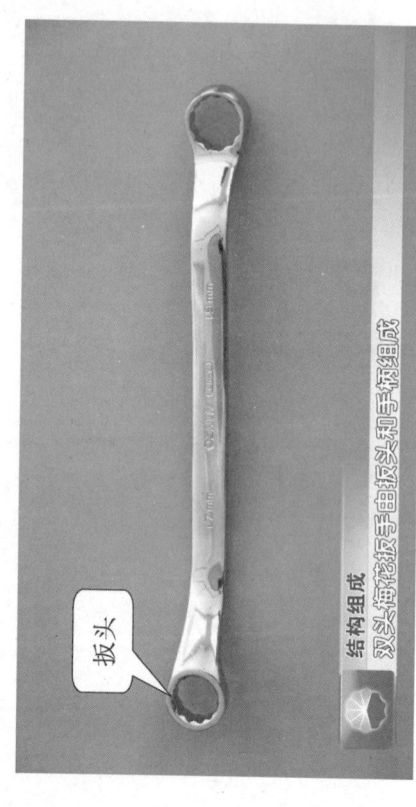

结构组成
双头梅花扳手由扳头和手柄组成

梅花扳手

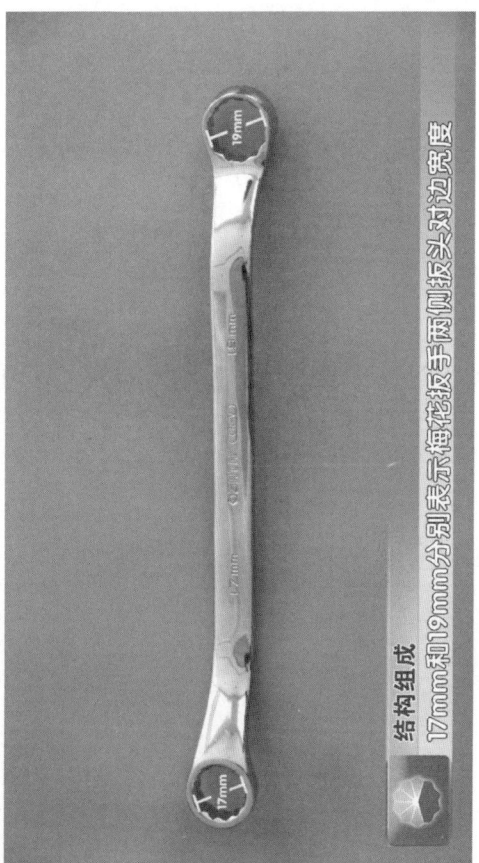

结构组成

17mm和19mm分别表示梅花扳手两侧扳头对边宽度

2. 使用方法

(1) 根据工件大小选择合适规格的梅花扳手,扳头应与工件结合紧密、无松旷,防止损坏工件。检查梅花扳手无裂纹,扳头内无污物。

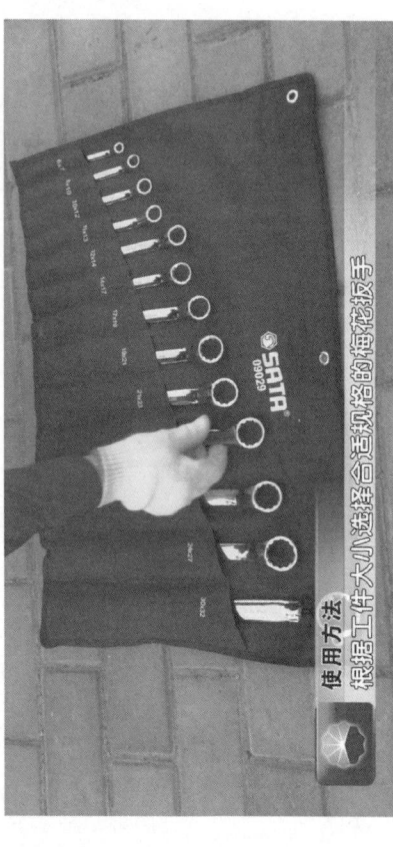

使用方法
根据工件大小选择合适规格的梅花扳手

梅花扳手

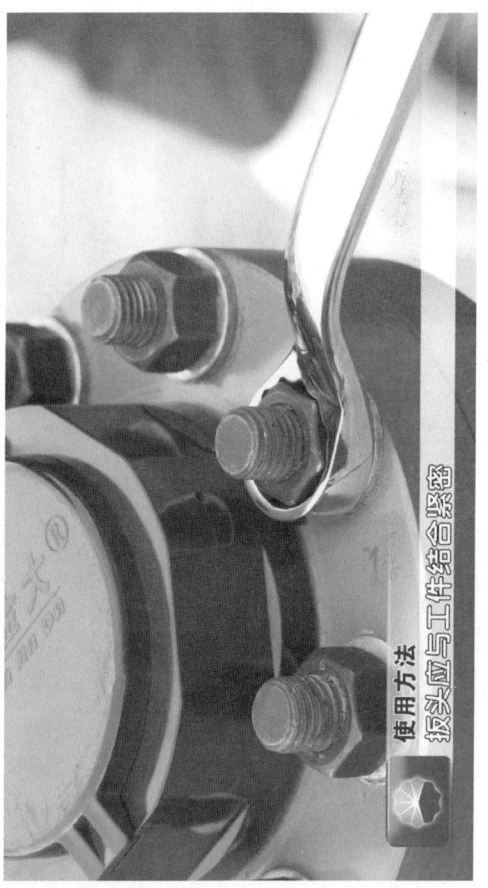

使用方法

扳头应与工件结合紧密

采油工常用扳手的使用

梅花扳手

(2) 使用时,握住扳手手柄末端拉动扳手,应使扳头与螺栓完全配合,用力方向与手柄运动方向一致,以获得最大扭力。工具使用完毕后,擦拭干净。

使用方法
握住扳手手柄长末端拉动扳手

采油工常用扳手的使用

使用方法
工具使用完毕后,擦拭干净

套筒扳手

套筒扳手是紧固和拆卸六角头螺栓、螺母的工具,并配有手柄、接杆等多种附件,适用于位置特殊、空间狭小的场所使用。套筒扳手按用途分手动和气动两种。常用的套筒规格有17mm、19mm、24mm、27mm、32mm、36mm。

采油工常用扳手的使用

套筒扳手工具
套筒扳手是紧固和拆卸六角头螺栓、螺母的工具

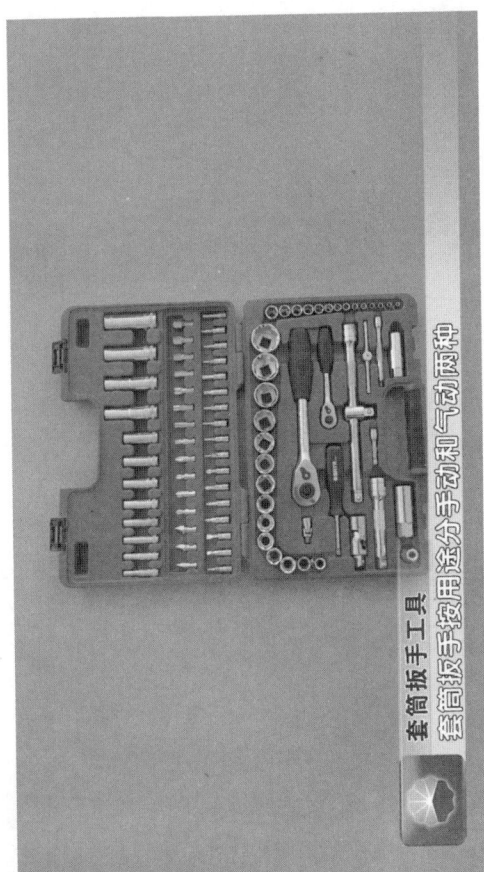

套筒扳手工具

套筒扳手按使用动力分手动和气动两种

采油工常用扳手的使用

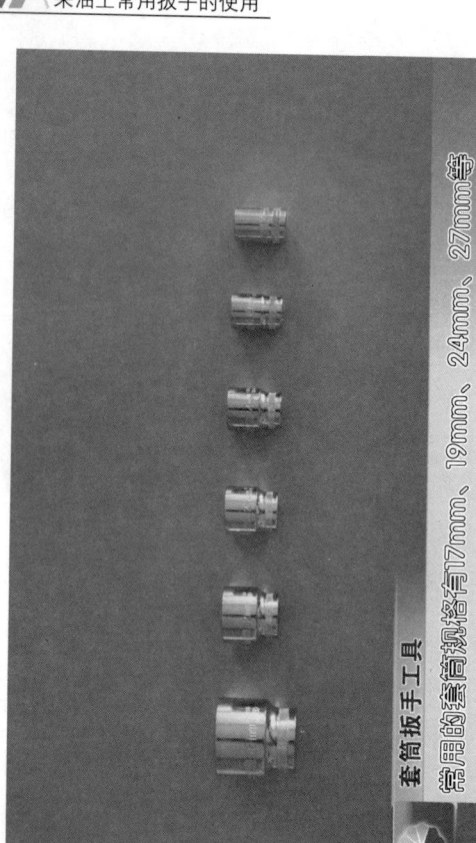

套筒扳手工具
常用的套筒规格有17mm、19mm、24mm、27mm等

1. 结构组成

套筒扳手主要由套筒头、接头、连杆、棘轮手柄、快速摇柄等组成。

以 32mm 套筒头为例，32mm 表示套筒头对边宽度。

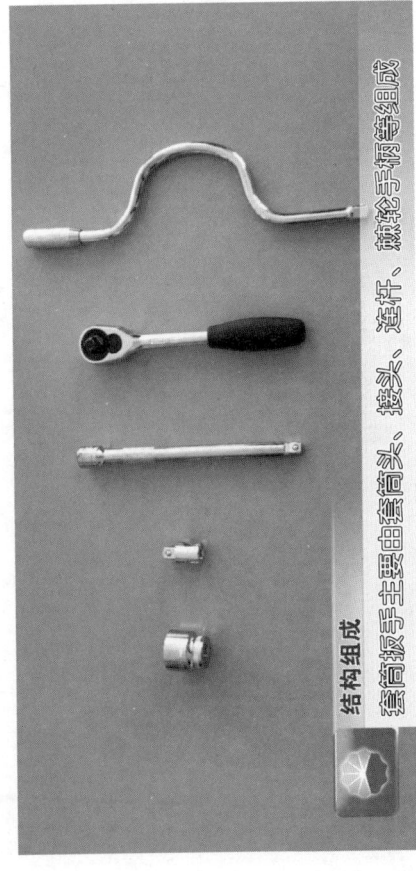

结构组成：套筒扳手主要由套筒头、接头、连杆、棘轮手柄等组成

采油工常用扳手的使用

结构组成
32mm表示至筒头对边宽度

2. 使用方法

（1）根据工件选择合适规格的套筒头，检查套筒头完好无裂纹。

使用方法
根据工件选择合适规格的套筒头

采油工常用扳手的使用

使用方法

根据工件选择合适规格的套筒头

套筒扳手

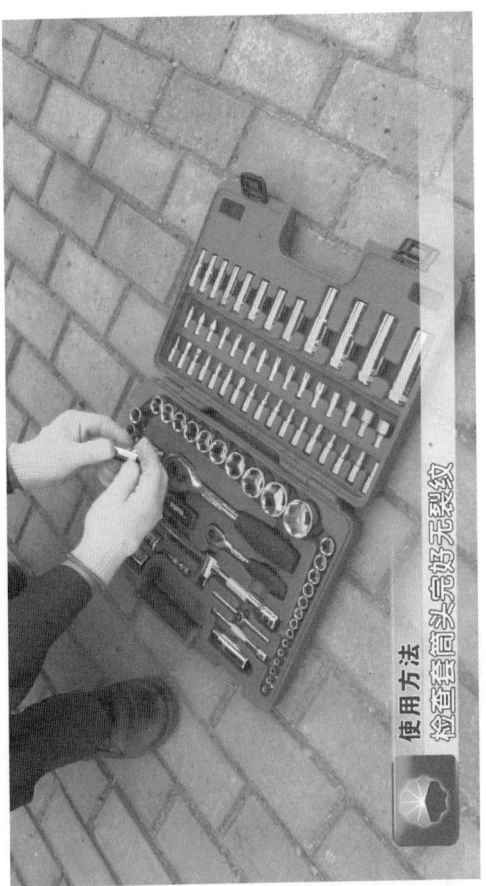

使用方法
检查套筒头是否完好无裂纹

采油工常用扳手的使用

(2) 根据工件所在位置选择合适的手柄，检查手柄完好无裂纹。

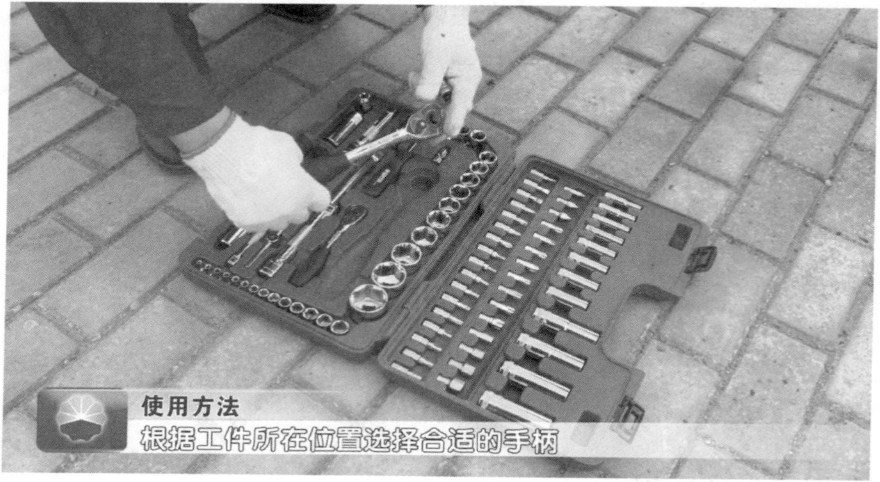

使用方法
根据工件所在位置选择合适的手柄

套筒扳手

使用方法
检查手柄完好无裂纹

（3）将手柄和套筒头组合成一个套筒扳手。使用时应根据拆卸或紧固的需要，选择正确的棘轮挡位方向，将套筒头套在螺栓（螺母）上，握住手柄末端拉动扳手，以获得最大扭力。

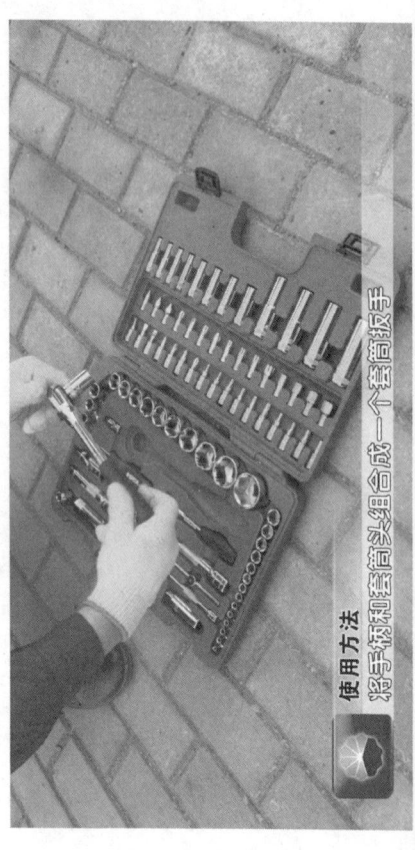

使用方法
将手柄和套筒头组合成一个套筒扳手

套筒扳手

采油工常用扳手的使用

使用方法
将套筒头套在螺栓上

套筒扳手

使用方法
握住手柄末端拉动扳手，以获得最大扭力

采油工常用扳手的使用

（4）工具使用完毕后，擦拭干净。

使用方法
工具使用完毕后，擦拭干净

使用中的注意事项

(1) 选用的扳手规格要与螺栓或螺母规格一致,防止打滑伤人。

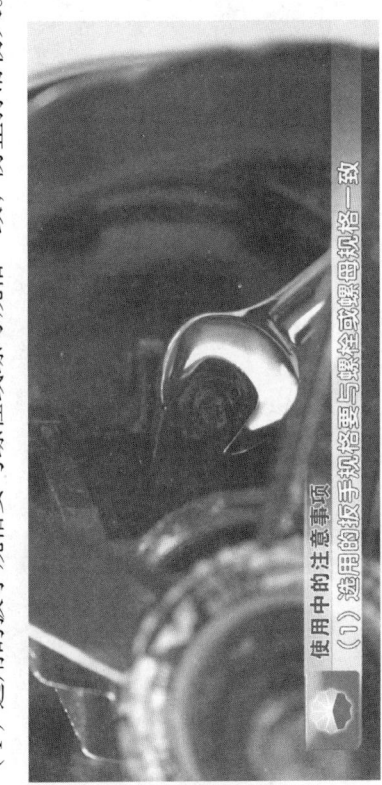

采油工常用扳手的使用

（2）使用敲击扳手时必须戴好护目镜，防止异物飞溅伤人。

使用中的注意事项
（2）使用敲击扳手时必须戴好护目镜

(3)操作空间受限时,需推动使用,应伸开手指用手掌推动,防止撞伤关节。

采油工常用扳手的使用

(4) 扳头及手柄应无油脂,防止打滑脱落伤人。

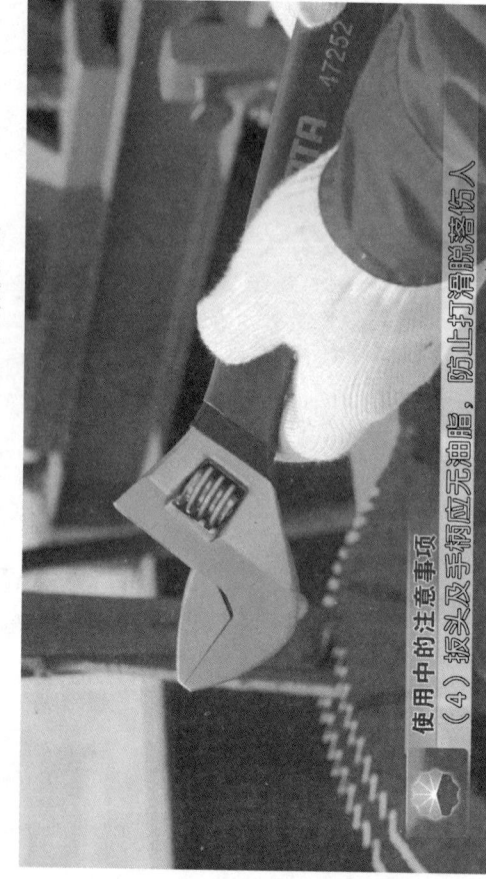

使用中的注意事项
(4) 扳头及手柄应无油脂,防止打滑脱落伤人

(5) 使用活扳手时,扳口开度要合适,防止打滑损坏工件或造成人身伤害。

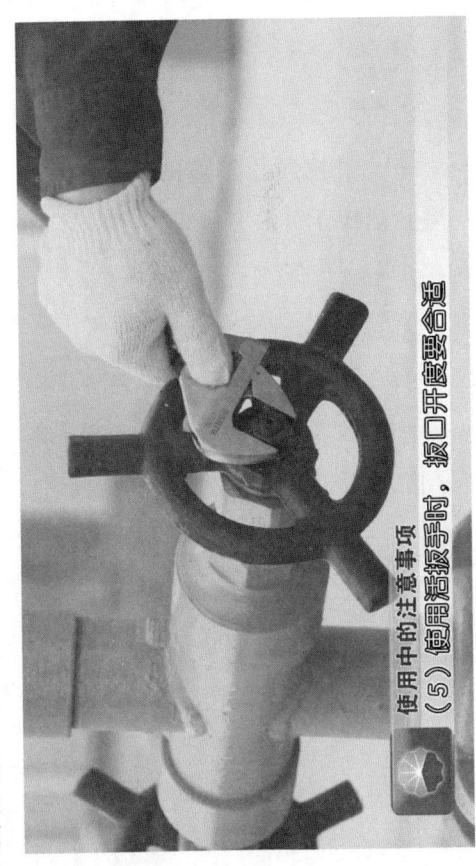

使用中的注意事项
(5) 使用活扳手时,扳口开度要合适

试 题

一、选择题（不限单选）

1. 活扳手开口宽度可在一定范围内调节，是用来紧固或拆卸（　）的六角头、方头螺栓或其他紧固件的一种常用工具。

　　A. 一种规格　　　　B. 两种规格
　　C. 三种规格　　　　D. 不同规格

2. 活扳手由（　）和扳柄两大部分组成。

　　A. 活络扳唇　　　　B. 呆扳唇
　　C. 涡轮　　　　　　D. 扳头

3. 规格型号为 200mm × 24mm 的活扳手，200mm 表示扳手全长尺寸，24mm 表示扳手（　）。

　　A. 扳头宽度尺寸　　B. 活络扳唇尺寸
　　C. 最大开口尺寸　　D. 最小开口尺寸

4.活扳手使用时,调整扳口尺寸,使其与螺栓或螺母宽度一致,手握扳柄向活络扳唇方向( )。

A. 水平拉动　　　　B. 水平推动

C. 垂直拉动　　　　D. 垂直推动

5.呆扳手使用时,用力方向应与手柄运动方向( ),以获得最大扭力。

A. 相反　　　　　　B. 平行

C. 一致　　　　　　D. 垂直

6.规格为17mm×19mm的双头梅花扳手,17mm和19mm分别表示梅花扳手两侧扳头( )。

A. 对角长度　　　　B. 对角宽度

C. 对边长度　　　　D. 对边宽度

二、判断题

1.使用扳手在操作空间受限时,需推动使用,应伸开手指用手掌推动。( )

2.规格型号为以"24mm×27mm"双头呆

采油工常用扳手的使用

扳手,24mm 和 27mm 分别表示呆扳手两头的长度。( )

3. 根据工件大小选择合适规格的呆扳手,保证使用时钳口与紧固件边缘配合紧密。( )

4. 梅花扳手适用于位置特殊、工作空间狭小的场合使用。( )

5. 使用敲击扳手时必须戴好护目镜,防止异物飞溅伤人。( )

试题参考答案

一、选择题

题号	1	2	3	4	5	6
答案	D	D	C	C	C	D

二、判断题

题号	1	2	3	4	5
答案	√	×	×	×	√

《工具、用具、量具使用》

分册序号	分册书名
1	采油工常用扳手的使用
2	采油工常用手钳的使用
3	采油工常用电工仪表的使用
4	采油工常用量具的使用
5	采油工常用管工工具的使用(管螺纹铰板)
6	采油工常用管工工具的使用(管子钳)
7	采油工常用管工工具的使用(切割类)
8	采油工常用管工工具的使用(夹持类)
9	采油工常用锤击工具的使用
10	采油工常用电动钻孔工具的使用
11	采油工常用举升、顶拔工具的使用

采油工安全生产标准化操作丛书

中国石油人事部
中国石油勘探与生产分公司 编

工具、用具、量具使用 2

采油工常用手钳的使用

石油工业出版社

图书在版编目（CIP）数据

工具、用具、量具使用 / 中国石油人事部，中国石油勘探与生产分公司编. —北京：石油工业出版社，2019.5

（采油工安全生产标准化操作丛书）

ISBN 978-7-5183-3248-9

Ⅰ.①工… Ⅱ.①中… ②中… Ⅲ.①石油开采-工具-使用方法 ②石油开采-量具-使用方法 Ⅳ.① TE35-65

中国版本图书馆 CIP 数据核字（2019）第 050026 号

出版发行：石油工业出版社
（北京安定门外安华里 2 区 1 号楼 100011）
网　址：www.petropub.com
编辑部：（010）64523537
图书营销中心：（010）64523633
经　销：全国新华书店
印　刷：北京中石油彩色印刷有限责任公司

2019 年 5 月第 1 版　2019 年 5 月第 1 次印刷
880×1230 毫米　开本：1/64　印张：13.625
字数：195 千字

定价：165.00 元（全 11 册）
（如出现印装质量问题，我社图书营销中心负责调换）
版权所有，翻印必究

《采油工安全生产标准化操作丛书》
编委会

主　　　任：吴　奇

副　主　任：黄　革　　郑新权　　万　军

执行副主任：王渝明　　张守良　　郝庆华

　　　　　　王子云　　张　超　　赵捍军

委员：姜宝山　王　林　于胜泓　章卫兵　董洪亮

　　　王松波　吴景刚　全海涛　李亚鹏　范　猛

　　　王玉琢　杨　东　吴成龙　张万福　杨海波

　　　周　燕　侯继波　柴方源　祝汉强　肖长军

　　　赵　伟　卢盛红　朱继红　宋伟光　尹前进

　　　王海波　袁　月　王鹏飞　张　利　邓　钢

　　　吴文君　高　媛

《工具、用具、量具使用 2 采油工常用手钳的使用》编委会

主　编：吴　奇

副主编：林　梅　　邓兆玉　　杨海波

委　员：吴文君　　董敬宁　　王大一

　　　　李雪莲　　生凤英　　王殿辉

　　　　吕庆东　　王冬艳　　郑　瑜

　　　　丁洪涛　　程　亮　　刘　昱

　　　　张春超　　白丽君　　邹宏刚

开发单位

中国石油天然气股份有限公司勘探与生产分公司

大庆油田有限责任公司人事部(党委组织部)

大庆油田有限责任公司开发部

大庆油田有限责任公司质量安全环保部

大庆油田有限责任公司第二采油厂

大庆油田有限责任公司第四采油厂

大庆油田有限责任公司第六采油厂

大庆油田有限责任公司文化集团

大庆油田有限责任公司人才开发院

大庆油田有限责任公司大庆医学高等专科学校

合作单位

长庆油田分公司

辽河油田分公司

新疆油田分公司

大港油田分公司

华北油田分公司

石油工业出版社

Foreword 序

"求木之长者,必固其根本;欲流之远者,必浚其泉源。"2017年,党中央、国务院印发了《新时期产业工人队伍建设改革方案》,明确指出,产业工人是工人阶级中发挥支撑作用的主体力量,是创造社会财富的中坚力量,是创新驱动发展的骨干力量,是实施制造强国战略的有生力量。同时提出,要造就一支有理想守信念、懂技术会创新、敢担当讲奉献的宏大的产业工人队伍。这充分体现了党和国家对产业工人队伍建设的关心支持。

中国石油牢固树立以人为本、质量至上、安全第一、环保优先的理念,坚持施行标准化操作作为保证安全生产、深化精细管理、实现

企业内涵发展的重要支撑。中国石油将提升员工技能水平作为抓好产业工人队伍建设的主攻方向,把标准化操作固化成基层单位和干部职工尤其是新员工的行为准则和工作标准,牢固树立"上标准岗、干标准活"的工作意识和理念,形成人人讲安全、人人会安全、人人都安全的良好局面。

守正笃实,久久为功。提升员工技能操作水平是一项长期而艰巨的任务,完善标准是基础,加强领导是保障,优化执行是根本。这需要大家积极推广标准化操作工作,不断加强和改进操作流程与标准,不断规范与完善标准化操作,引导广大员工全面提升对标准化操作的认知度,全面提升标准化操作执行力,规范本质化安全行为,推进各项工作上水平。

中国石油人事部和中国石油勘探与生产分公司共同组织编写的《采油工安全生产标准化

操作丛书》及配套的视频课件，包含中国石油各油气田单位通用性的140个基本操作，具有开发标准高、内容全面、注重安全风险、应用范围广、培训效果突出等方面优点。相对应的视频课件利用三维动画技术，通过分解、剖切等方式展示常规不可见的设备内部结构，让员工学习起来更加直观，是一套"看得懂、学得会、易掌握"的实用教材，真正做到了将"技术有形化"，填补了中国石油安全生产操作培训课件方面的空白，为进一步提升操作员工整体素质提供有力支撑。

目前，跨国公司员工培训已经进入了"互联网＋培训"的员工混合式培训阶段，以多终端应用设备为载体，展现多种资源，结合线下培训和社区化学习模式，以网络化应用进行培训评估，实现可规划路径的人才发展优化培训。这套丛书从生产实际出发，以满足需求为导向，以促进员工养成标准化操作习惯为目标,实践性和针对性都很强。同时,大批专家的参与写作使教材的权威性有了保证。丛书配套的视频课件可以满足石油员工远程移动学习,也可以满足员工单机高清自学和集中学习。这样就形成了三位一体的员工培训模式,逐步迈入员工混合式培训阶段。希望这套丛书的出版发行,能为促进中国石油员工培训工作的深入开展,为促进员工操作技能水平的不断提升,为推动油气主业高质量发展,为实现中国石油建成世界一流综合性国际能源公司作出积极贡献。

中国石油天然气集团有限公司
总经理助理、人事部总经理　刘志华

PREFACE 前言

采油工是油田企业主体关键工种之一，在中国石油操作类员工中占比较大，采油工技能水平的高低，对油田的安全平稳生产起到至关重要的作用。为进一步提高采油工的基本素质和业务技能水平，中国石油人事部和中国石油勘探与生产分公司于2016年联合启动了采油工安全生产标准化操作视频培训课件开发项目，成立了课件编委会，委托大庆油田公司负责课件具体编制工作，并确定长庆、辽河、新疆、大港、华北5家油田公司和石油工业出版社，共同配合大庆油田做好视频培训课件编制工作。

课件开发过程中，大庆油田高度重视，按照"实际、实用、实效"的原则，专门成立了

课件开发工作领导组,组织公司人事部、开发部、安全环保部、第二采油厂、第四采油厂等9个部门和二级单位共同参与,共计抽调了100余名专家参与项目的研发设计。勘探与生产分公司加强过程监督和质量把控,针对开发方案、课件脚本、制作标准、课件样片等内容,按照不同工作节点先后组织三次大的集中审核会议,邀请中国石油各油田行业专家建言献策,为提高课件的通用性和实用性奠定坚实基础。大庆油田按照总体工作要求,历时两年,完成了视频培训课件的编制任务,并同步完成《采油工安全生产标准化操作丛书》的编写工作。本套丛书紧贴油田生产实际,以采油工岗位职责为依据,包含《安全防护用具使用》《工具、用具、量具使用》《采油工艺简介》《抽油机井标准化操作》《电动潜油泵井标准化操作》《电动螺杆泵井标准化操作》《注水井标准化操作》

《计量间标准化操作》《抽油机井生产故障分析与处理》《电动潜油泵井生产故障分析与处理》《电动螺杆泵井生产故障分析与处理》《注水井生产故障分析与处理》《计量间生产故障分析与处理》《现场应急救护》,共14种140个分册。本套丛书具有突出的实用性和规范性特点,可广泛用于新员工岗前培训、日常岗位练兵、鉴定考前培训、师徒帮带、技能竞赛等学习培训活动。

希望本套丛书能够为各石油企业提供借鉴,为今后采油工岗位培训的扎实有效开展提供有力保障。由于各油田在采油工艺、设备等方面存在差异性,书中难免有不足之处,敬请读者批评指正。

编者
2018 年 8 月

CONTENTS 目录

项目说明 1

参考标准 2

尖嘴钳 3

钢丝钳 13

斜嘴钳 28

剥线钳 37

使用中的注意事项 47

试题 50

试题参考答案 53

项目说明

手钳是用于夹持和弯折薄片形、细圆柱形金属零件及切断金属丝的手工工具。采油工常用的手钳有尖嘴钳、钢丝钳、斜嘴钳、剥线钳。

参考标准

QB/T 2442.3—2007《夹扭剪切钳带刃尖嘴钳》

QB/T 2442.1—2007《夹扭剪切钳钢丝钳》

QB/T 2441.1—2007《斜嘴钳》

QB/T 2207—1996《剥线钳》

尖嘴钳

尖嘴钳是在狭小工作空间夹持小零件用的手工具。带刃口尖嘴钳的刃口可以剪切细金属丝。常用的规格有 160mm、200mm。

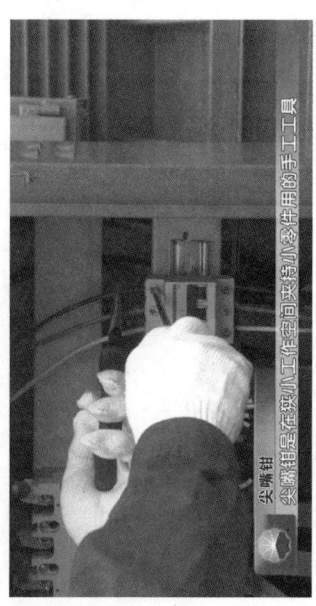

尖嘴钳是在狭小工作空间夹持小零件用的手工具

1. 结构组成

尖嘴钳主要由尖头、刀口、钳柄和绝缘套管组成。

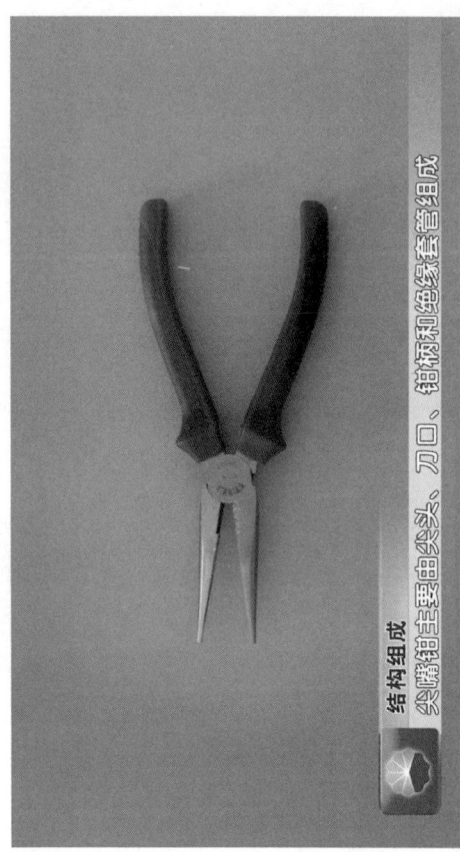

结构组成
尖嘴钳主要由尖头、刀口、钳柄和绝缘套管组成

2. 使用方法

(1) 检查尖嘴钳钳头开合灵活,钳口、刀口完好。带绝缘套管的尖嘴钳使用前应检查绝缘套管无破损,钳柄完好。

使用方法
检查尖嘴钳钳头开合灵活

采油工常用手钳的使用

使用方法

带绝缘锡套管的尖嘴钳使用前应检查绝缘套管无破损

尖嘴钳

（2）使用时，尖嘴钳尖头是用来夹持小螺钉、垫圈、导线等小零件。夹持时用力应适度，保持工件稳固，防止损坏钳头。

使用方法
尖嘴钳尖头是用来夹持小螺钉、垫圈、导线等小零件

采油工常用手钳的使用

使用方法
紧转时用力应适度

(3) 尖头还可用作单股导线接头弯圈。

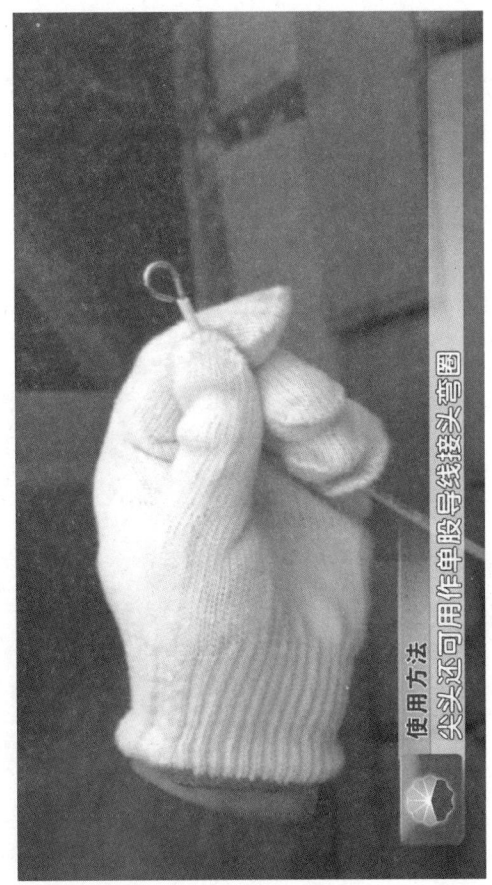

使用方法
尖头还可用作单股线接头弯圈

(4)刀口用来剪切单股或多股导线,剪切时导线应与刀口垂直,握紧手柄用力剪断。

使用方法
刀口用来剪切单股或多股导线

尖嘴钳

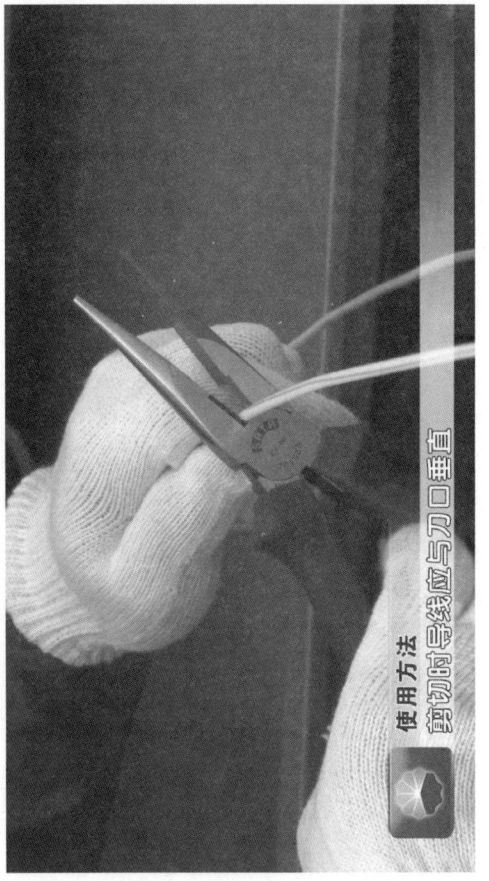

使用方法
剪切时导线应与刀口垂直

采油工常用手钳的使用

(5) 尖嘴钳使用完应擦拭干净。

使用方法
尖嘴钳使用完应擦拭干净

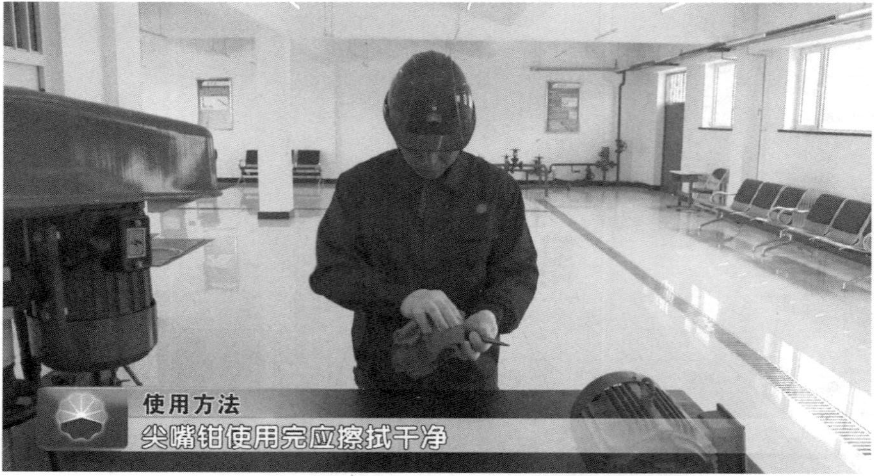

钢丝钳

钢丝钳是用于夹持圆柱形金属零件、弯曲、剪切金属丝及拔钉的手工工具。常用的规格有 160mm、180mm、200mm。

钢丝钳
钢丝钳是用于夹持圆柱形金属零件

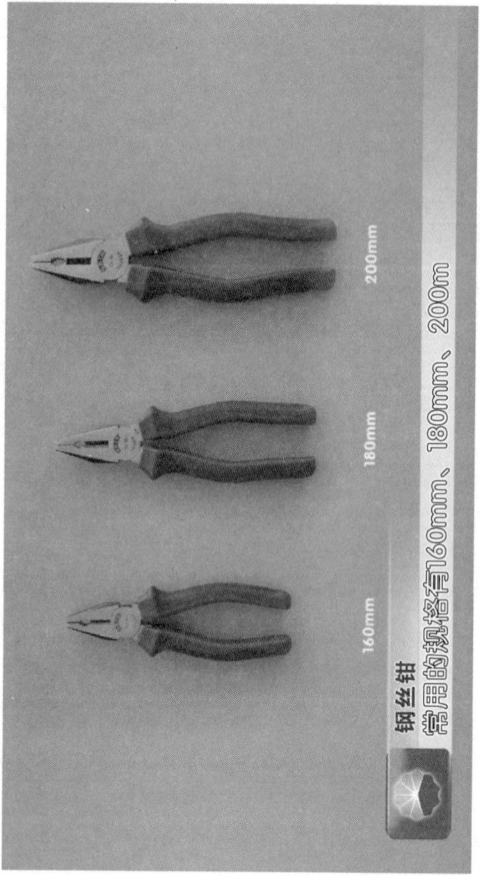
钢丝钳
常用的规格有160mm、180mm、200m
160mm
180mm
200mm

1. 结构组成

钢丝钳由钳头和钳柄组成。钳头由钳口、齿口、刀口及铡口组成。

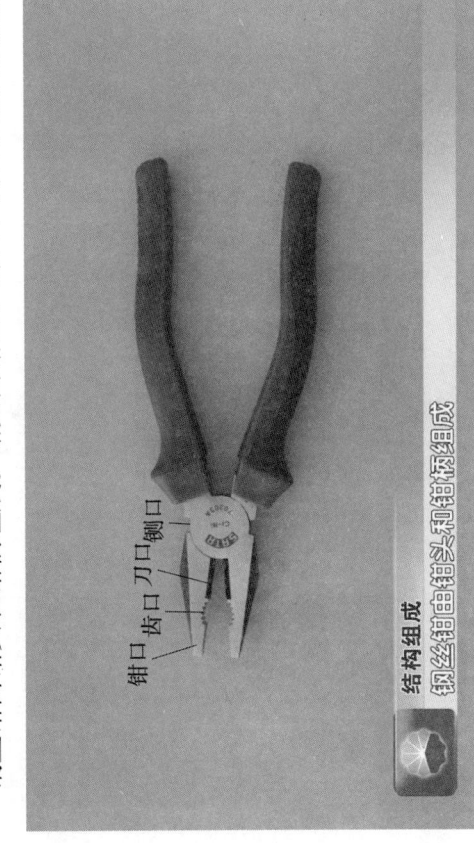

结构组成
钢丝钳由钳头和钳柄组成

2. 使用方法

（1）检查钢丝钳钳头开合灵活，钳口、齿口、刀口、铡口完好，带绝缘套管的钢丝钳使用前应检查绝缘套管无破损，钳柄完好。

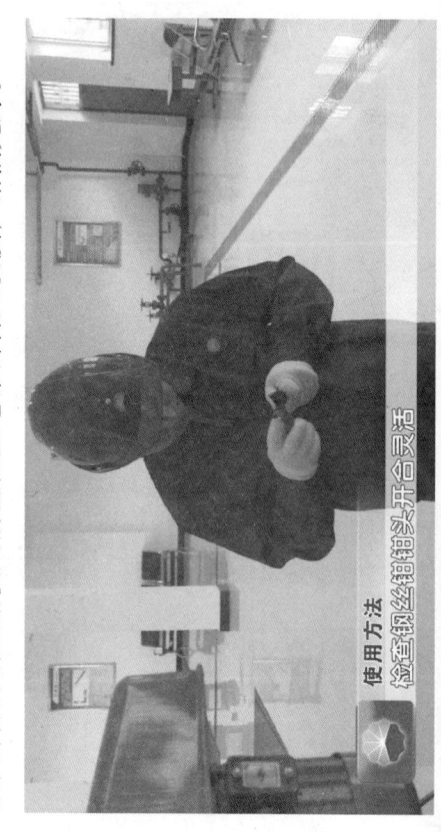

使用方法
检查钢丝钳钳头开合灵活

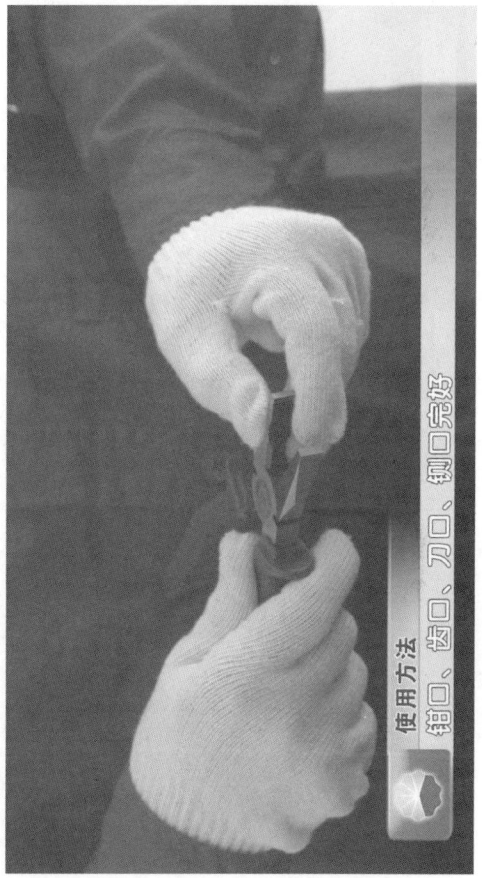

钢丝钳

使用方法
钳口、齿口、刀口、铡口完好

采油工常用手钳的使用

使用方法

带绝缘套管的钢丝钳使用前应检查绝缘套管无破损，钳柄完好

钢丝钳

(2) 使用时钳口用来夹持工件。将工件置于钳口内,手柄适度用力,保持工件稳固。

使用方法
使用时钳口用来夹持工件

采油工常用手钳的使用

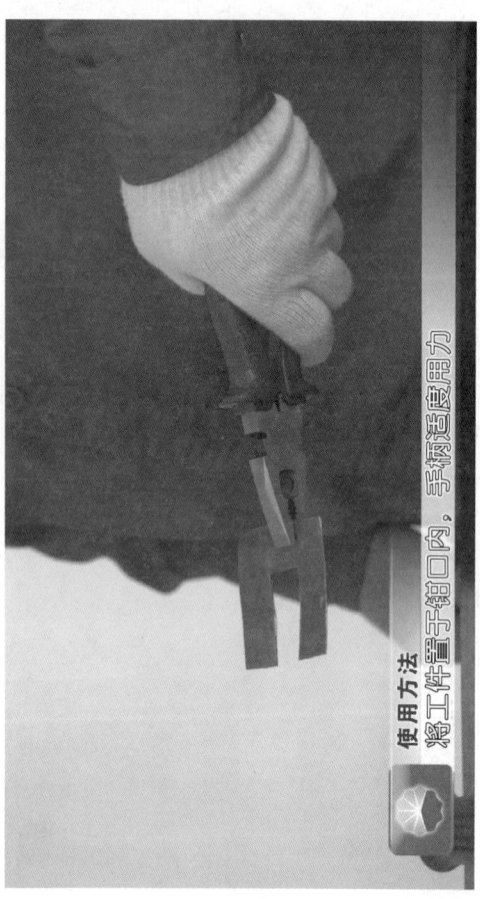

使用方法：将工件置于钳口内,手柄适度用力

钢丝钳

使用方法
保持工件稳固

(3) 齿口用来扳旋直径较小的圆柱形工件。使用时,握紧手柄,夹持工件用力扳旋。

使用方法
齿口用来扳旋直径较小的圆柱形工件

钢丝钳

使用方法
使用时，握紧手柄，夹持工件用力扳旋。

(4)刀口用来剪切细金属丝。剪切时,金属丝应与刀口垂直,握紧手柄用力剪断。

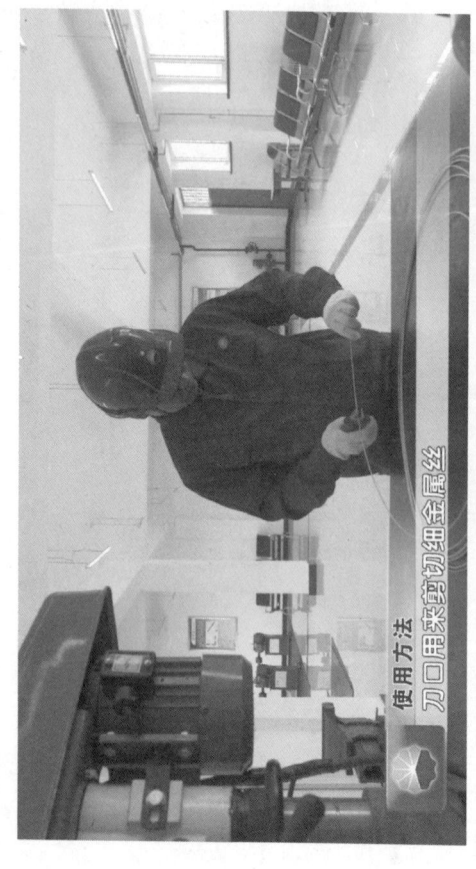

钢丝钳

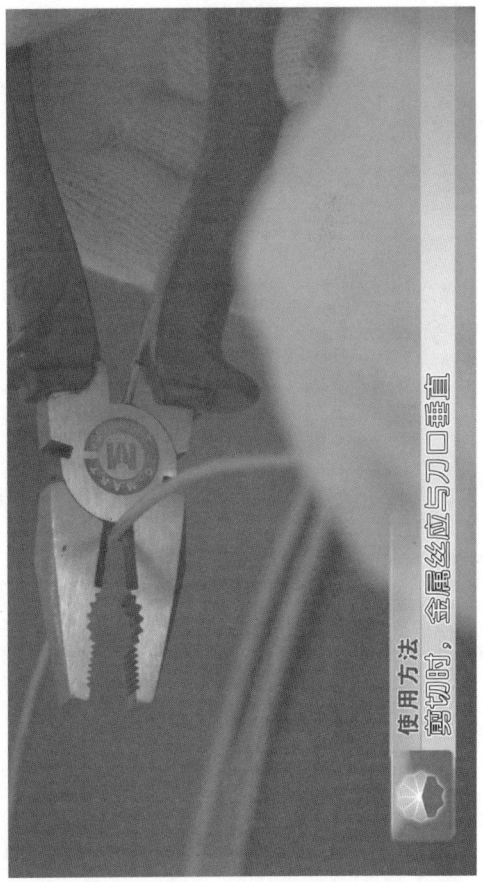

使用方法
剪切时,金属丝应与刀口垂直

（5）铡口用来铡切钢丝。铡切时，铡口张开，将钢丝置于铡口内扶稳钢丝，用力铡断钢丝。

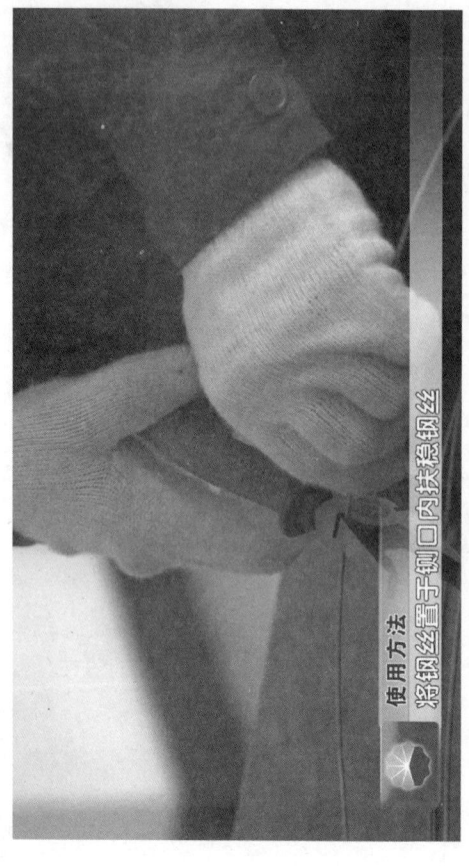

使用方法
将钢丝置于铡口内扶稳钢丝

(6) 钢丝钳使用完应擦拭干净。

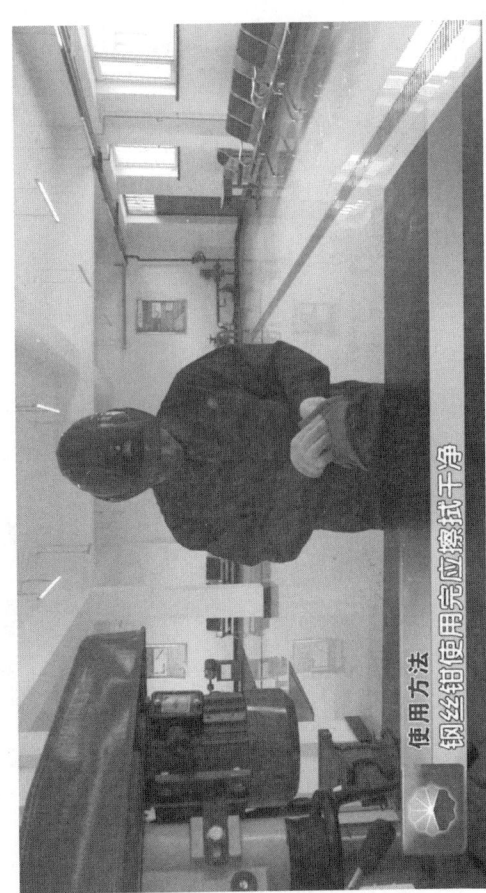

斜嘴钳

斜嘴钳主要用于剪切导线及元器件多余的引线,也可代替一般剪刀剪切绝缘套管、尼龙扎线卡等。普通斜嘴钳常用的规格有160mm、200mm。

斜嘴钳主要用于剪切导线及元器件多余的引线

— 28 —

斜嘴钳

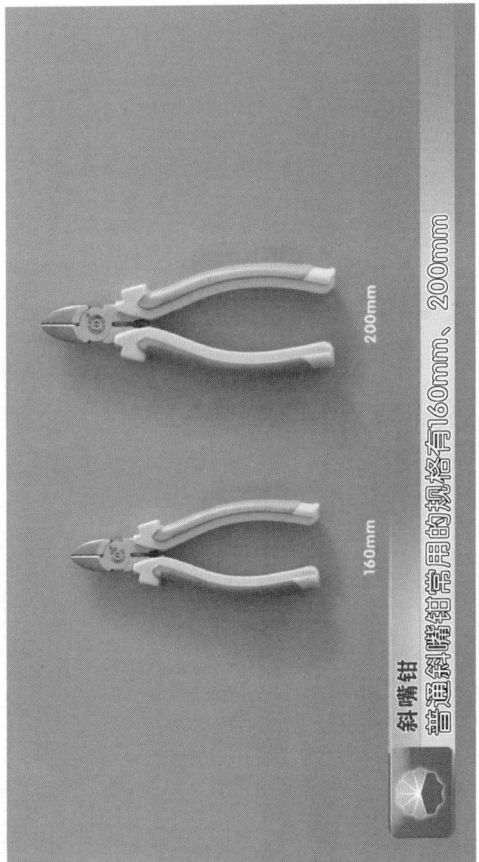

特殊材料 密度高质量好
规格 常用规格为160mm、200mm

1. 结构组成

斜嘴钳由刀口、钳柄及绝缘套管组成。

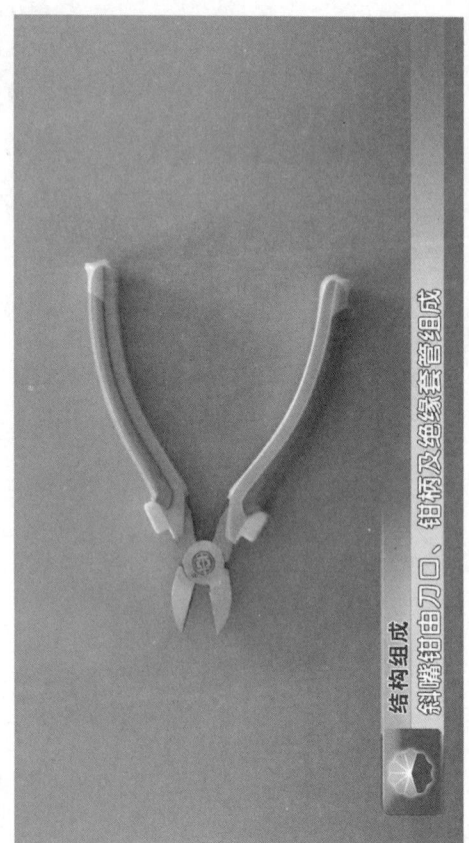

结构组成：斜嘴钳由刀口、钳柄及绝缘套管组成

斜嘴钳

2. 使用方法

（1）检查斜嘴钳钳头开合灵活，刀口完好。带绝缘套管的斜嘴钳使用前应检查绝缘套管无破损，钳柄完好。

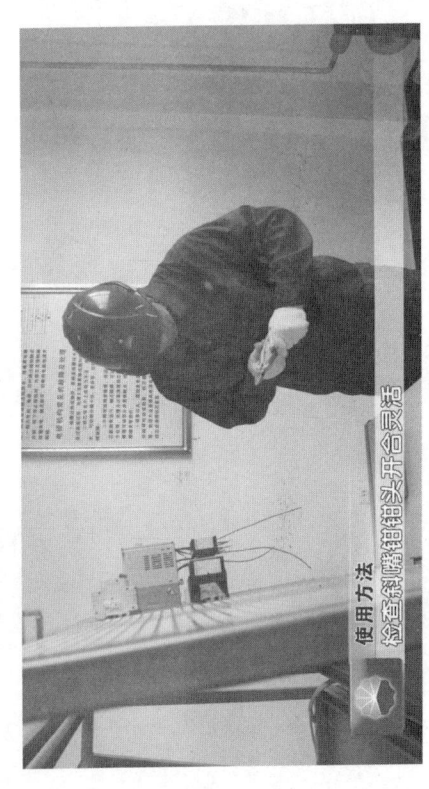

使用方法
检查斜嘴钳钳头开合灵活

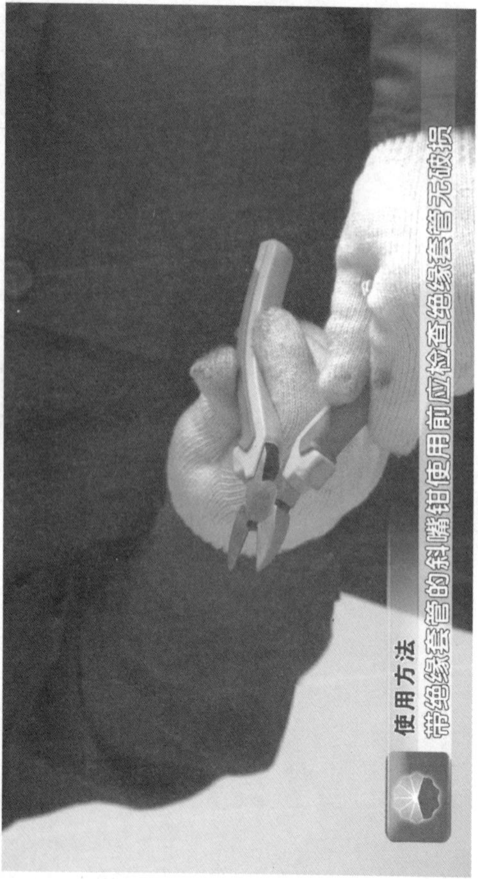

采油工常用手钳的使用

使用方法

带绝缘套管的斜嘴钳使用前应检查绝缘套管是否破损

斜嘴钳

（2）使用时，刀口用来剪切导线，剪切时将导线置于刀口内，导线应与刀口垂直，用力握紧钳柄切断导线。

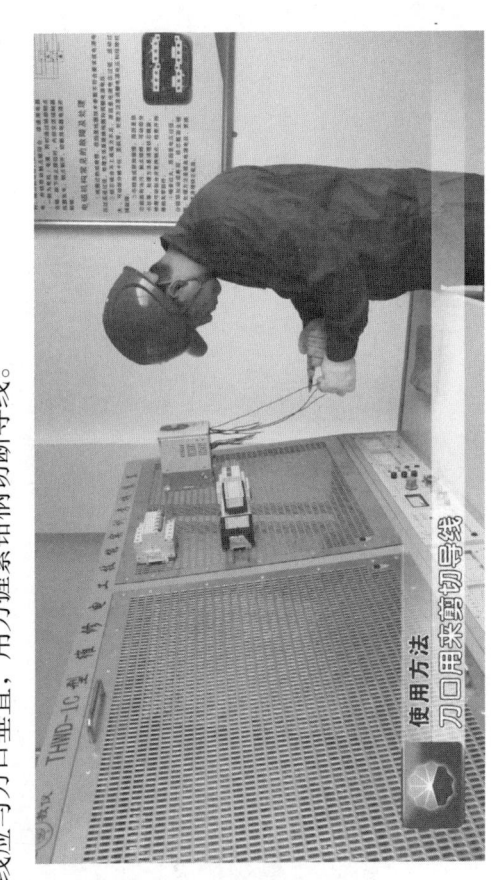

采油工常用手钳的使用

使用方法
剪切时将导线置于刀口内

斜嘴钳

(3) 刀口还可剖切电缆外部的橡胶或塑料绝缘层, 剖切时严禁损伤内部导线及绝缘层。

使用方法
刀口还可剖切电缆外部的橡胶或塑料绝缘层

采油工常用手钳的使用

(4) 斜嘴钳使用完应擦拭干净。

使用方法
斜嘴钳使用完应擦拭干净

剥线钳

剥线钳是用于剥离线芯直径在 $\phi0.5mm \sim \phi2.5mm$ 的导线外部塑料或橡胶绝缘层的专用工具。常用的剥线钳按其结构分为自动剥线钳、多功能剥线钳。自动剥线钳的规格为 170mm。

采油工常用手钳的使用

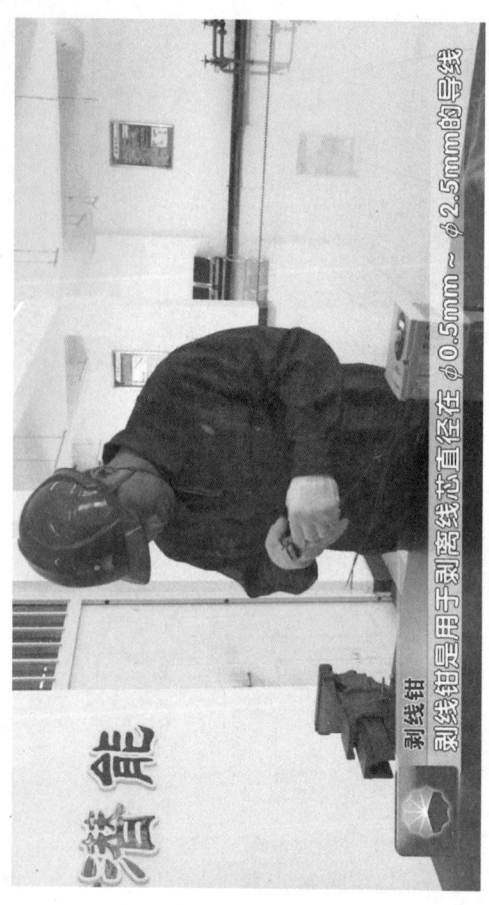

剥线钳是用于剥离线芯直径在 $\phi0.5mm \sim \phi2.5mm$ 的导线

剥线钳

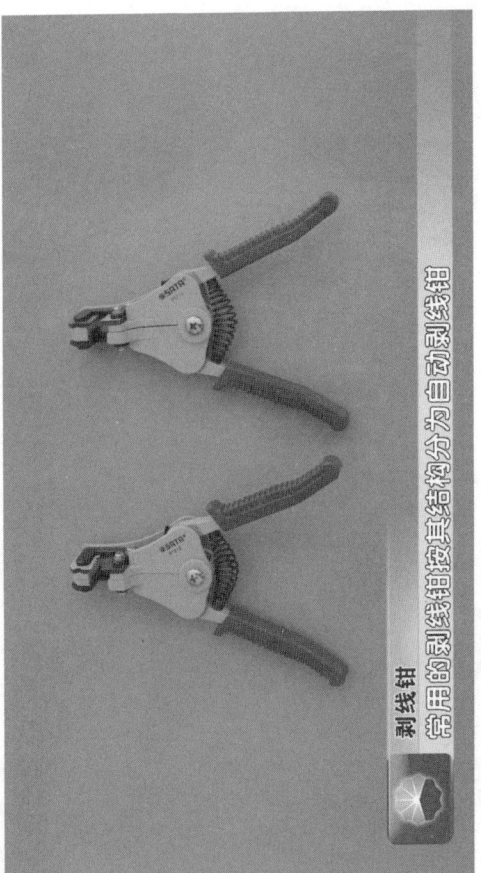

剥线钳

常用的剥线钳按其结构分为自动剥线钳

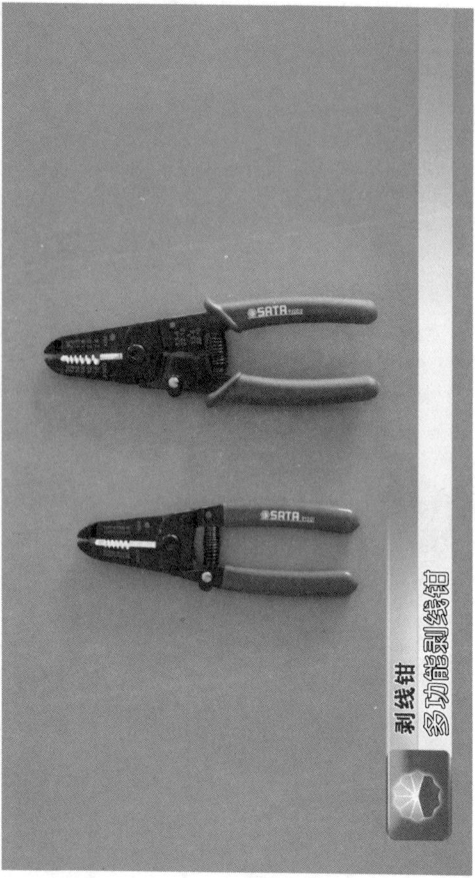

采油工常用手钳的使用

多功能剥线钳

剥线

剥线钳

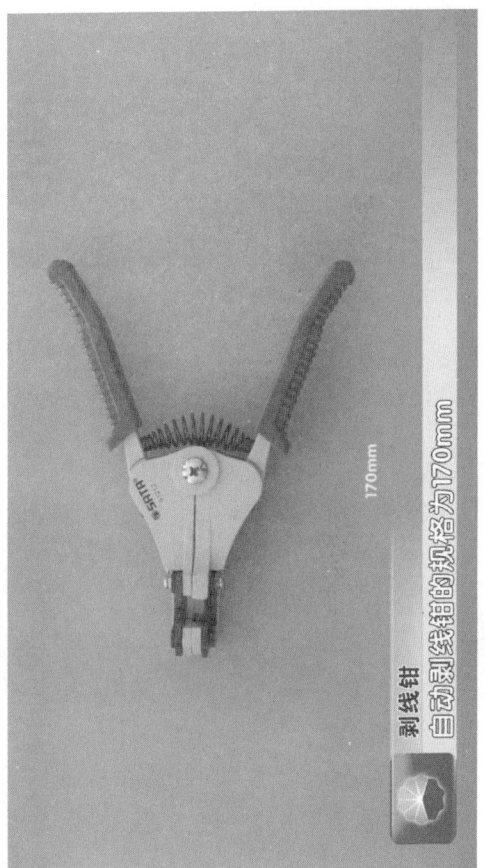

剥线钳

自动剥线钳的规格为170mm

170mm

1. 结构组成

自动剥线钳由压线口、刀口和钳柄组成。

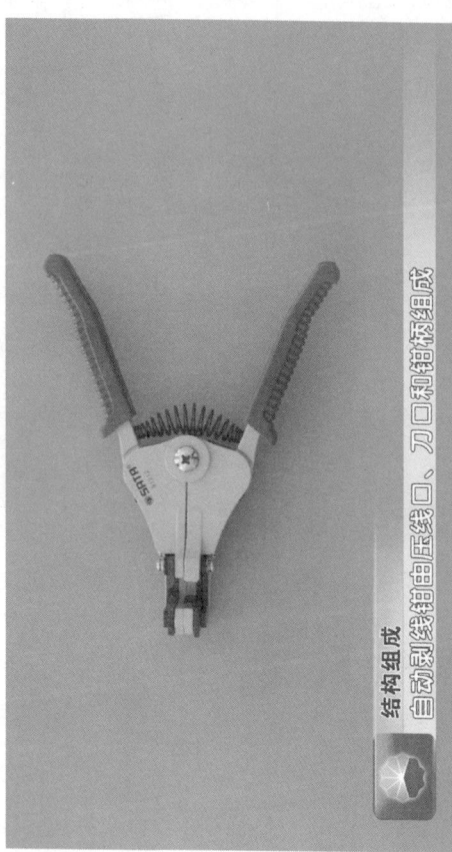

结构组成
自动剥线钳由压线口、刀口和钳柄组成

2. 使用方法

(1)检查剥线钳刀口,压线口开闭灵活完好。钳柄绝缘套管无破损,钳柄完好。

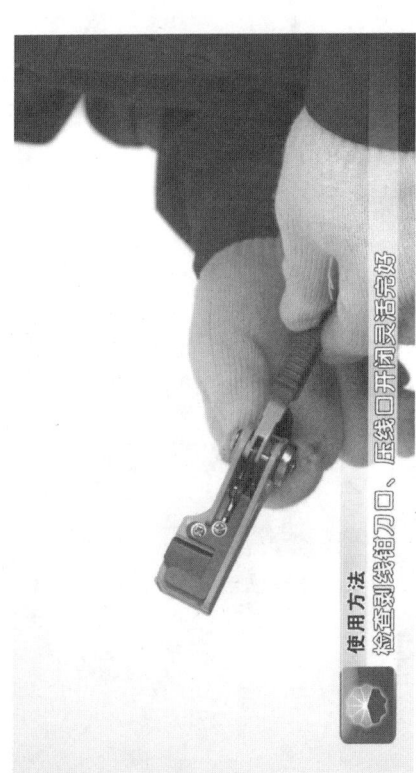

使用方法
检查剥线钳刀口,压线口开闭灵活完好

采油工常用手钳的使用

(2)使用时,根据导线直径大小选择相应刀口,将导线放入刀口中,缓慢施加压力使压线口和刀口口压住导线,剥离绝缘层。

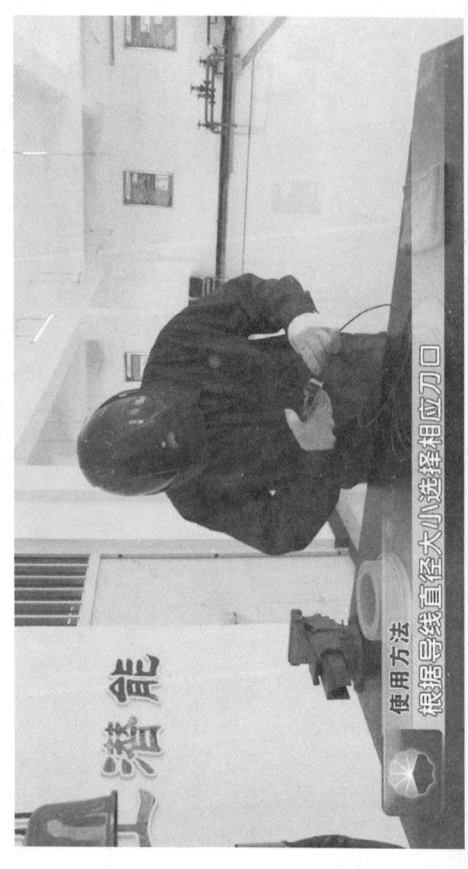

使用方法:根据导线直径大小选择相应刀口

剥线钳

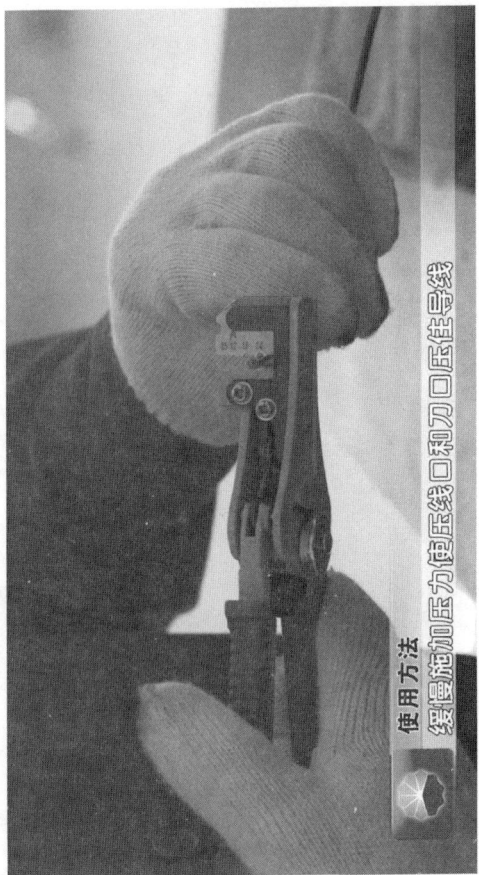

使用方法
缓慢施加压力使压线口和刀口压住导线

(3) 剥线钳使用完应擦拭干净。

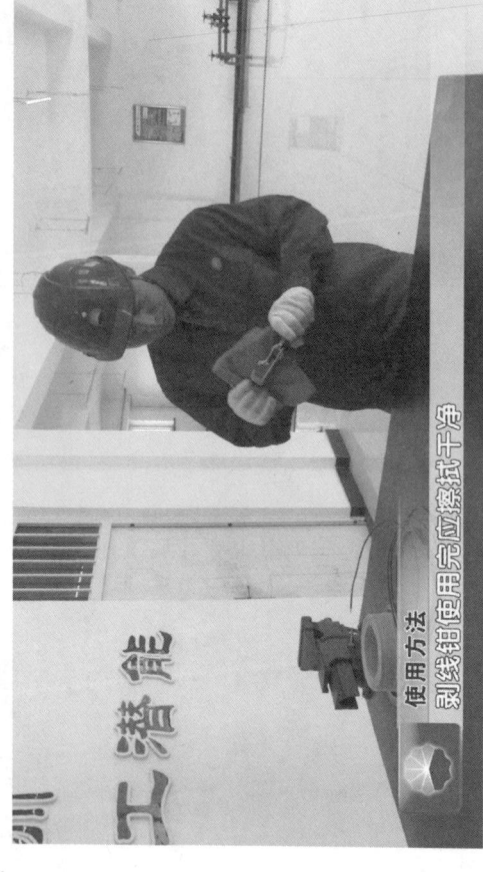

使用方法: 剥线钳使用完应擦拭干净

使用中的注意事项

(1) 禁止使用钳头作为敲击工具。

使用中的注意事项
(1) 禁止使用钳头作为敲击工具

采油工常用手钳的使用

(2) 禁止使用绝缘套管损坏的手钳带电作业。

使用中的注意事项
(2) 禁止使用绝缘套管损坏的手钳带电作业

使用中的注意事项

(3) 剪切导线时,不得同时剪切多根导线。

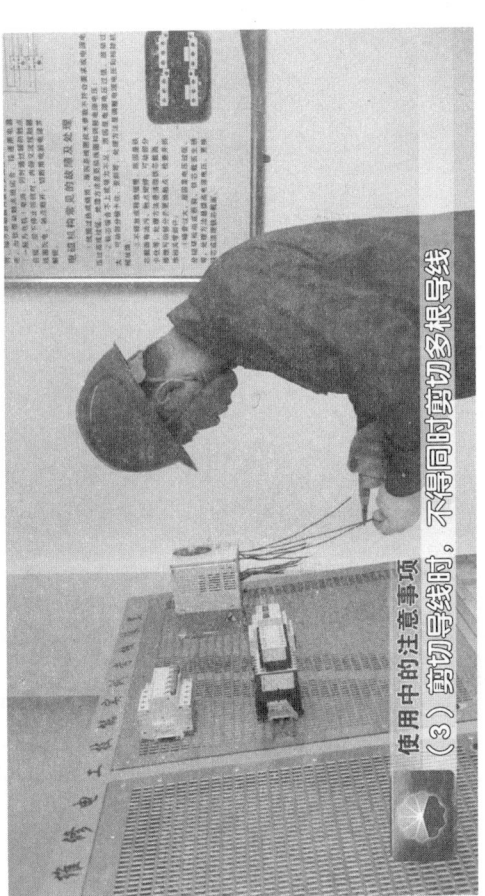

使用中的注意事项
(3) 剪切导线时,不得同时剪切多根导线

试 题

一、选择题（不限单选）

1.使用带绝缘套管的手钳进行带电操作时，手与钳柄的金属部分至少保持（　）以上间距防止触电。

A. 1cm　　　　　　B. 2cm
C. 3cm　　　　　　D. 4cm

2.尖嘴钳使用时，（　）可用作单股导线接头弯圈。

A. 齿口　　　　　　B. 刀口
C. 钳头　　　　　　D. 尖头

3.使用尖嘴钳刀口剪切导线时，导线应与刀口（　），握紧手柄用力剪断。

A. 一致　　　　　　B. 倾斜
C. 平行　　　　　　D. 垂直

4. 钢丝钳（ ）用来扳旋直径较小的圆柱形工件。

A. 钳口　　　　　　B. 齿口

C. 刀口　　　　　　D. 铡口

5. 斜嘴钳的（ ）可剖切电缆外部的橡胶或塑料绝缘层。

A. 钳口　　　　　　B. 齿口

C. 刀口　　　　　　D. 铡口

6. 使用电工钢丝钳剪切导线时要用（ ）。

A. 钳口　　　　　　B. 齿口

C. 刀口　　　　　　D. 铡口

7. 带绝缘柄的尖嘴钳工作电压是（ ）。

A. 220V　　　　　　B. 380V

C. 450V　　　　　　D. 500V

8. 钢丝钳钳头由钳口、（ ）组成。

A. 齿口　　　　　　B. 刀口

C. 铡口　　　　　　D. 压线口

二、判断题

1. 钢丝钳铡口用来夹持工件,使用时将工件置于钳口内,手柄适度用力,保持工件稳固。( )

2. 剥线钳是用于剥离线芯直径在 $\phi 0.5 \sim \phi 2.5 mm$ 的导线外部塑料或橡胶绝缘层的专用工具。( )

3. 钢丝钳的钳头由钳口、齿口、刀口组成。( )

4. 剥线钳使用时,根据导线长度选择相应刀口剥离绝缘层。( )

试题参考答案

一、选择题

题号	1	2	3	4	5	6	7	8
答案	B	D	D	B	C	B	D	ABC

二、判断题

题号	1	2	3	4
答案	×	√	×	×

《工具、用具、量具使用》

分册序号	分册书名
1	采油工常用扳手的使用
2	采油工常用手钳的使用
3	采油工常用电工仪表的使用
4	采油工常用量具的使用
5	采油工常用管工工具的使用(管螺纹铰板)
6	采油工常用管工工具的使用(管子钳)
7	采油工常用管工工具的使用(切割类)
8	采油工常用管工工具的使用(夹持类)
9	采油工常用锤击工具的使用
10	采油工常用电动钻孔工具的使用
11	采油工常用举升、顶拔工具的使用

采油工安全生产标准化操作丛书

中国石油人事部
中国石油勘探与生产分公司 编

工具、用具、量具使用 3

采油工常用电工仪表的使用

石油工业出版社

图书在版编目（CIP）数据

工具、用具、量具使用 / 中国石油人事部，中国石油勘探与生产分公司编 .—北京：石油工业出版社，2019.5

（采油工安全生产标准化操作丛书）

ISBN 978-7-5183-3248-9

Ⅰ.①工… Ⅱ.①中… ②中… Ⅲ.①石油开采 – 工具 – 使用方法 ②石油开采 – 量具 – 使用方法 Ⅳ.① TE35-65

中国版本图书馆 CIP 数据核字（2019）第 050026 号

出版发行：石油工业出版社
　　　　（北京安定门外安华里 2 区 1 号楼 100011）
　　　网　址：www.petropub.com
　　　编辑部：（010）64523537
　　　图书营销中心：（010）64523633
经　销：全国新华书店
印　刷：北京中石油彩色印刷有限责任公司

2019 年 5 月第 1 版　2019 年 5 月第 1 次印刷
880×1230 毫米　开本：1/64　印张：13.625
字数：195 千字

定价：165.00 元（全 11 册）
（如出现印装质量问题，我社图书营销中心负责调换）
版权所有，翻印必究

《采油工安全生产标准化操作丛书》编委会

主　　　　任：吴　奇

副　主　任：黄　革　　郑新权　　万　军

执行副主任：王渝明　　张守良　　郝庆华

　　　　　　王子云　　张　超　　赵捍军

委员：姜宝山　王　林　于胜泓　章卫兵　董洪亮
　　　王松波　吴景刚　全海涛　李亚鹏　范　猛
　　　王玉琢　杨　东　吴成龙　张万福　杨海波
　　　周　燕　侯继波　柴方源　祝汉强　肖长军
　　　赵　伟　卢盛红　朱继红　宋伟光　尹前进
　　　王海波　袁　月　王鹏飞　张　利　邓　钢
　　　吴文君　高　媛

《工具、用具、量具使用 3 采油工常用电工仪表的使用》编委会

主　编：吴　奇

副主编：付希庆　吴沿峰　李春丽

委　员：吴文君　董敬宁　王大一

　　　　李雪莲　杨　雪　王殿辉

　　　　吕庆东　王冬艳　郑　瑜

　　　　丁洪涛　程　亮　刘　昱

　　　　张春超　白丽君　邹宏刚

开发单位

中国石油天然气股份有限公司勘探与生产分公司

大庆油田有限责任公司人事部（党委组织部）

大庆油田有限责任公司开发部

大庆油田有限责任公司质量安全环保部

大庆油田有限责任公司第二采油厂

大庆油田有限责任公司第四采油厂

大庆油田有限责任公司第六采油厂

大庆油田有限责任公司文化集团

大庆油田有限责任公司人才开发院

大庆油田有限责任公司大庆医学高等专科学校

合作单位

长庆油田分公司

辽河油田分公司

新疆油田分公司

大港油田分公司

华北油田分公司

石油工业出版社

Foreword 序

"求木之长者，必固其根本；欲流之远者，必浚其泉源。"2017年，党中央、国务院印发了《新时期产业工人队伍建设改革方案》，明确指出，产业工人是工人阶级中发挥支撑作用的主体力量，是创造社会财富的中坚力量，是创新驱动发展的骨干力量，是实施制造强国战略的有生力量。同时提出，要造就一支有理想守信念、懂技术会创新、敢担当讲奉献的宏大的产业工人队伍。这充分体现了党和国家对产业工人队伍建设的关心支持。

中国石油牢固树立以人为本、质量至上、安全第一、环保优先的理念，坚持施行标准化操作作为保证安全生产、深化精细管理、实现

企业内涵发展的重要支撑。中国石油将提升员工技能水平作为抓好产业工人队伍建设的主攻方向,把标准化操作固化成基层单位和干部职工尤其是新员工的行为准则和工作标准,牢固树立"上标准岗、干标准活"的工作意识和理念,形成人人讲安全、人人会安全、人人都安全的良好局面。

守正笃实,久久为功。提升员工技能操作水平是一项长期而艰巨的任务,完善标准是基础,加强领导是保障,优化执行是根本。这需要大家积极推广标准化操作工作,不断加强和改进操作流程与标准,不断规范与完善标准化操作,引导广大员工全面提升对标准化操作的认知度,全面提升标准化操作执行力,规范本质化安全行为,推进各项工作上水平。

中国石油人事部和中国石油勘探与生产分公司共同组织编写的《采油工安全生产标准化

操作丛书》及配套的视频课件,包含中国石油各油气田单位通用性的140个基本操作,具有开发标准高、内容全面、注重安全风险、应用范围广、培训效果突出等方面优点。相对应的视频课件利用三维动画技术,通过分解、剖切等方式展示常规不可见的设备内部结构,让员工学习起来更加直观,是一套"看得懂、学得会、易掌握"的实用教材,真正做到了将"技术有形化",填补了中国石油安全生产操作培训课件方面的空白,为进一步提升操作员工整体素质提供有力支撑。

目前,跨国公司员工培训已经进入了"互联网+培训"的员工混合式培训阶段,以多终端应用设备为载体,展现多种资源,结合线下培训和社区化学习模式,以网络化应用进行培训评估,实现可规划路径的人才发展优化培训。这套丛书从生产实际出发,以满足需求为导向,

以促进员工养成标准化操作习惯为目标，实践性和针对性都很强。同时，大批专家的参与写作使教材的权威性有了保证。丛书配套的视频课件可以满足石油员工远程移动学习，也可以满足员工单机高清自学和集中学习。这样就形成了三位一体的员工培训模式，逐步迈入员工混合式培训阶段。希望这套丛书的出版发行，能为促进中国石油员工培训工作的深入开展，为促进员工操作技能水平的不断提升，为推动油气主业高质量发展，为实现中国石油建成世界一流综合性国际能源公司作出积极贡献。

中国石油天然气集团有限公司
总经理助理、人事部总经理 刘志华

PREFACE 前言

采油工是油田企业主体关键工种之一,在中国石油操作类员工中占比较大,采油工技能水平的高低,对油田的安全平稳生产起到至关重要的作用。为进一步提高采油工的基本素质和业务技能水平,中国石油人事部和中国石油勘探与生产分公司于2016年联合启动了采油工安全生产标准化操作视频培训课件开发项目,成立了课件编委会,委托大庆油田公司负责课件具体编制工作,并确定长庆、辽河、新疆、大港、华北5家油田公司和石油工业出版社,共同配合大庆油田做好视频培训课件编制工作。

课件开发过程中,大庆油田高度重视,按照"实际、实用、实效"的原则,专门成立了

课件开发工作领导组,组织公司人事部、开发部、安全环保部、第二采油厂、第四采油厂等9个部门和二级单位共同参与,共计抽调了100余名专家参与项目的研发设计。勘探与生产分公司加强过程监督和质量把控,针对开发方案、课件脚本、制作标准、课件样片等内容,按照不同工作节点先后组织三次大的集中审核会议,邀请中国石油各油田行业专家建言献策,为提高课件的通用性和实用性奠定坚实基础。大庆油田按照总体工作要求,历时两年,完成了视频培训课件的编制任务,并同步完成《采油工安全生产标准化操作丛书》的编写工作。本套丛书紧贴油田生产实际,以采油工岗位职责为依据,包含《安全防护用具使用》《工具、用具、量具使用》《采油工艺简介》《抽油机井标准化操作》《电动潜油泵井标准化操作》《电动螺杆泵井标准化操作》《注水井标准化操作》

《计量间标准化操作》《抽油机井生产故障分析与处理》《电动潜油泵井生产故障分析与处理》《电动螺杆泵井生产故障分析与处理》《注水井生产故障分析与处理》《计量间生产故障分析与处理》《现场应急救护》,共14种140个分册。本套丛书具有突出的实用性和规范性特点,可广泛用于新员工岗前培训、日常岗位练兵、鉴定考前培训、师徒帮带、技能竞赛等学习培训活动。

希望本套丛书能够为各石油企业提供借鉴,为今后采油工岗位培训的扎实有效开展提供有力保障。由于各油田在采油工艺、设备等方面存在差异性,书中难免有不足之处,敬请读者批评指正。

编者

2018年8月

Contents 目录

项目说明 1

参考标准 2

钳形电流表 3

万用电表 31

低压验电笔 76

试题 98

试题参考答案 103

项目说明

采油工常用的电工仪表和工具有钳形电流表、万用电表和低压验电笔。

参考标准

JB/T 9285—1999《钳形电流表》

JB/T 9283—1999《万用电表执行标准》

GB/T 13978—2008《数字多用表》

钳形电流表

钳形电流表无须断开电源和线路，即可直接测量运行中电气设备的工作电流。采油工经常用于测量抽油机电流。钳形电流表分为数字式钳形电流表和指针式钳形电流表。数字式钳形电流表常用型号有 DM6266C 型、UT203 型、MS2006B 型等；指针式钳形电流表常用型号有 MG3-2 型、MG36 型、ET6018A 型等。

采油工常用电工仪表的使用

钳形电流表
钳形电流表无需断开电源和线路

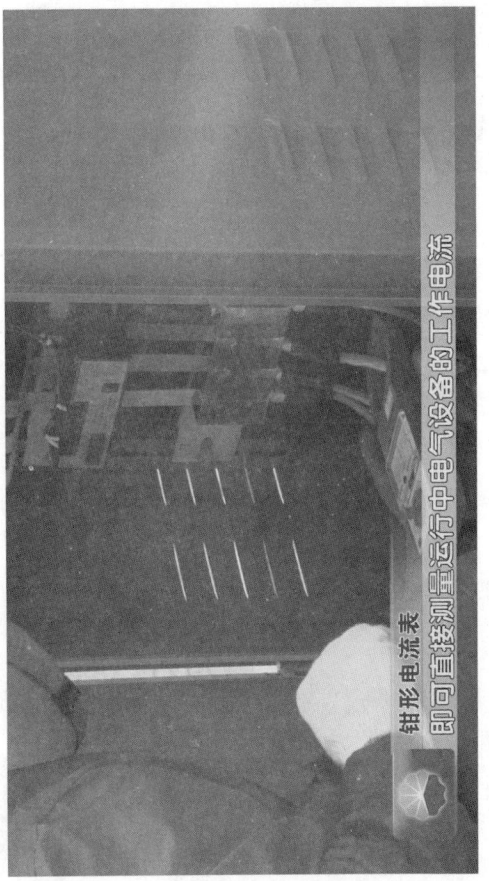

钳形电流表
即可直接测量运行中电电气设备的工作电流

采油工常用电工仪表的使用

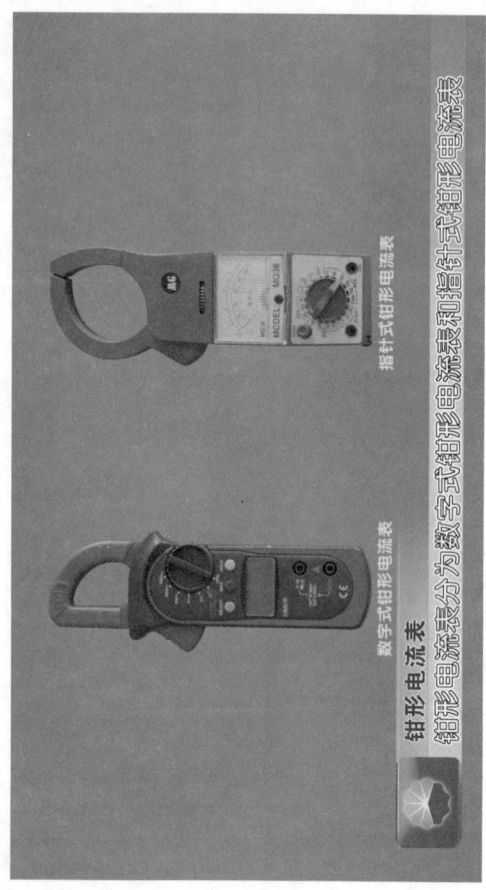

钳形电流表
钳形电流表分为数字式钳形电流表和指针式钳形电流表
数字式钳形电流表
指针式钳形电流表

钳形电流表

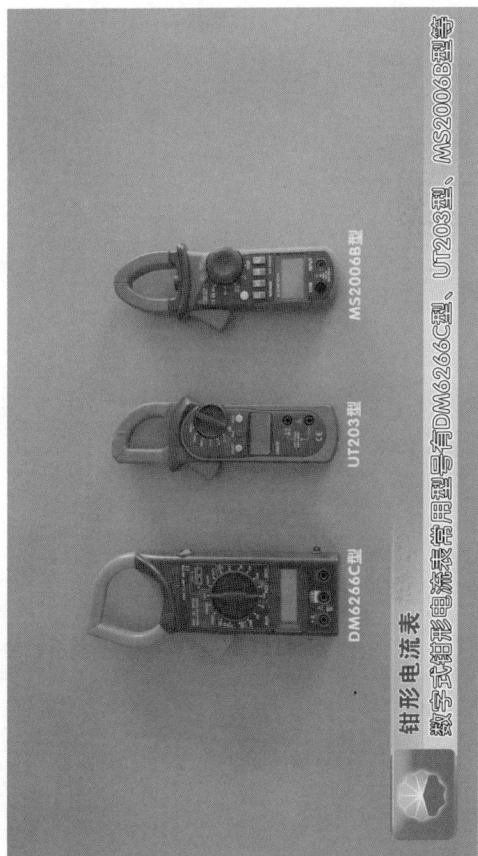

钳形电流表
数字式钳形电流表常用型号有DM6266C型、UT203型、MS2006B型等

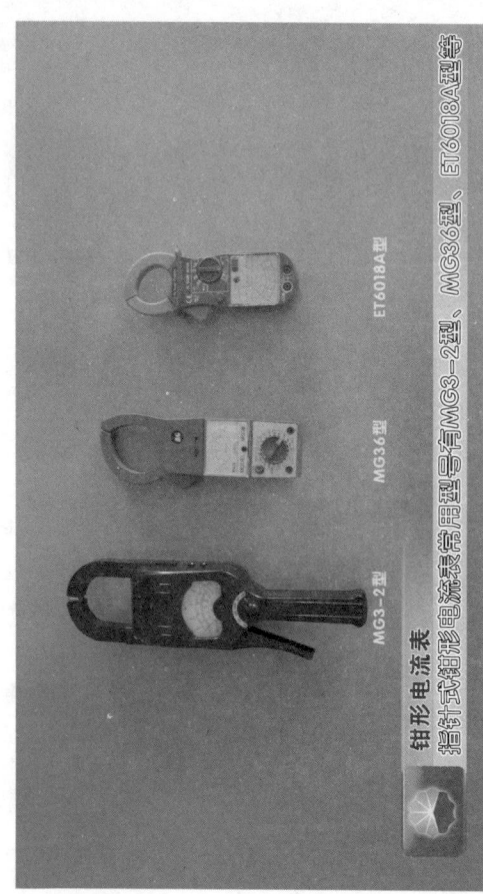

钳形电流表
指针式钳形电流表常用型号有MG3-2型、MG36型、ET6018A型等

1. 结构组成

数字式钳形电流表主要由钳头、钳头扳机、保持按钮、量程转换开关、液晶显示屏、表笔插孔以及红、黑表笔等部分组成。

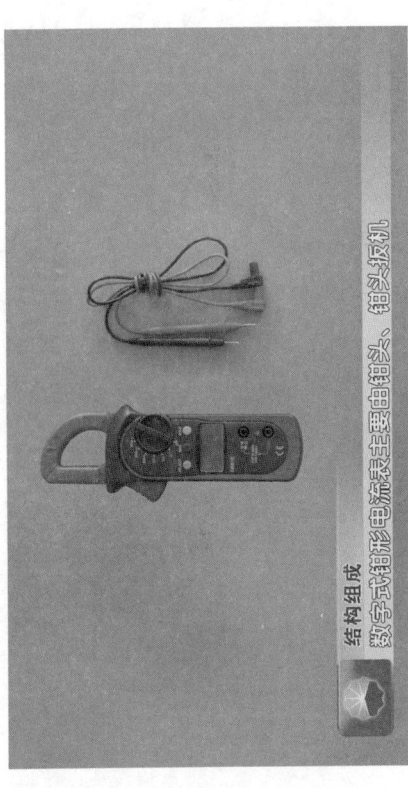

结构组成
数字式钳形电流表主要由钳头、钳头扳机

采油工常用电工仪表的使用

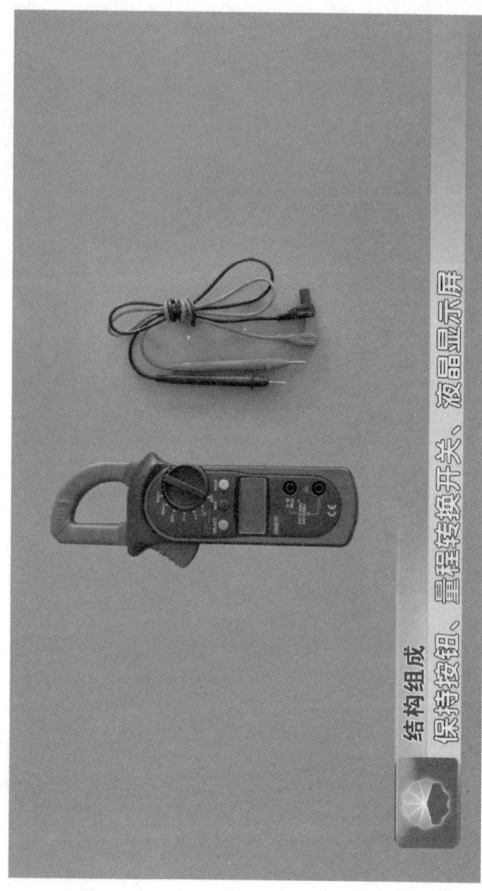

结构组成 保持按钮、量程转换开关、液晶显示屏

钳形电流表

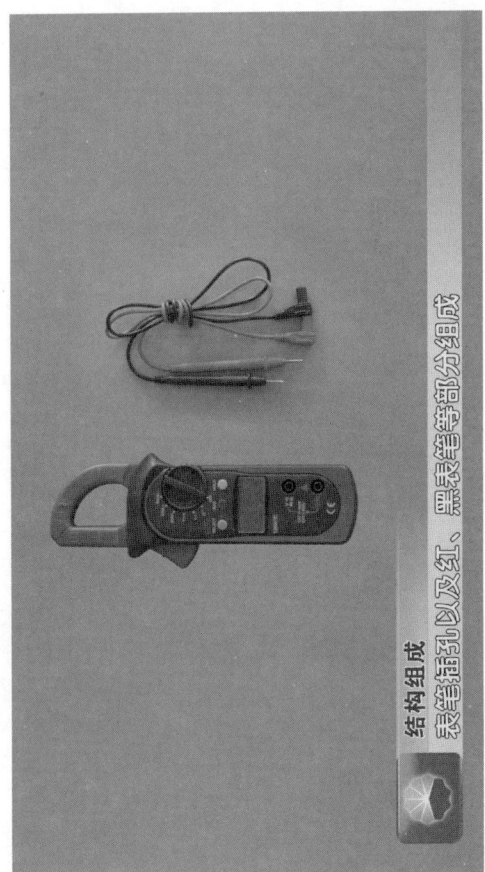

结构组成

表笔插孔以及红、黑表笔等部分组成

— 11 —

2. 使用方法

(1) 检查钳形电流表外观完好,校验合格,钳头扳机操作灵活,钳口铁芯无锈且闭合严密,量程转换开关灵活,液晶显示屏显示正常,数字清晰。

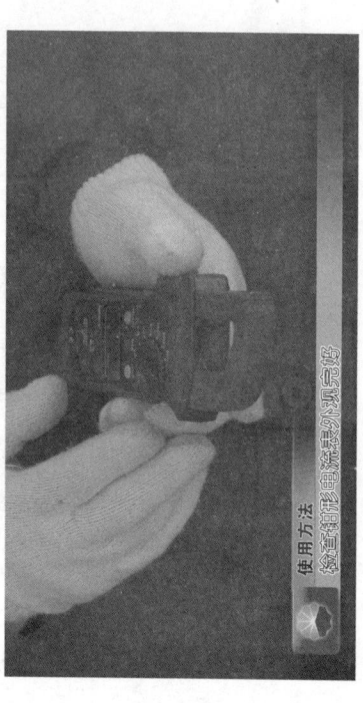

使用方法
检查钳形电流表是小视觉好

钳形电流表

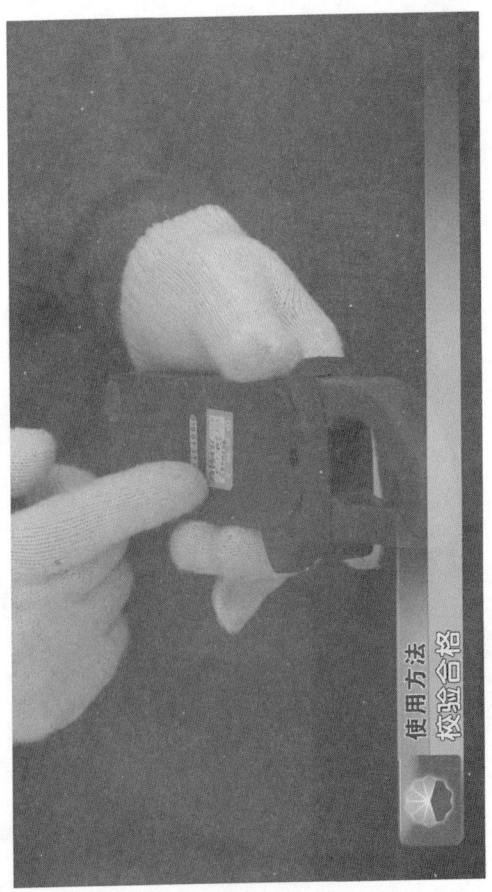

使用方法
校验合格

采油工常用电工仪表的使用

钳形电流表

采油工常用电工仪表的使用

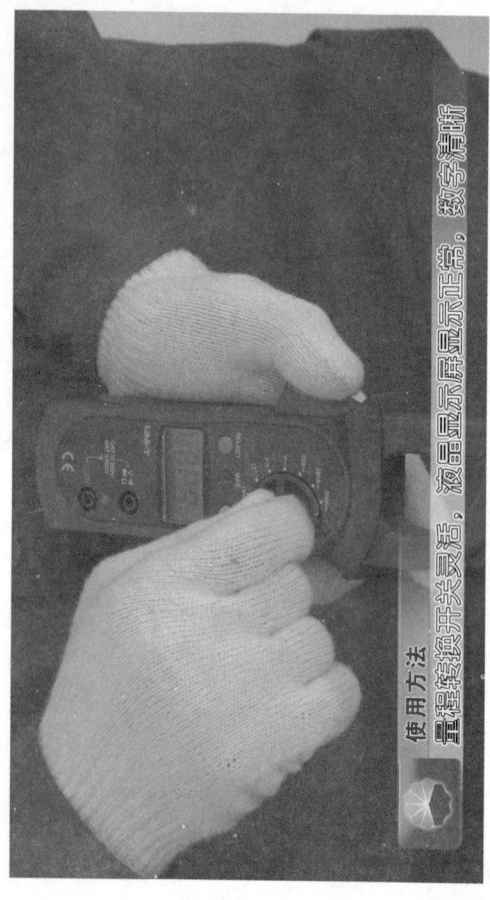

使用方法

量程转换开关灵活,液晶显示屏显示正常,数字清晰。

(2) 检查被测导线绝缘良好,无老化、破损现象。

使用方法
检查被测导线绝缘良好,无老化、破损现象

(3) 测量时要保证被测电动机处于运转状态。

钳形电流表

（4）当被测电路的电流难以估算时，应将量程开关置于交流电流最大测量量程，依次降挡测量直至挡位合适。测量时，电流表应保持水平，张开钳口，将被测导线置于钳口中央后，闭合钳口铁芯进行测量，并在液晶显示屏上读取电流数值。

使用方法
当被测电路的电流难以估算时

采油工常用电工仪表的使用

使用方法

应将量程开关置于交流电流最大测量量程

钳形电流表

采油工常用电工仪表的使用

使用方法：测量时，电流表应保持水平

钳形电流表

使用方法
张开钳口,将被测导线置于钳口中央后

— 23 —

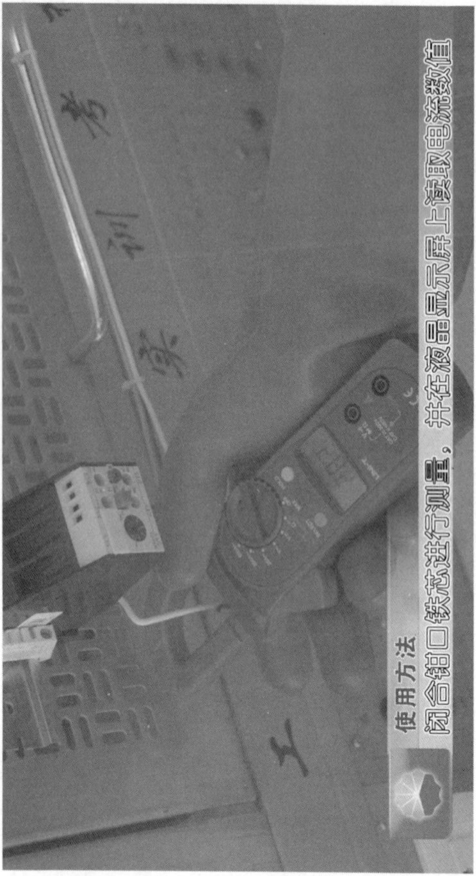

采油工常用电工仪表的使用

使用方法

闭合钳口铁芯进行测量,并在液晶显示屏上读取电流数值

钳形电流表

(5) 测量完成后,将钳形电流表量程转换开关旋至关闭(OFF)位置。

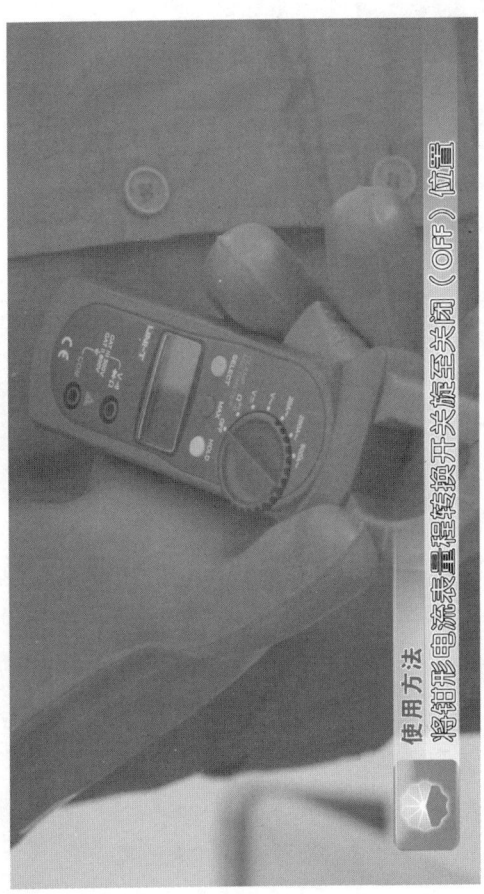

使用方法
将钳形电流表量程转换开关旋至关闭(OFF)位置

3. 使用中的注意事项

(1) 严禁使用外壳破损的钳形电流表。

(2) 严禁使用钳形电流表测量裸导线电流。

使用中的注意事项
(2) 严禁使用钳形电流表测量裸导线电流

(3) 测量时,如需转换挡位,应将电流表脱离导线进行调整。

使用中的注意事项
(3) 测量时,如需转换挡位,应将电流表脱离导线进行调整

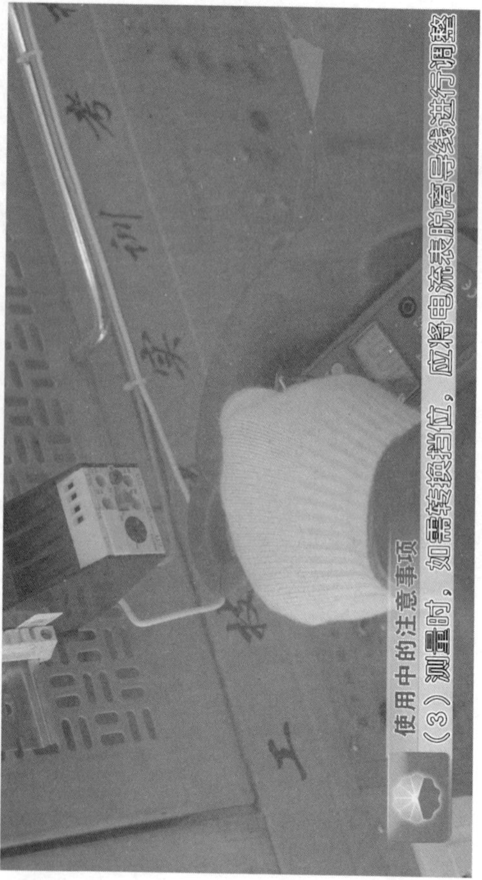

(4) 测量时应注意身体各部位与带电体保持安全距离。

使用中的注意事项
(4) 测量时应注意身体各部位与带电体保持安全距离

(5) 严格按电压等级选用钳形电流表。

使用中的注意事项
(5) 严格按电压等级选用钳形电流表

万用电表

万用电表是油田常用的一种电气设备元件测量仪表。万用电表具有功能多、量程宽、灵敏度高、使用方便等特点,它能测量电流、电压、电阻、电容等多个参数。万用电表分为数字式万用电表和指针式万用电表。数字式万用电表常用型号有MS8218型、UT51型等。指针式万用电表常用型号有MF47型、MF500型等。

采油工常用电工仪表的使用

万用电表

万用电表是油田常用的一种电气设备元件测量仪表

万用电表

万用电表具有功能多、量程宽、灵敏度高、使用方便等特点。

采油工常用电工仪表的使用

万用电表
它能测量电流、电压、电阻、电容等多个参数

万用电表

万用电表分为数字式万用电表和指针式万用电表

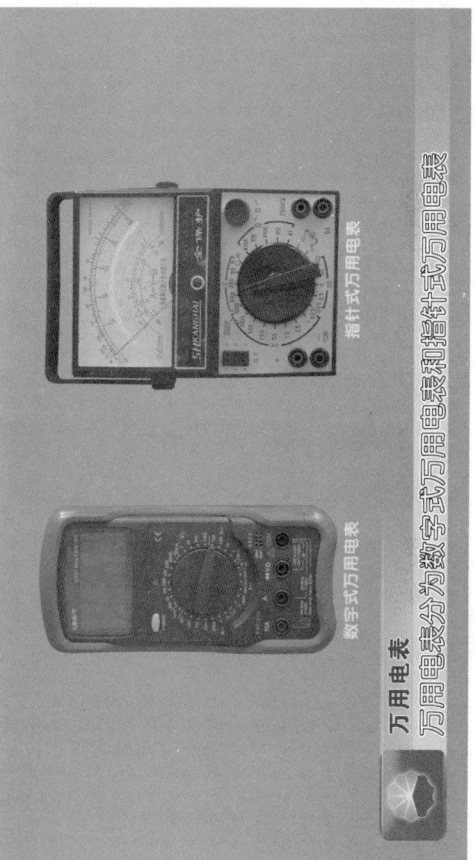

数字式万用电表　　　指针式万用电表

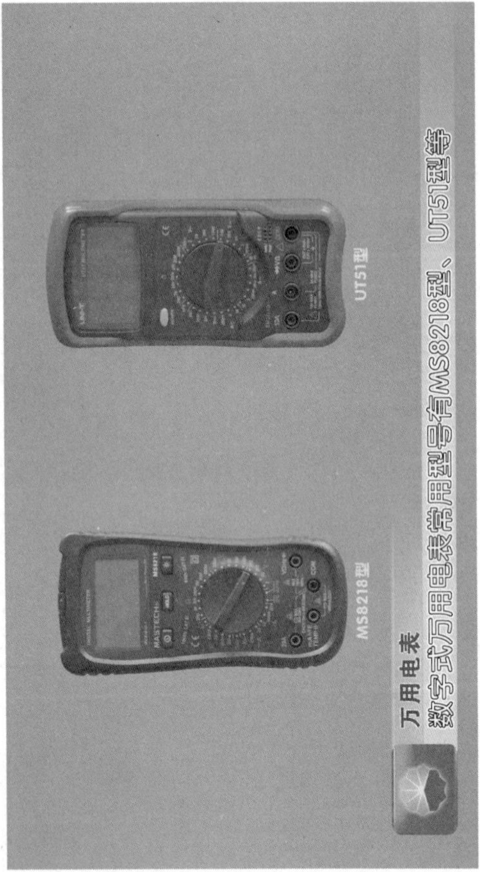

采油工常用电工仪表的使用

万用电表
数字式万用电表常用型号有MS8218型、UT51型等

万用电表

指针式万用电表常用型号有MF47型、MF500型等

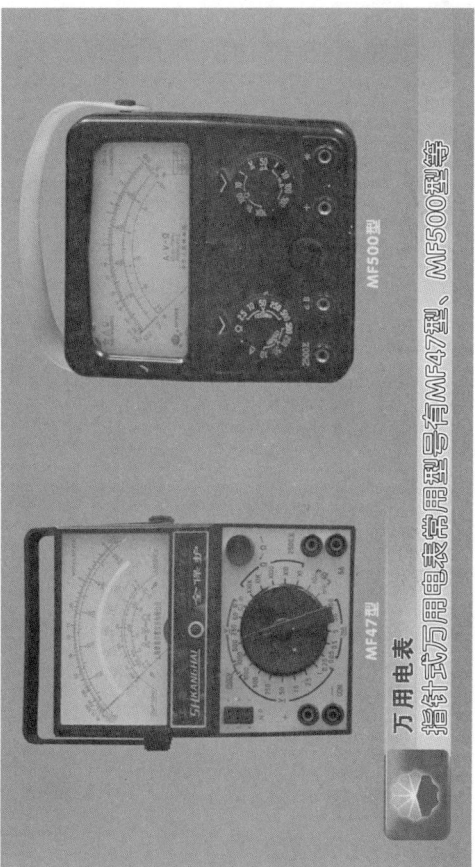

MF500型

MF47型

1. 结构组成

数字式万用电表主要由液晶显示器、转换开关、电源开关、输入插孔及红、黑表笔等部分组成。

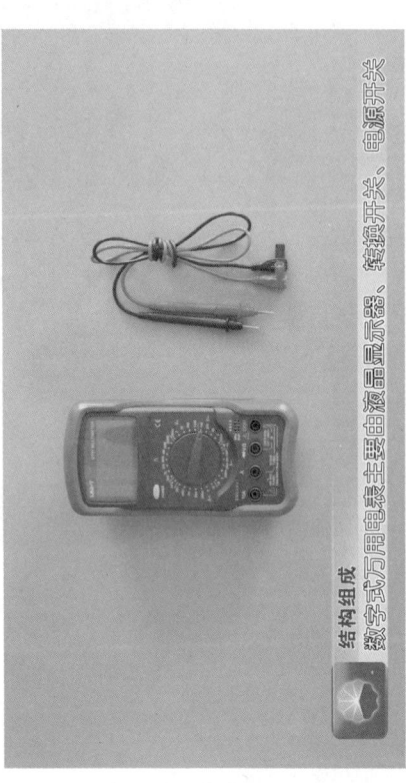

结构组成
数字式万用电表主要由液晶显示器、转换开关、电源开关

万用电表

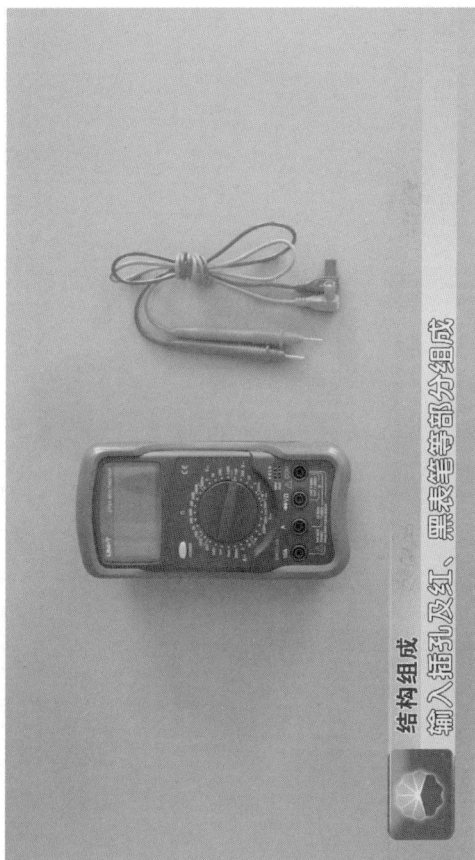

结构组成
输入插孔及红、黑表笔等等部分组成

2. 使用方法

(1) 检查数字式万用电表外观完好,校验合格,转换开关灵活好用,液晶显示屏显示正常,数字清晰,测试表笔、插头、测试线完好无破损。

使用方法
检查数字式万用电表外观完好,校验合格

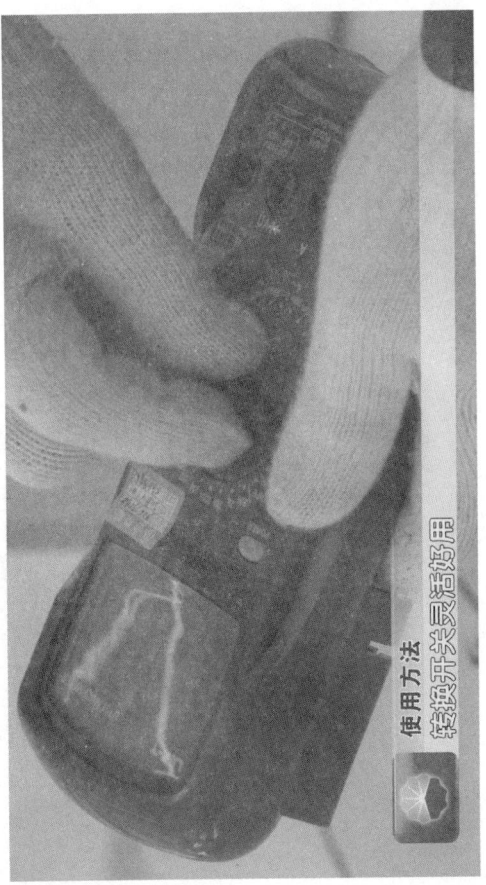

使用方法

轻拨拨开关灵活好用

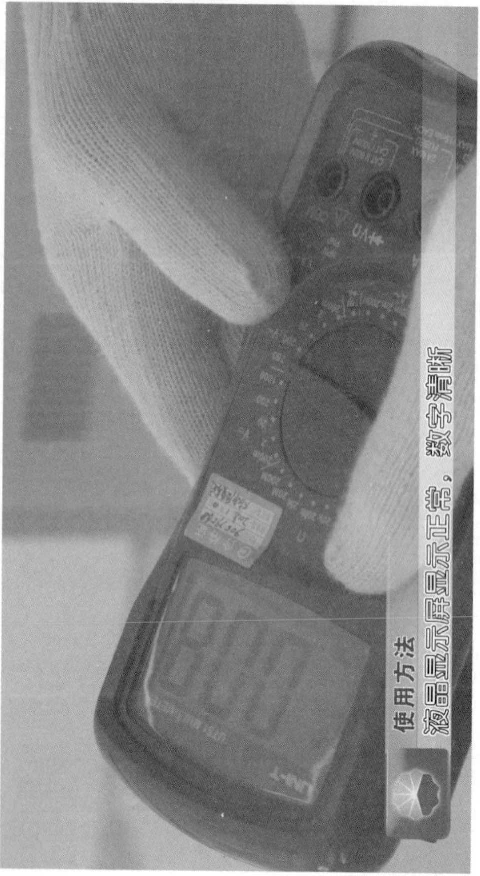

采油工常用电工仪表的使用

使用方法

液晶显示屏显示正常，数字清晰

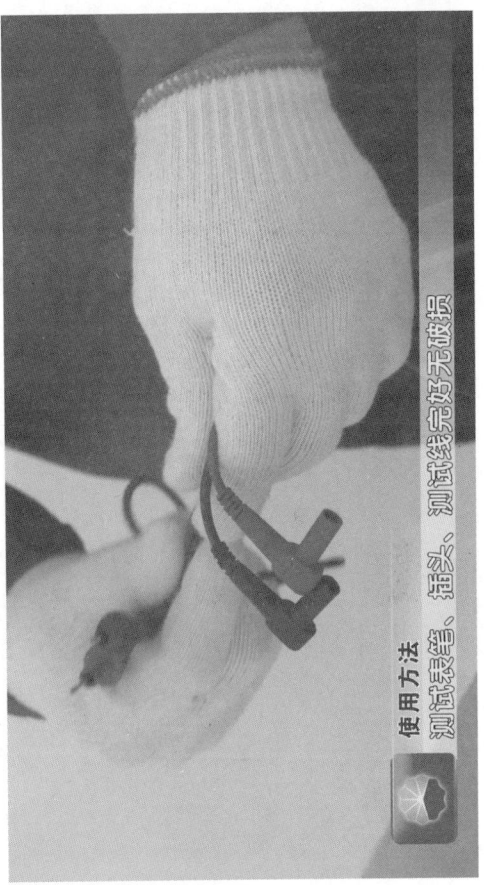

使用方法:测试笔、插头、测试线完好无破损

(2)测量直流电路电流,将黑表笔插入公共端(COM)插孔,红表笔插入电流测量信号端(A)插孔。

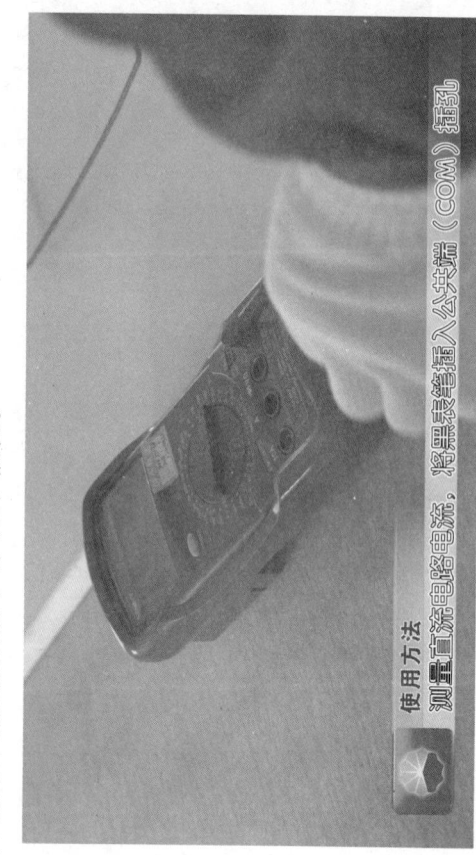

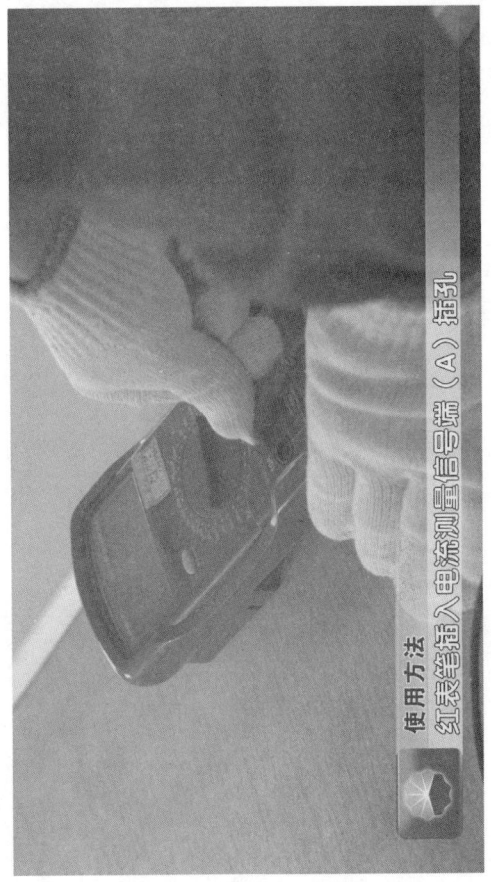

使用方法：红表笔插入电流测量信号端（A）插孔

采油工常用电工仪表的使用

(3) 打开电源开关 (POWER) 键。当被测电路的电流难以估算时,应将量程开关置于直流电流 "2A" 挡位,将万用电表串联在电路中,依次降挡测量,直至量程合适后读取数值。

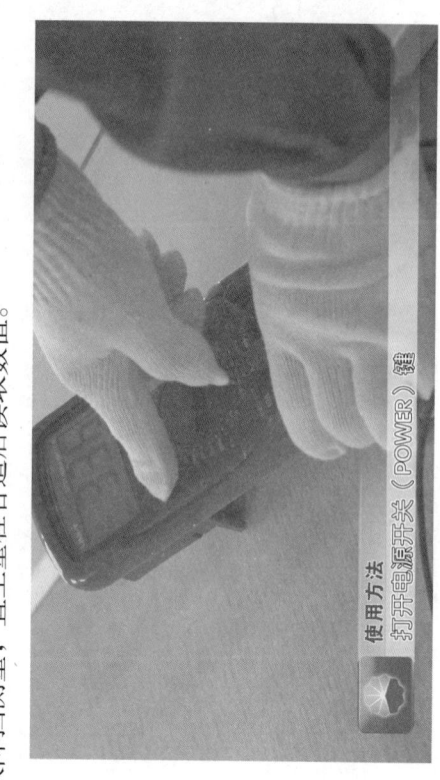

使用方法
打开电源开关 (POWER) 键

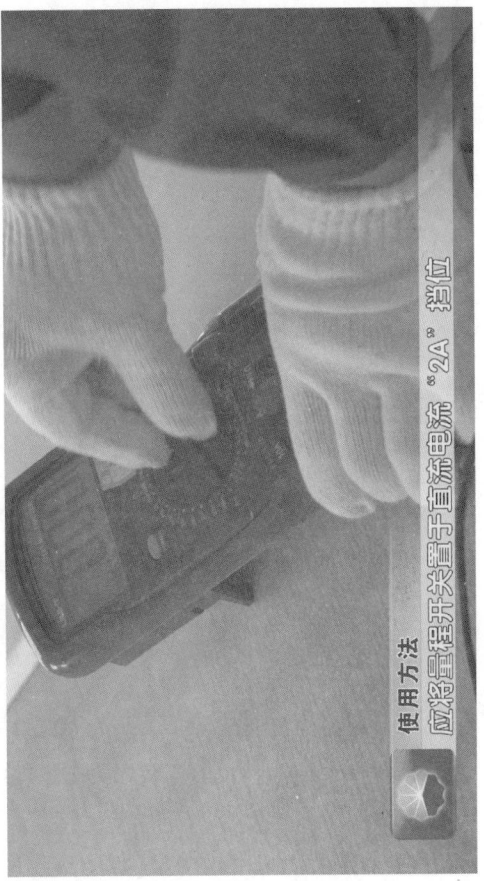

使用方法

应将量程开关设置于直流电流 "2A" 挡位

采油工常用电工仪表的使用

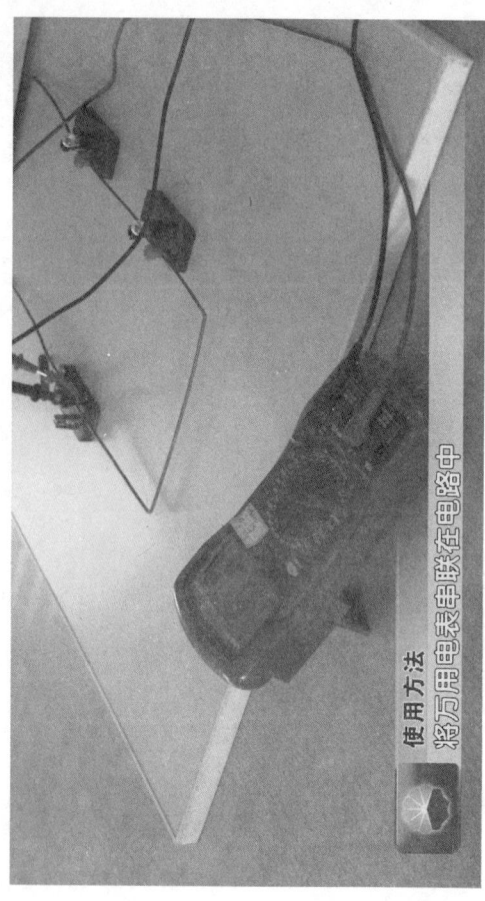

使用方法：将万用电表串联在电路中

万用电表

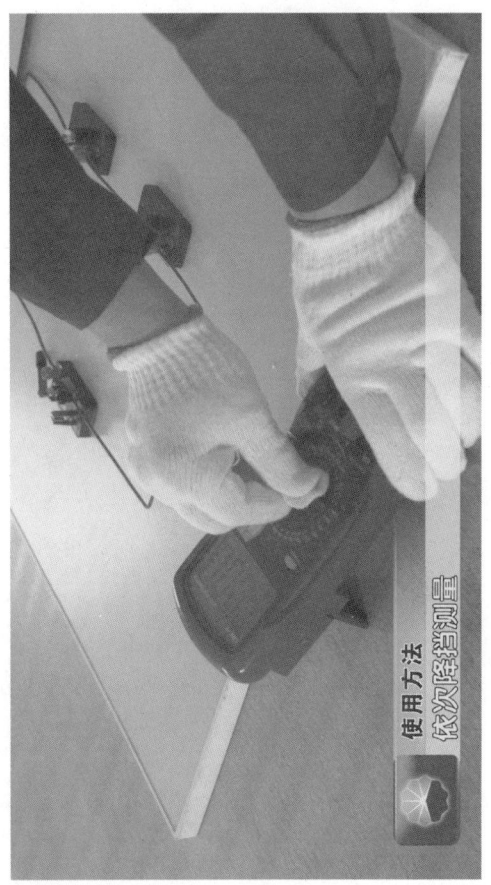

使用方法
依次降湿则量

采油工常用电工仪表的使用

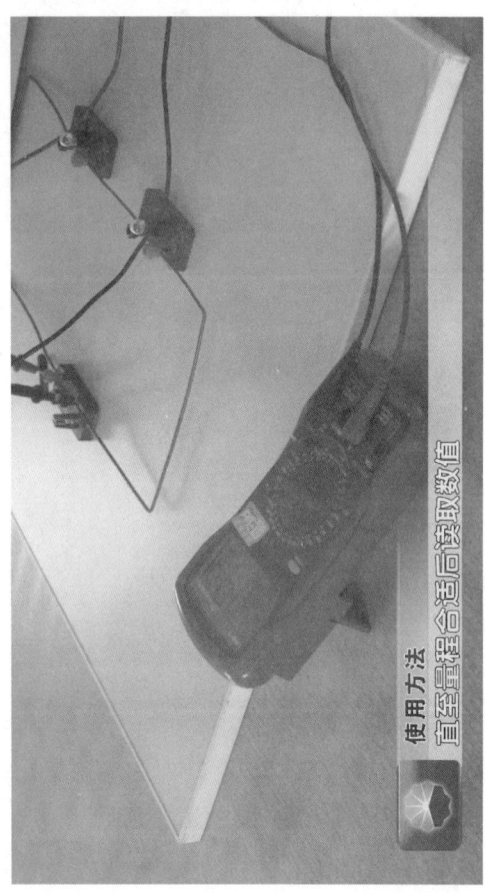

使用方法
直至量程合适后读取数值

（4）测量完毕后关闭电源开关，将量程转换开关旋至交流电压最大量程挡，拔下表笔。

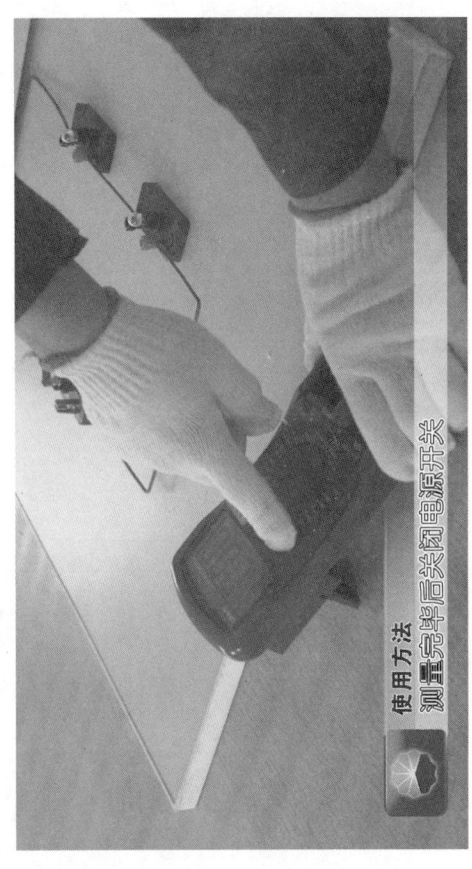

使用方法
测量完毕后关闭电源开关

采油工常用电工仪表的使用

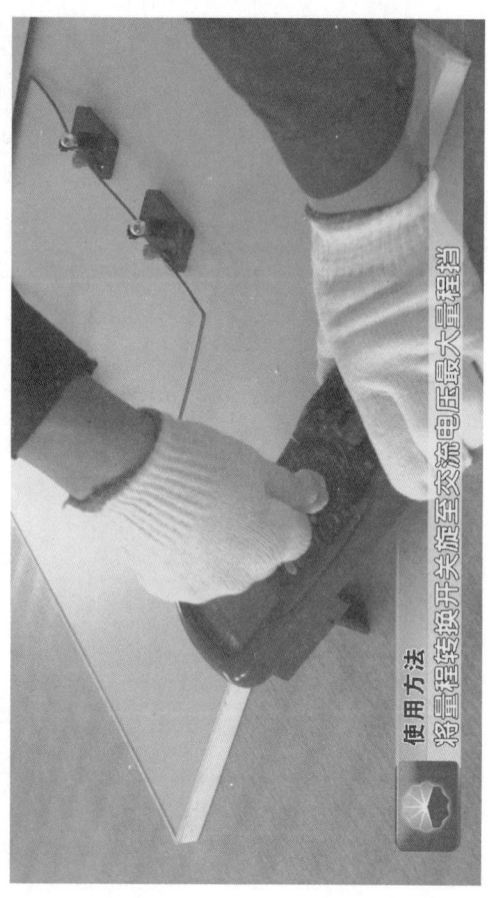

使用方法
将量程转换开关拨至交流电压最大量程档

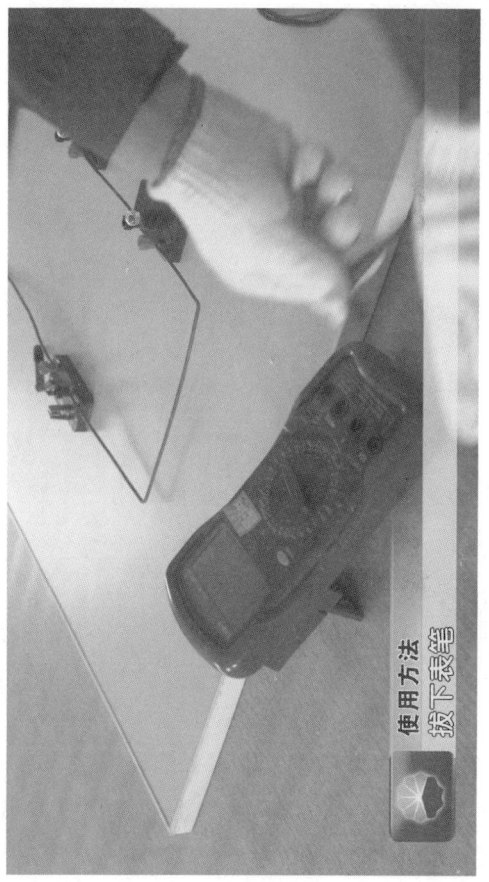

(5）测量直流电路电压时，黑表笔插入公共端（COM）插孔，红表笔插入电压测量信号端（VΩHz）插孔。

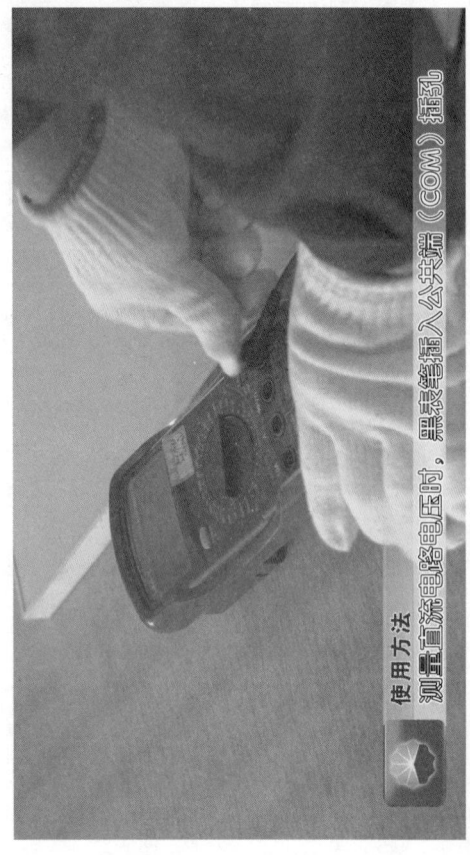

使用方法 测量直流电路电压时，黑表笔插入公共端（COM）插孔

万用电表

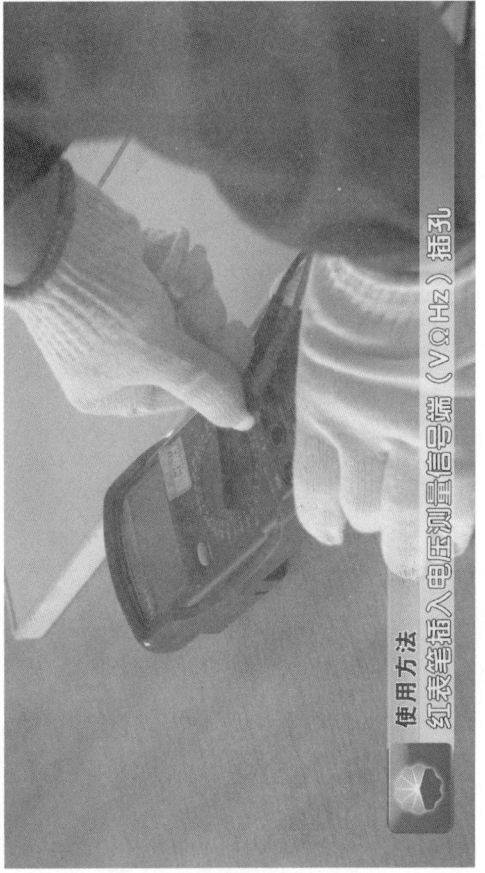

使用方法
红黑表笔插入电压测量信号端（V Ω Hz）插孔

(6) 打开电源开关（POWER）键。将万用电表功能转换开关旋转至直流电压（V-）适当挡位。

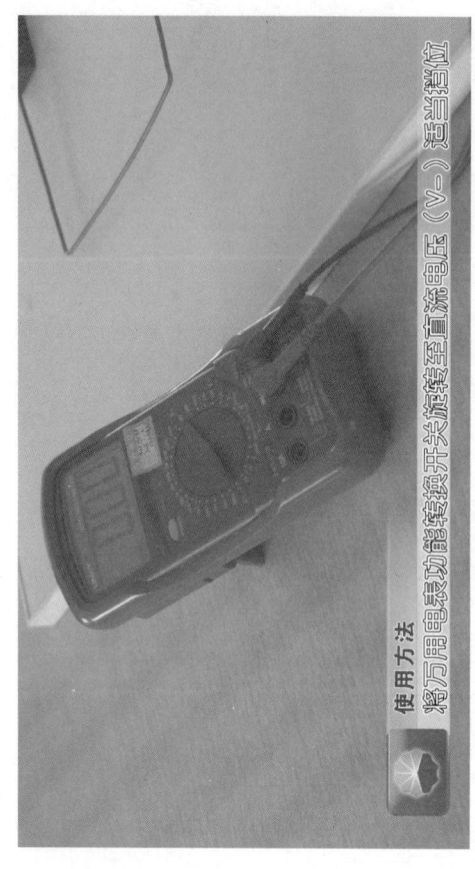

使用方法
将万用电表功能转换开关旋转至直流电压（V-）适当挡位

(7) 将万用电表并联于被测量线路上,红表笔与电路正极连接,黑表笔与电路负极相连接。在液晶显示屏上读取电压数值。

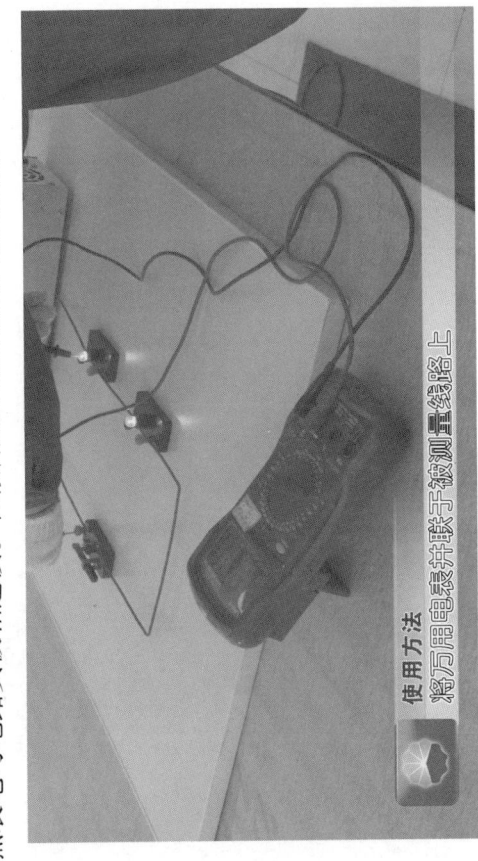

使用方法
将万用电表并联于被测量线路上

万用电表

采油工常用电工仪表的使用

使用方法

红表笔与电路正极连接

万用电表

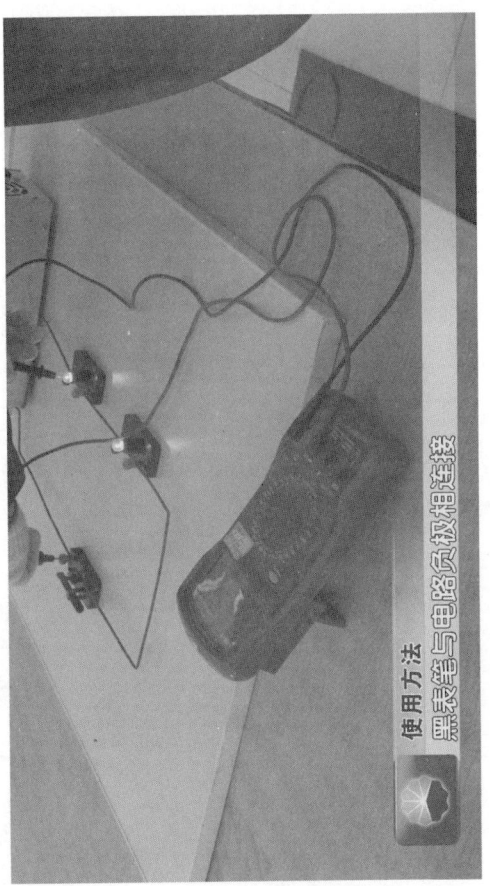

使用方法
黑表笔与电路负极相连接

采油工常用电工仪表的使用

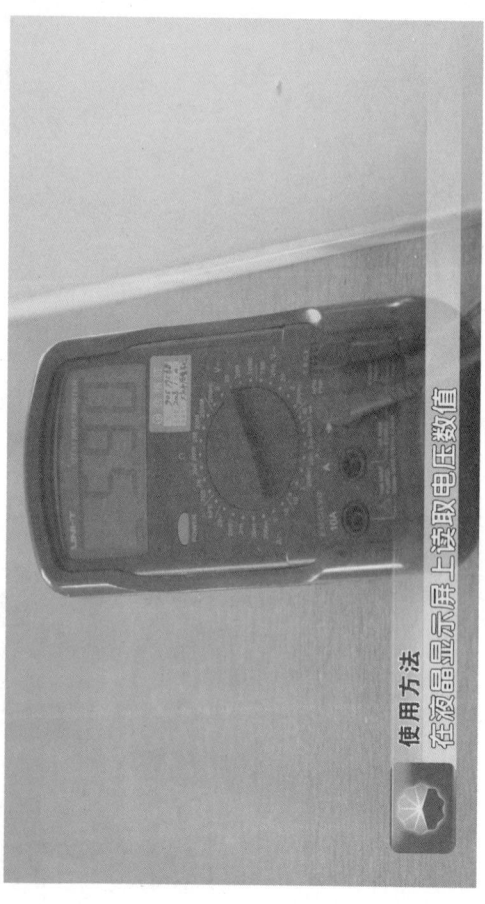

使用方法
从液晶显示屏上读取电压数值

（8）测量电阻时，黑表笔插入公共端（COM）插孔，红表笔插入电阻测量信号端（VΩHz）插孔。将万用电表功能转换开关旋转至"Ω"挡适当挡位。

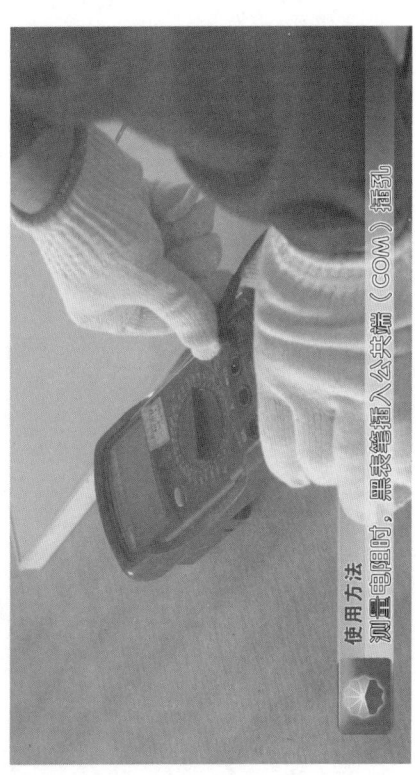

使用方法
测量电阻时，黑表笔插入公共端（COM）插孔

采油工常用电工仪表的使用

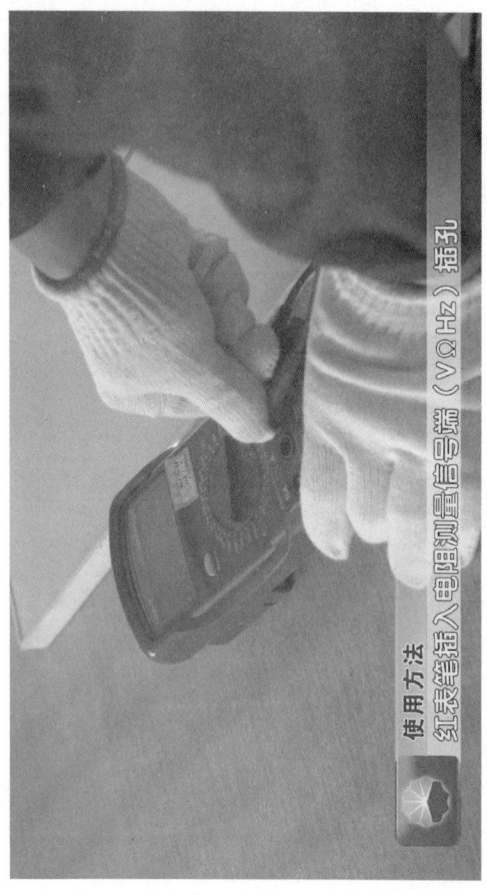

使用方法

红表笔插入电阻测量信号端（VΩHz）插孔

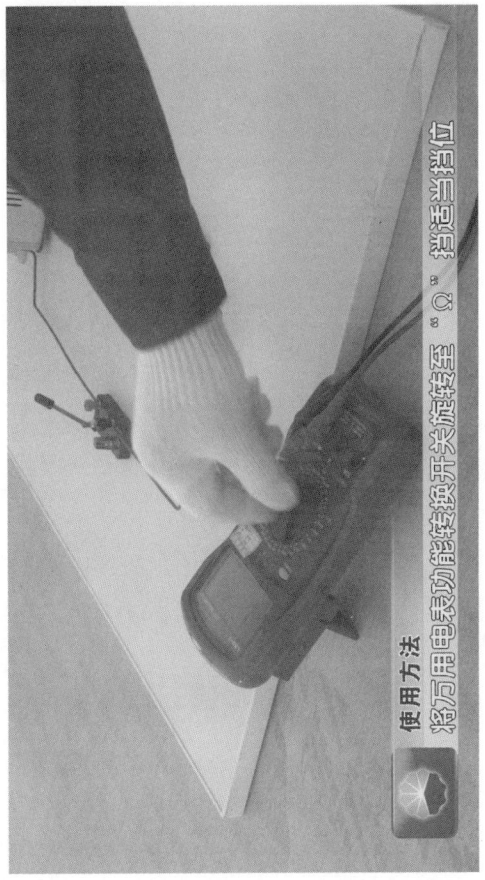

使用方法
将万用电表旋功能转换开关旋转至"≅ Ω"挡适当挡位

(9)将红表笔、黑表笔跨接于被测元件上,在液晶显示屏上读取电阻值。

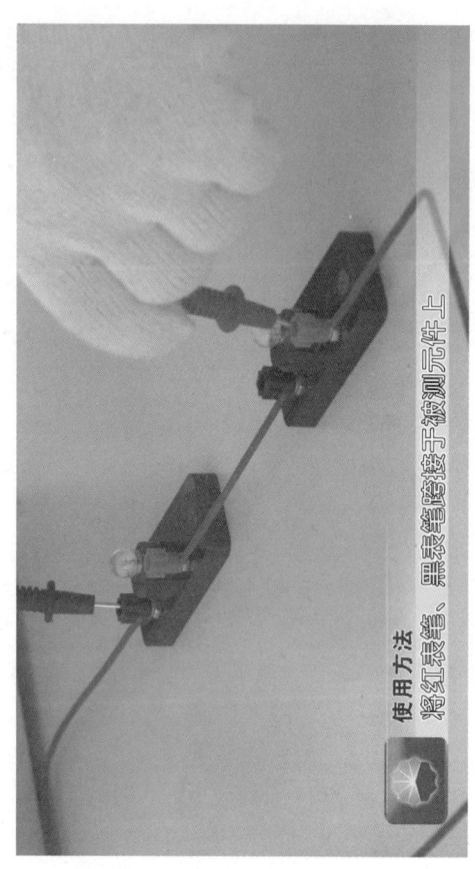

使用方法
将红表笔、黑表笔跨接于被测元件上

万用电表

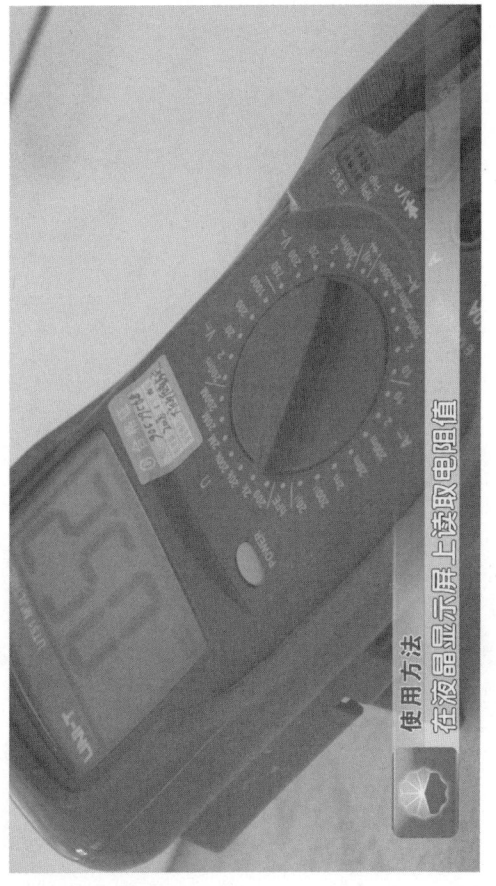

使用方法

在液晶显示屏上读取电阻值

（10）测量完毕后关闭电源开关，将量程转换开关旋至交流电压最大量程挡，拔下表笔。

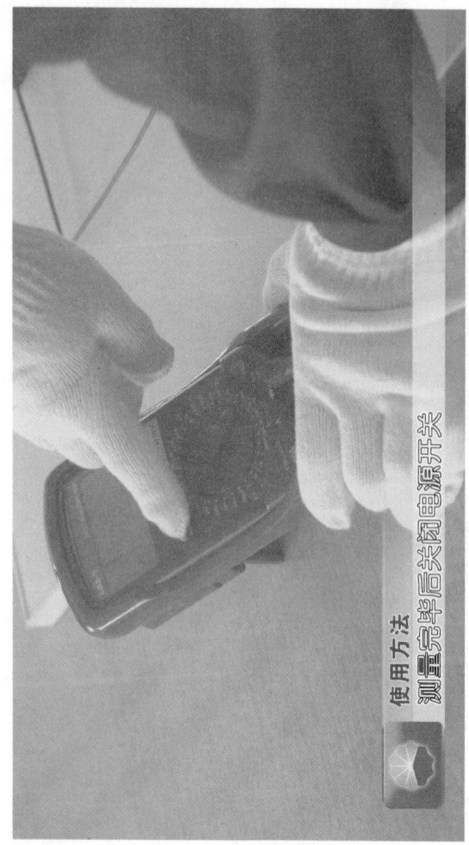

使用方法
测量完毕后关闭电源开关

万用电表

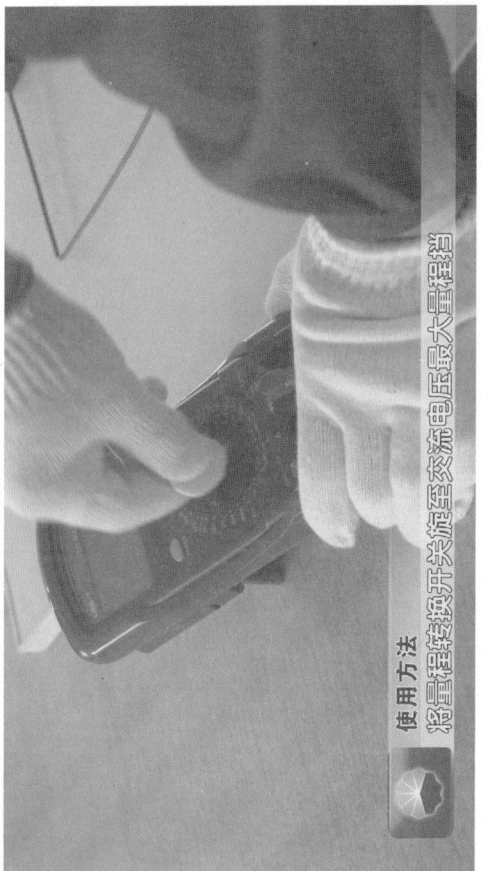

使用方法
把量程转换开关旋至交流电压最大量程挡

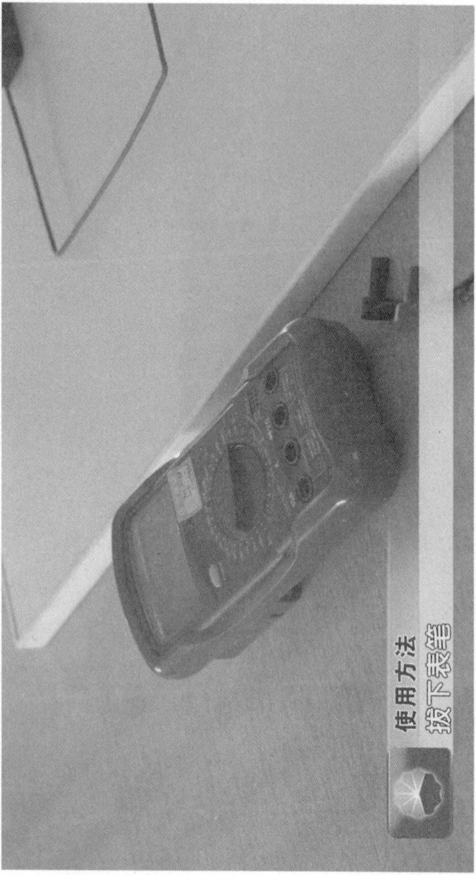

采油工常用电工仪表的使用

3. 使用中的注意事项

（1）测量时，转换开关挡位应与所测内容相符，严禁在万用电表与线路接通时转动转换开关，防止损坏仪表。

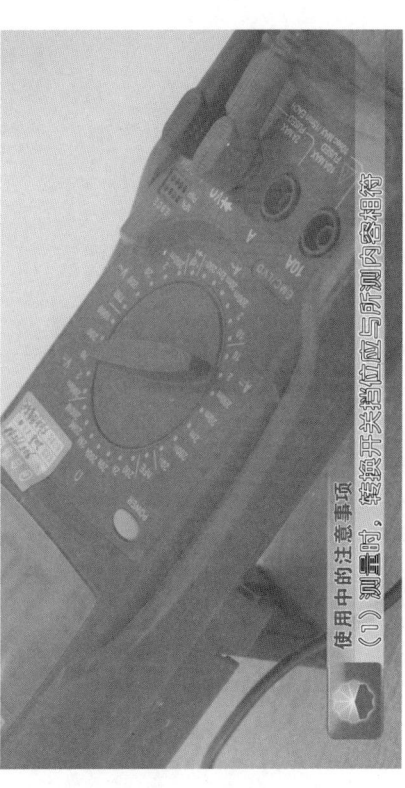

使用中的注意事项
（1）测量时，转换开关挡位应与所测内容相符

采油工常用电工仪表的使用

(2) 严禁超量程使用万用电表。低压万用电表禁止测量高压电路的电流、电压等参数,以确保人身安全。

使用中的注意事项
(2) 严禁超量程使用万用电表

采油工常用电工仪表的使用

使用中的注意事项

低压万用电表禁止测量高压电路的电流、电压等参数

（3）测量时身体各部位严禁接触表笔的金属部分及被测元器件，防止触电。

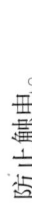

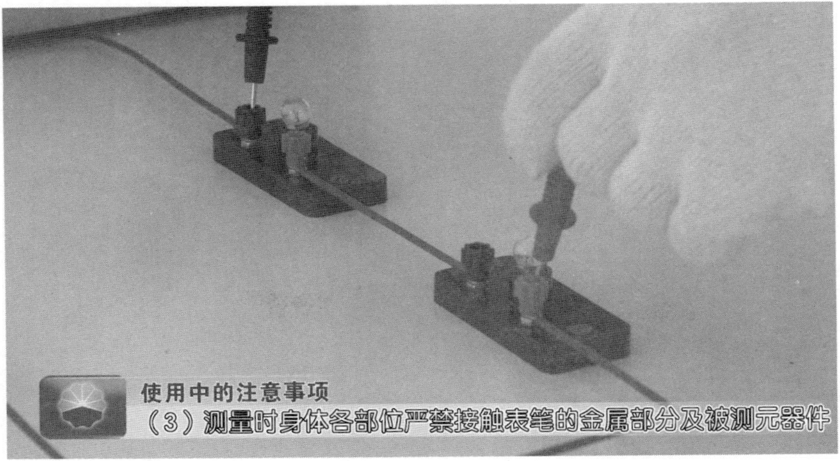

(4)指针式万用电表使用时要水平放置并进行机械调零,防止影响测量精度。

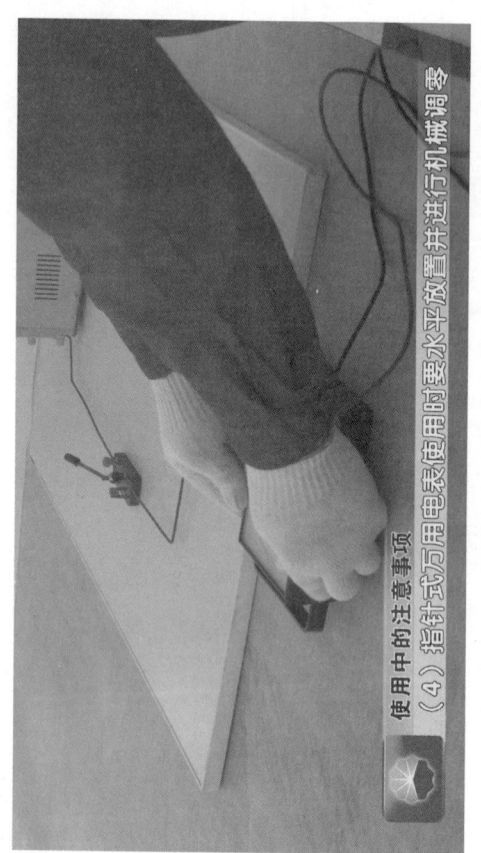

使用中的注意事项
(4)指针式万用电表使用时要水平放置并进行机械调零

(5) 指针式万用电表测量直流电流时应注意表笔极性,防止损坏仪表。

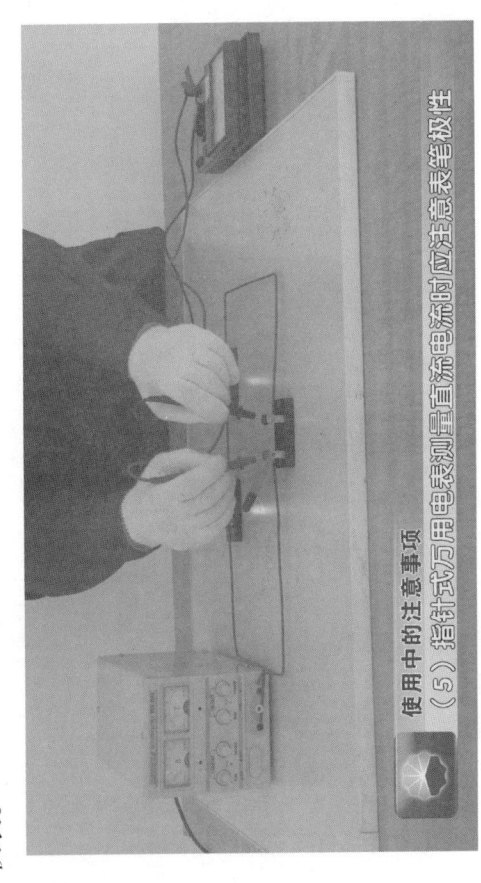

低压验电笔

低压验电笔是采油工常用的一种辅助安全用具。可随身携带,用于检查 500V 以下导体或各种电气设备的外壳是否带电。低压验电笔主要分为氖管式和数字式。

低压验电笔

低压验电笔
用于检查500V以下导体或各种电气设备的外壳是否带电

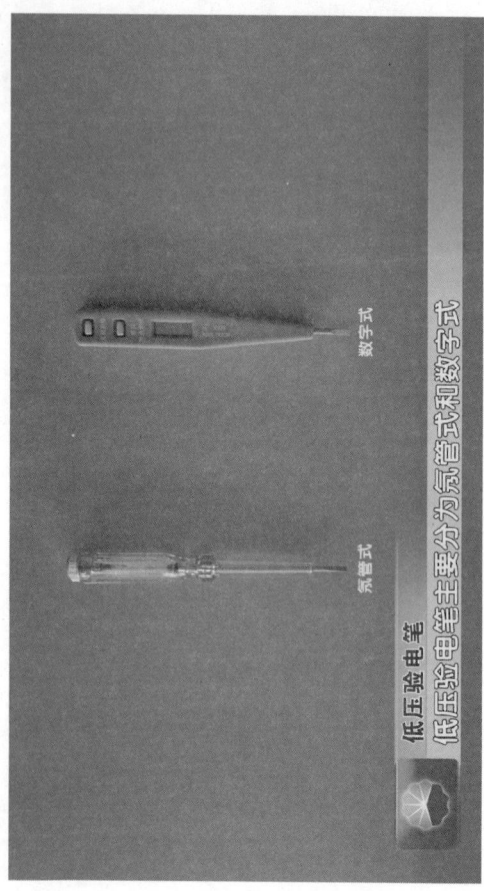

1. 结构组成

数字式低压验电笔由工作触头、液晶显示屏、感应断点测试键、直接测试键、工程塑料壳体等部件组成。

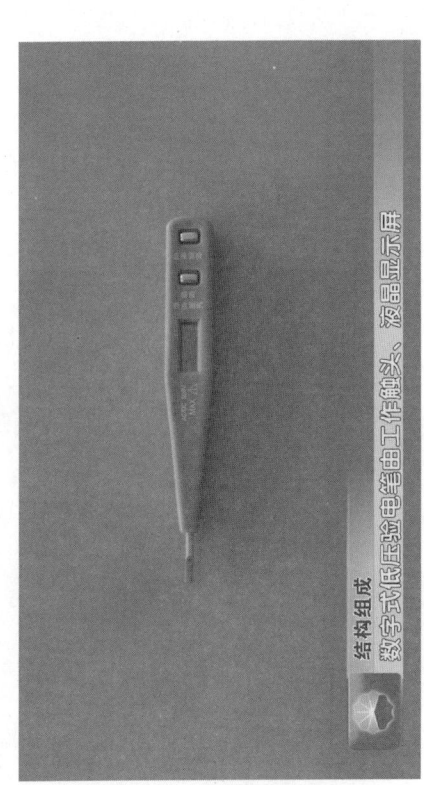

结构组成
数字式低压验电笔由工作触头、液晶显示屏

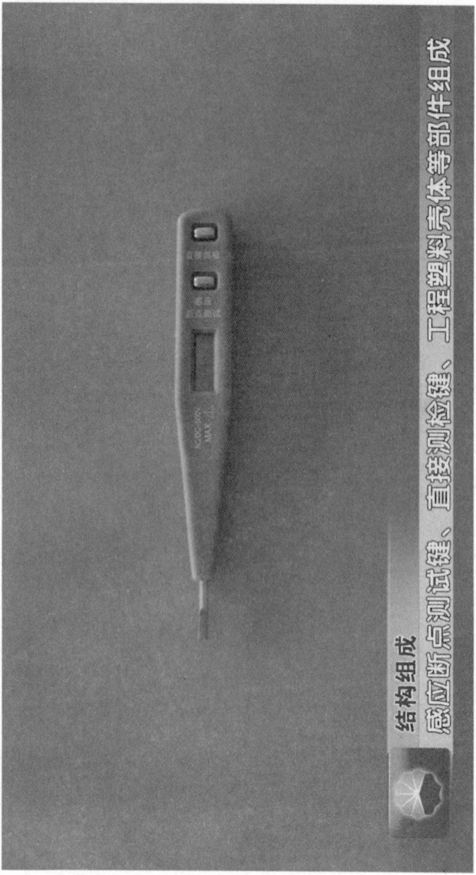

采油工常用电工仪表的使用

结构组成

感应断点测试键、直接测试键、工程塑料壳体等部件组成

2. 使用方法

(1) 检查验电笔外观无破损,确认安全电压,在有电的设备上进行试测,确认验电笔良好后方可进行使用。

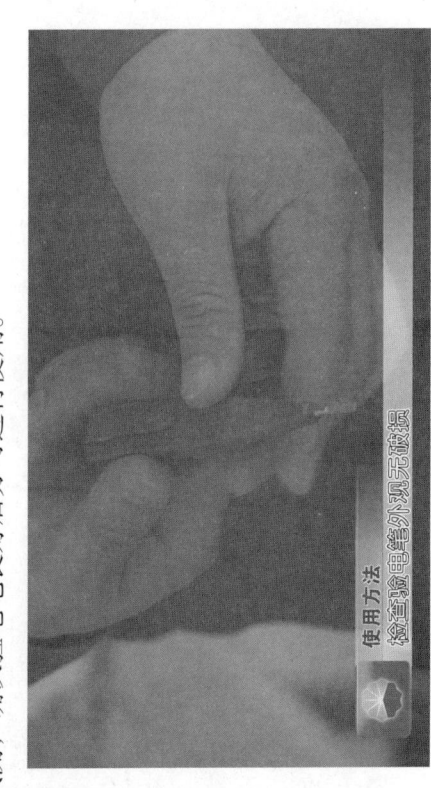

使用方法
检查验电笔外观无破损

采油工常用电工仪表的使用

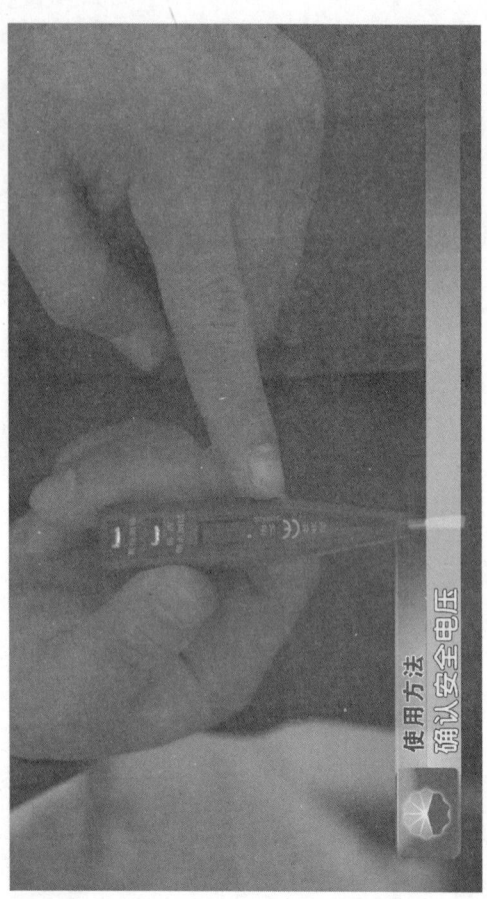

使用方法
确认安全电压

低压验电笔

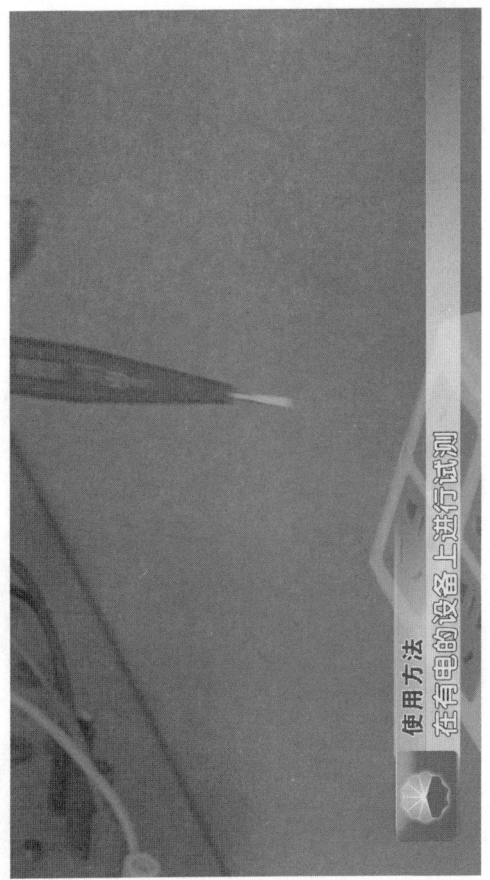

使用方法
在带电的设备上进行试测

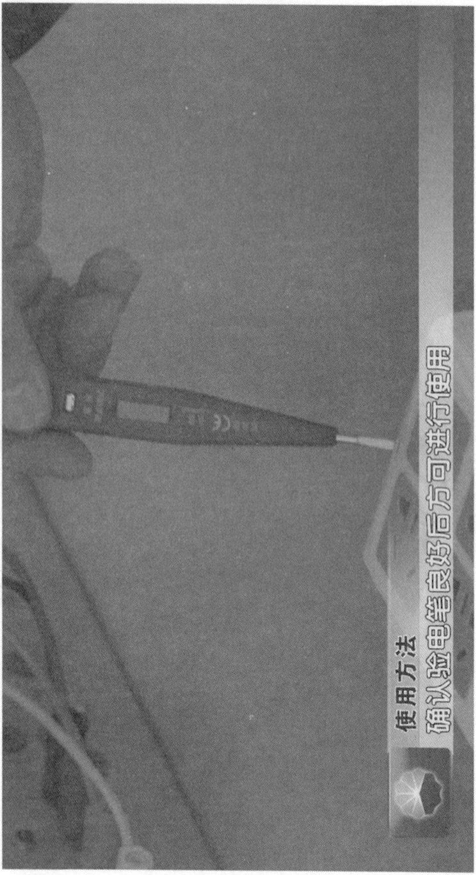

采油工常用电工仪表的使用

使用方法
确认验电笔完好后方可进行使用

低压验电笔

（2）使用时用右手持验电笔，手指和直接测检键充分接触，对被测物体进行验电，观察液晶显示屏，当有数字显示时确认被测部位有电。无数字显示时，被测部位无电。

使用方法
使用时用右手持验电笔，手指和直接测检键充分接触

采油工常用电工仪表的使用

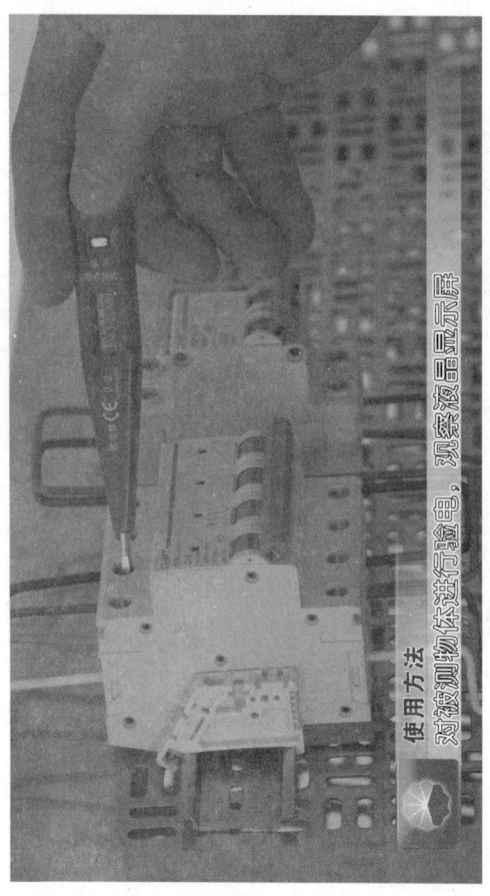

使用方法

对被测物体进行试电,观察液晶显示屏

低压验电笔

使用方法
当有数字显示时确认被测部位有电

- 87 -

采油工常用电工仪表的使用

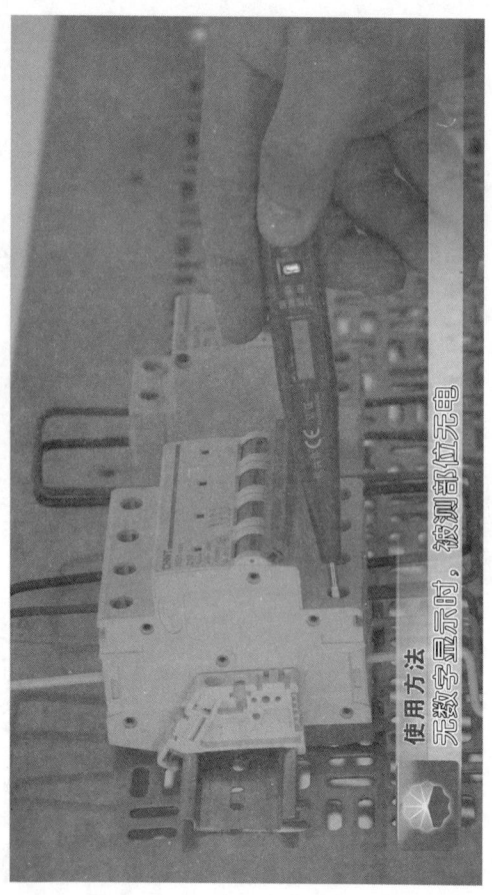

使用方法
无数字显示时,被测部位无电

(3)当使用验电笔检测带电线路有无断点时,右手持验电笔,手指按住感应断点测试键,工作触头与被测导线表面接触,沿线路测试。观察液晶显示屏,当测量过程中有"↯"符号时,线路无断点。

采油工常用电工仪表的使用

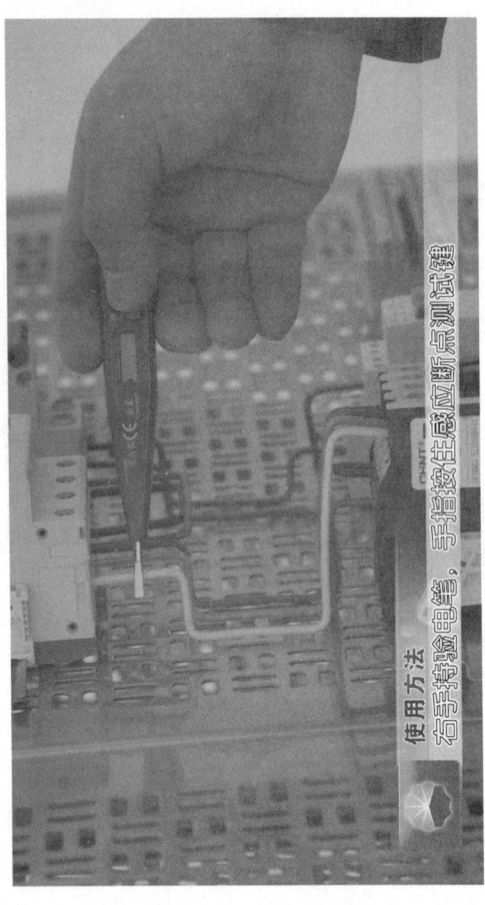

使用方法
右手持验电笔,手指接住感应断点测试键

低压验电笔

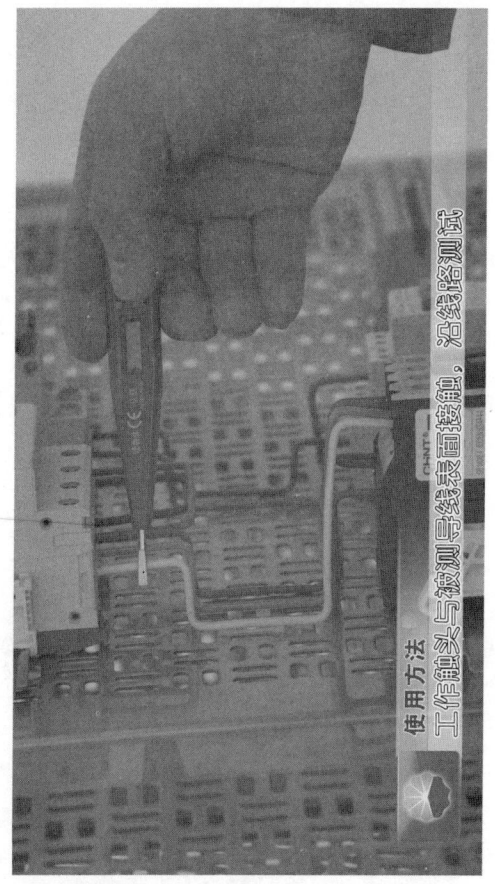

使用方法
工作触头与被测导线表面接触,沿线路测试

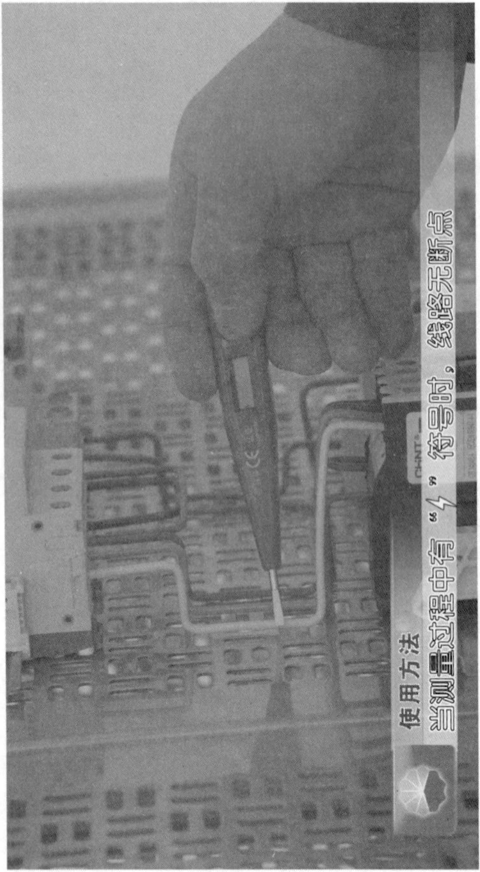

采油工常用电工仪表的使用

使用方法

当测量过程中有"⚡"符号时，线路无断点

3. 使用中的注意事项

(1) 验电笔使用前必须在确定有电的地方进行试测,确保验电笔完好方可使用。

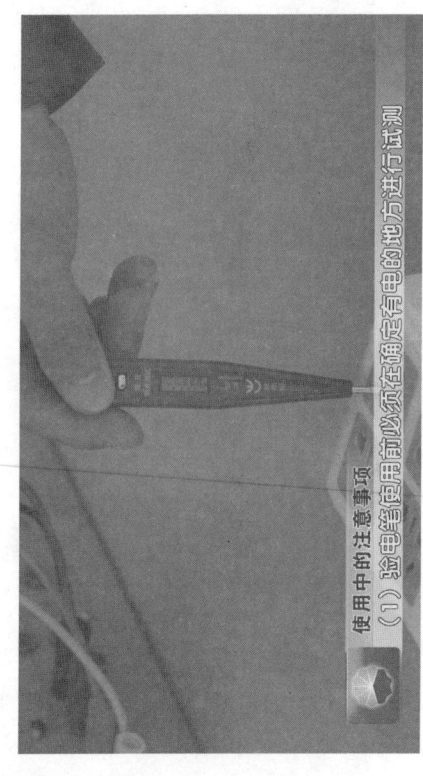

使用中的注意事项
(1) 验电笔使用前必须在确定有电的地方进行试测

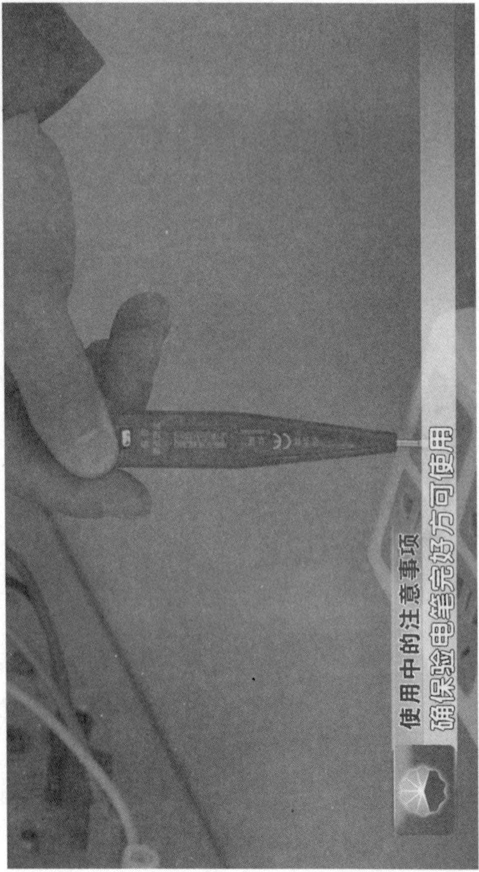

采油工常用电工仪表的使用

使用中的注意事项
确保验电笔完好方可使用

(2) 使用时，一般用右手持验电笔，身体的任何部位应严禁接触工作触头，防止触电。

使用中的注意事项
(2) 使用时，一般用右手持验电笔

采油工常用电工仪表的使用

使用中的注意事项：身体的任何部位严禁接触工作触头，防止触电

低压验电笔

(3) 使用时工作触头不能同时搭在两根导线上,以免相间短路。

使用中的注意事项
(3) 使用时工作触头不能同时搭在两根导线上,以免相间短路

试 题

一、选择题（不限单选）

1.使用数字式钳形电流表测量电流时，要保证被测电动机处于（　）状态。

　　A.备用　　　　　　B.停止

　　C.维修　　　　　　D.运转

2.使用数字式钳形电流表测量时，当被测电路的电流难以估算时，应先置于交流电流（　）量程测量。

　　A.合适　　　　　　B.最小

　　C.最大　　　　　　D.中间

3.使用数字式钳形电流表测量时，电流表应保持（　）位置测量并读取电流数值。

　　A.垂直　　　　　　B.平稳

　　C.倾斜　　　　　　D.水平

4. 使用万用电表测量直流电路电流时,将黑表笔插入公共端 COM 插孔,红表笔插入电流测量信号端( )插孔。

A. VΩHz B. V-

C. hFE D. A

5. 数字万用电表使用时,当被测电路的电流难以估算时,应先将量程开关置于直流电流( )挡位测量,直至量程合适后读取数值。

A. 1A B. 2A

C. 3A D. 4A

6. 数字万用电表测量完毕后关闭电源开关,将量程转换开关旋至( )最大量程挡,拔下表笔。

A. 直流电流 B. 交流电流

C. 直流电压 D. 交流电压

7. 低压验电笔用于检查( )以下导体或各种电气设备的外壳是否带电。

A. 250V B. 500V

C. 750V D. 1000V

8.使用低压验电笔时,手指要和( )充分接触,观察液晶显示屏无数字显示时,被测部位无电。

A. 感应断点测试键 B. 直接测检键

C. 间接测检键 D. 工作触头

9.电工常用仪表名称中,按测量对象划分的是( )。

A. 电磁式 B. 电压表

C. 交流表 D. 携带式

10.电工常用仪表名称中,( )是按工作原理划分的。

A. 电磁式 B. 电压表

C. 交流表 D. 携带式

11.在电工常用仪表中表示仪表绝缘等级符号的是( )。

A. ∩　　　　　　　B. □

C. ☆　　　　　　　D. ∠60

12. 钳形电流表测量时应把被测导线放在铁芯钳口的（　　）位置上使钳口紧闭，以便读数准确。

A. 任意　　　　　　B. 平行

C. 斜上　　　　　　D. 中心

13. 钳形电流表每次只能测试（　　）根导线内的电流。

A. 1　　　　　　　B. 2

C. 3　　　　　　　D. 4

14. 用万用电表测量直流电流时，将万用电表（　　）在被测电路中进行测量。

A. 并联　　　　　　B. 串联

C. 混联　　　　　　D. 桥式联

二、判断题

1. 钳形电流表须断开电源和线路，测量电

气设备的安全电流。（　）

2.严禁使用钳形电流表测量裸导线电流。（　）

3.指针式钳形电流表主要由钳头、钳头扳机、保持按钮、量程转换开关、液晶显示屏、表笔插孔以及红、黑表笔等部分组成。（　）

4.低压验电笔使用时，工作触头可以同时搭在两根导线上，以确定在有电的地方进行试测。（　）

5.电工仪表的品种规格很多，按形状不同可分为指针类、数字式表等。（　）

6.低压验电笔主要分为氖管式和数字式。（　）

试题参考答案

一、选择题

题号	1	2	3	4	5	6	7	8	9	10	11	12	13	14
答案	D	C	D	D	B	D	B	B	B	A	C	D	A	B

二、判断题

题号	1	2	3	4	5	6
答案	×	√	×	×	×	√

《工具、用具、量具使用》

分册序号	分册书名
1	采油工常用扳手的使用
2	采油工常用手钳的使用
3	采油工常用电工仪表的使用
4	采油工常用量具的使用
5	采油工常用管工工具的使用（管螺纹铰板）
6	采油工常用管工工具的使用（管子钳）
7	采油工常用管工工具的使用（切割类）
8	采油工常用管工工具的使用（夹持类）
9	采油工常用锤击工具的使用
10	采油工常用电动钻孔工具的使用
11	采油工常用举升、顶拔工具的使用

采油工安全生产标准化操作丛书

中国石油人事部
中国石油勘探与生产分公司 编

工具、用具、量具使用 4

采油工常用量具的使用

石油工业出版社

图书在版编目（CIP）数据

工具、用具、量具使用 / 中国石油人事部，中国石油勘探与生产分公司编 .—北京：石油工业出版社，2019.5

（采油工安全生产标准化操作丛书）

ISBN 978-7-5183-3248-9

Ⅰ.①工… Ⅱ.①中… ②中… Ⅲ.①石油开采 – 工具 – 使用方法 ②石油开采 – 量具 – 使用方法 Ⅳ.① TE35-65

中国版本图书馆 CIP 数据核字（2019）第 050026 号

出版发行：石油工业出版社
（北京安定门外安华里 2 区 1 号楼 100011）
网　　址：www.petropub.com
编辑部：（010）64523537
图书营销中心：（010）64523633
经　　销：全国新华书店
印　　刷：北京中石油彩色印刷有限责任公司

2019 年 5 月第 1 版　2019 年 5 月第 1 次印刷
880×1230 毫米　开本：1/64　印张：13.625
字数：195 千字

定价：165.00 元（全 11 册）
（如出现印装质量问题，我社图书营销中心负责调换）
版权所有，翻印必究

《采油工安全生产标准化操作丛书》
编委会

主　　　　任：吴　奇

副　主　任：黄　革　　郑新权　　万　军

执行副主任：王渝明　　张守良　　郝庆华

　　　　　　王子云　　张　超　　赵捍军

委员：姜宝山　王　林　于胜泓　章卫兵　董洪亮

　　　王松波　吴景刚　全海涛　李亚鹏　范　猛

　　　王玉琢　杨　东　吴成龙　张万福　杨海波

　　　周　燕　侯继波　柴方源　祝汉强　肖长军

　　　赵　伟　卢盛红　朱继红　宋伟光　尹前进

　　　王海波　袁　月　王鹏飞　张　利　邓　钢

　　　吴文君　高　媛

《工具、用具、量具使用 4 采油工常用量具的使用》编委会

主　编： 吴　奇

副主编： 李春丽　吴文君　董敬宁

委　员： 段宝昌　丁洪涛　王大一

　　　　　　王殿辉　吕庆东　李雪莲

　　　　　　生凤英　王冬艳　刘　昱

　　　　　　张春超　白丽君　邹宏刚

　　　　　　郑　瑜　郑海峰　程　亮

开发单位

中国石油天然气股份有限公司勘探与生产分公司

大庆油田有限责任公司人事部(党委组织部)

大庆油田有限责任公司开发部

大庆油田有限责任公司质量安全环保部

大庆油田有限责任公司第二采油厂

大庆油田有限责任公司第四采油厂

大庆油田有限责任公司第六采油厂

大庆油田有限责任公司文化集团

大庆油田有限责任公司人才开发院

大庆油田有限责任公司大庆医学高等专科学校

合作单位

长庆油田分公司

辽河油田分公司

新疆油田分公司

大港油田分公司

华北油田分公司

石油工业出版社

Foreword 序

"求木之长者，必固其根本；欲流之远者，必浚其泉源。"2017年，党中央、国务院印发了《新时期产业工人队伍建设改革方案》，明确指出，产业工人是工人阶级中发挥支撑作用的主体力量，是创造社会财富的中坚力量，是创新驱动发展的骨干力量，是实施制造强国战略的有生力量。同时提出，要造就一支有理想守信念、懂技术会创新、敢担当讲奉献的宏大的产业工人队伍。这充分体现了党和国家对产业工人队伍建设的关心支持。

中国石油牢固树立以人为本、质量至上、安全第一、环保优先的理念，坚持施行标准化操作作为保证安全生产、深化精细管理、实现

企业内涵发展的重要支撑。中国石油将提升员工技能水平作为抓好产业工人队伍建设的主攻方向,把标准化操作固化成基层单位和干部职工尤其是新员工的行为准则和工作标准,牢固树立"上标准岗、干标准活"的工作意识和理念,形成人人讲安全、人人会安全、人人都安全的良好局面。

守正笃实,久久为功。提升员工技能操作水平是一项长期而艰巨的任务,完善标准是基础,加强领导是保障,优化执行是根本。这需要大家积极推广标准化操作工作,不断加强和改进操作流程与标准,不断规范与完善标准化操作,引导广大员工全面提升对标准化操作的认知度,全面提升标准化操作执行力,规范本质化安全行为,推进各项工作上水平。

中国石油人事部和中国石油勘探与生产分公司共同组织编写的《采油工安全生产标准化

操作丛书》及配套的视频课件,包含中国石油各油气田单位通用性的140个基本操作,具有开发标准高、内容全面、注重安全风险、应用范围广、培训效果突出等方面优点。相对应的视频课件利用三维动画技术,通过分解、剖切等方式展示常规不可见的设备内部结构,让员工学习起来更加直观,是一套"看得懂、学得会、易掌握"的实用教材,真正做到了将"技术有形化",填补了中国石油安全生产操作培训课件方面的空白,为进一步提升操作员工整体素质提供有力支撑。

目前,跨国公司员工培训已经进入了"互联网+培训"的员工混合式培训阶段,以多终端应用设备为载体,展现多种资源,结合线下培训和社区化学习模式,以网络化应用进行培训评估,实现可规划路径的人才发展优化培训。这套丛书从生产实际出发,以满足需求为导向,

以促进员工养成标准化操作习惯为目标,实践性和针对性都很强。同时,大批专家的参与写作使教材的权威性有了保证。丛书配套的视频课件可以满足石油员工远程移动学习,也可以满足员工单机高清自学和集中学习。这样就形成了三位一体的员工培训模式,逐步迈入员工混合式培训阶段。希望这套丛书的出版发行,能为促进中国石油员工培训工作的深入开展,为促进员工操作技能水平的不断提升,为推动油气主业高质量发展,为实现中国石油建成世界一流综合性国际能源公司作出积极贡献。

中国石油天然气集团有限公司
总经理助理、人事部总经理　　刘志华

PREFACE 前言

采油工是油田企业主体关键工种之一,在中国石油操作类员工中占比较大,采油工技能水平的高低,对油田的安全平稳生产起到至关重要的作用。为进一步提高采油工的基本素质和业务技能水平,中国石油人事部和中国石油勘探与生产分公司于2016年联合启动了采油工安全生产标准化操作视频培训课件开发项目,成立了课件编委会,委托大庆油田公司负责课件具体编制工作,并确定长庆、辽河、新疆、大港、华北5家油田公司和石油工业出版社,共同配合大庆油田做好视频培训课件编制工作。

课件开发过程中,大庆油田高度重视,按照"实际、实用、实效"的原则,专门成立了

课件开发工作领导组,组织公司人事部、开发部、安全环保部、第二采油厂、第四采油厂等9个部门和二级单位共同参与,共计抽调了100余名专家参与项目的研发设计。勘探与生产分公司加强过程监督和质量把控,针对开发方案、课件脚本、制作标准、课件样片等内容,按照不同工作节点先后组织三次大的集中审核会议,邀请中国石油各油田行业专家建言献策,为提高课件的通用性和实用性奠定坚实基础。大庆油田按照总体工作要求,历时两年,完成了视频培训课件的编制任务,并同步完成《采油工安全生产标准化操作丛书》的编写工作。本套丛书紧贴油田生产实际,以采油工岗位职责为依据,包含《安全防护用具使用》《工具、用具、量具使用》《采油工艺简介》《抽油机井标准化操作》《电动潜油泵井标准化操作》《电动螺杆泵井标准化操作》《注水井标准化操作》

《计量间标准化操作》《抽油机井生产故障分析与处理》《电动潜油泵井生产故障分析与处理》《电动螺杆泵井生产故障分析与处理》《注水井生产故障分析与处理》《计量间生产故障分析与处理》《现场应急救护》,共 14 种 140 个分册。本套丛书具有突出的实用性和规范性特点,可广泛用于新员工岗前培训、日常岗位练兵、鉴定考前培训、师徒帮带、技能竞赛等学习培训活动。

希望本套丛书能够为各石油企业提供借鉴,为今后采油工岗位培训的扎实有效开展提供有力保障。由于各油田在采油工艺、设备等方面存在差异性,书中难免有不足之处,敬请读者批评指正。

编者

2018 年 8 月

CONTENTS 目录

项目说明 1

参考标准 2

游标卡尺 3

外径千分尺 24

条式水平仪 57

塞尺 79

试题 94

试题参考答案 97

项目说明

测量工具用于测量工件的长度、内径、外径、深度、水平度和间隙等。采油工常用的测量工具有游标卡尺、外径千分尺、条式水平仪、塞尺等。

参考标准

GB/T 21389—2008《游标、带表和数显卡尺》

Q/SY DQ0799—2002《游标卡尺》

GB/T 1216—2004《外径千分尺》

GB/T 16455—2008《条式和框式水平仪》

GB/T 22523—2008《塞尺》

游标卡尺

游标卡尺是用于测量工件的内径、外径、长度及深度的量具,具有结构简单、使用方便的特点,是一种比较精密的测量工具。常用规格有 0~150mm、0~300mm。

采油工常用量具的使用

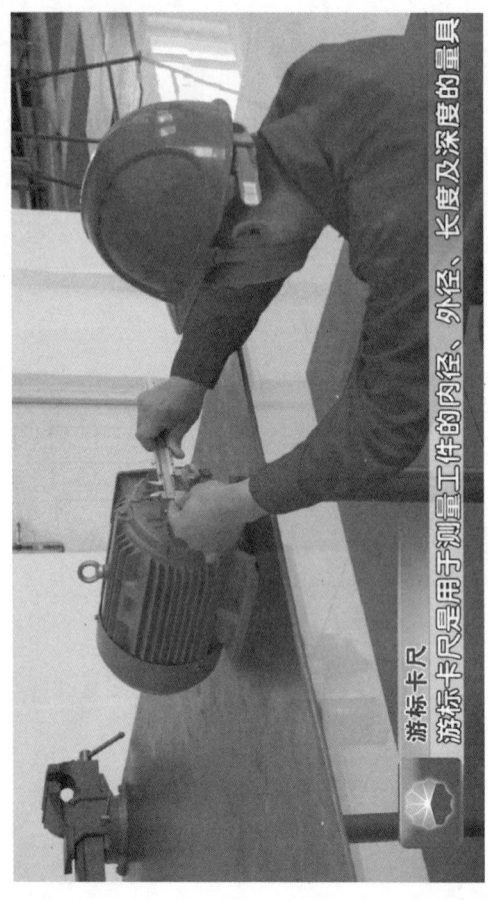

游标卡尺

游标卡尺是用于测量工件的内径、外径、长度及深度的量具

游标卡尺

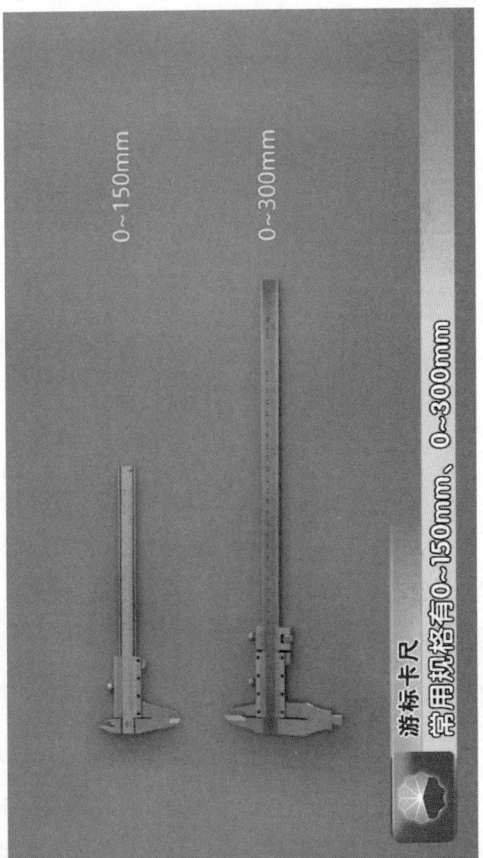

1. 结构组成

游标卡尺主要由刀口内测量爪、外测量爪、制动螺钉、主标尺、游标尺、深度尺组成。

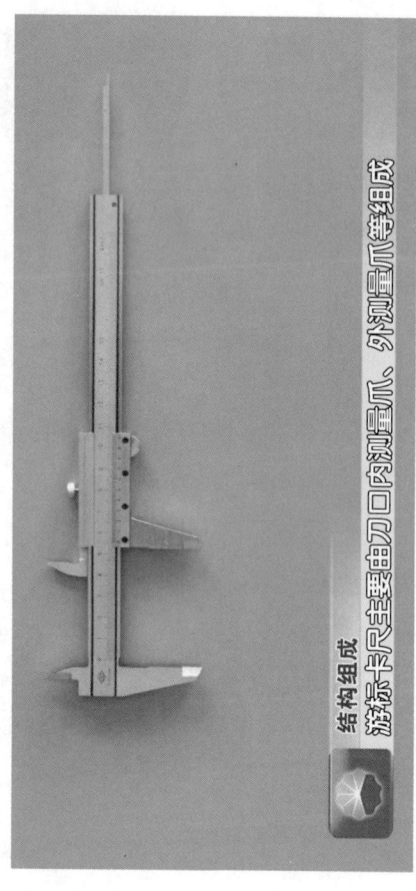

结构组成:游标卡尺主要由刀口内测量爪、外测量爪等组成

2. 使用方法

（1）擦拭游标卡尺，检查外观、测量面完好，主标尺和游标尺的"0"刻度线对齐。

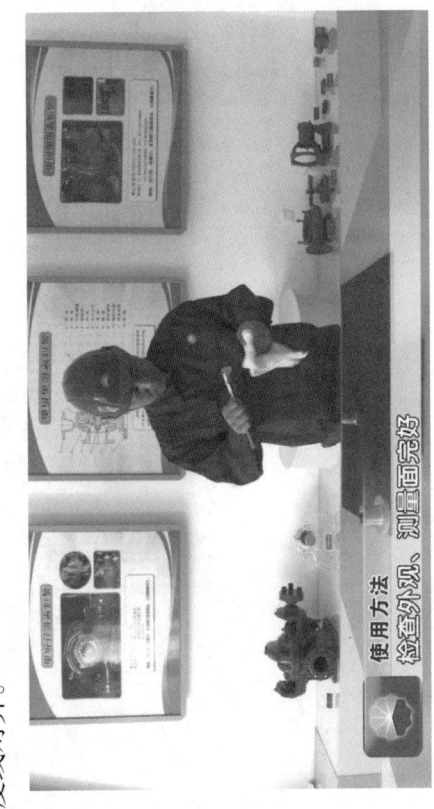

采油工常用量具的使用

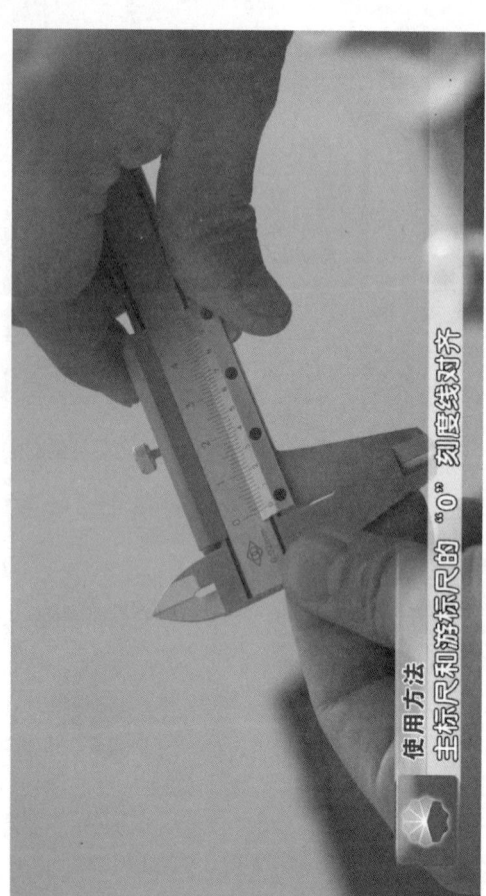

使用方法
主尺和游标尺的"0"刻度线对齐

游标卡尺

(2) 擦拭工件。测量工件外部尺寸时,外测量爪测量面与工件被测表面接触并垂直,旋紧制动螺钉,读取数值。

使用方法
外测量爪测量面与工件被测表面接触并垂直

采油工常用量具的使用

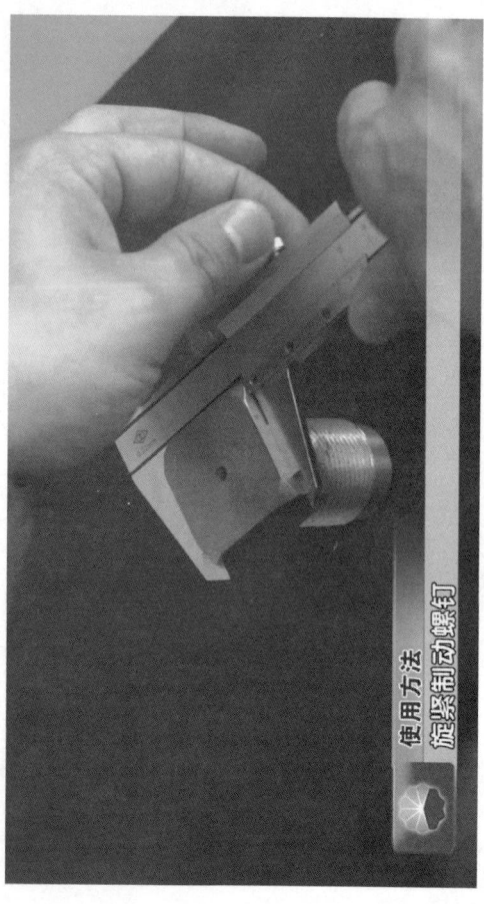

使用方法
旋紧制动螺钉

游标卡尺

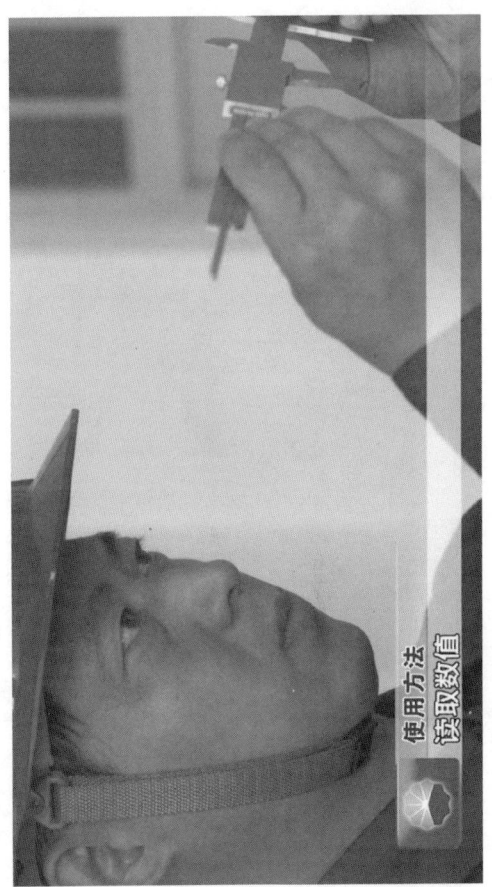

使用方法
读取数值

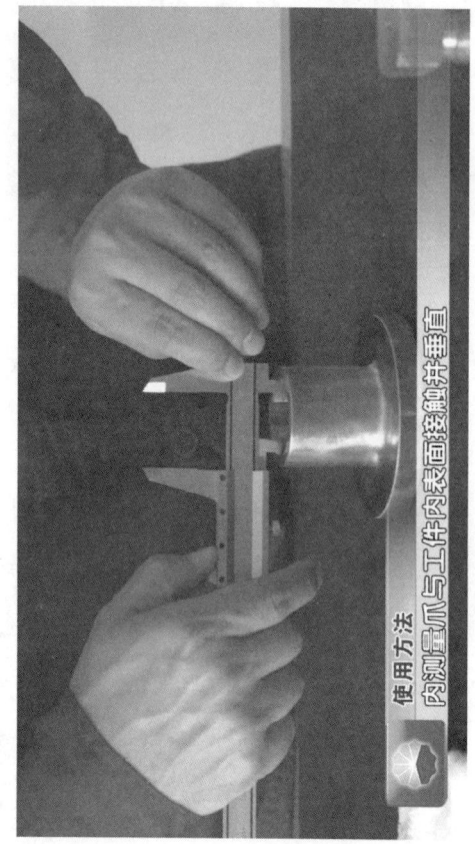

使用方法 内测量爪与工件内表面接触并垂直

(3)测量工件内部尺寸时,内测量爪与工件内表面接触并垂直,旋紧制动螺钉,读取数值。

游标卡尺

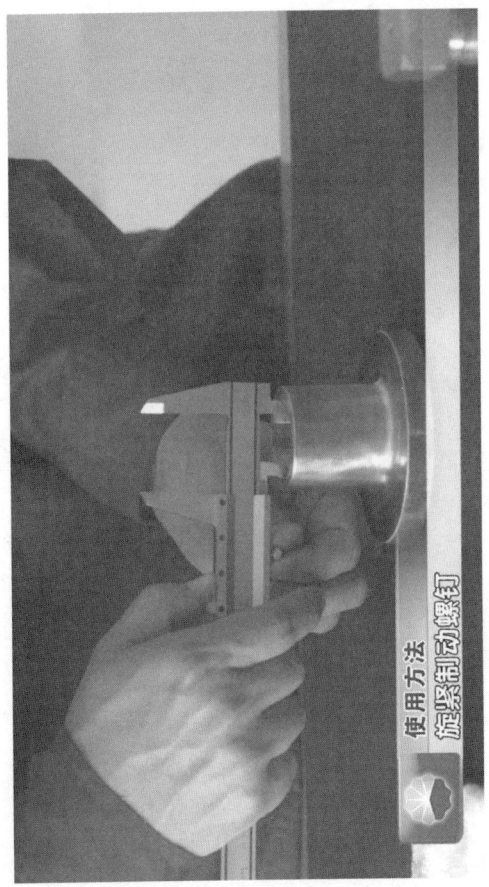

采油工常用量具的使用

游标卡尺

(4) 测量工件深度尺寸时,将尺身基准面与工件基准面垂直,移动游标,使深度尺测量面与工件被测面接触,旋紧制动螺钉,读取数值。

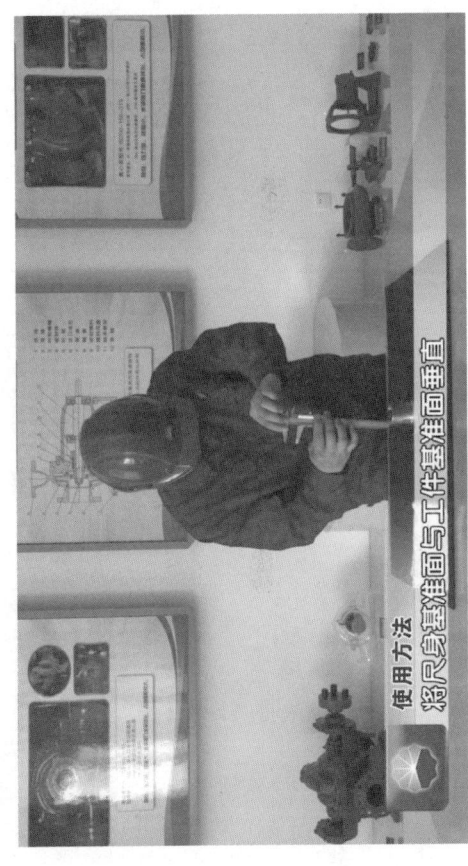

使用方法
将尺身基准面与工件基准面垂直

- 15 -

采油工常用量具的使用

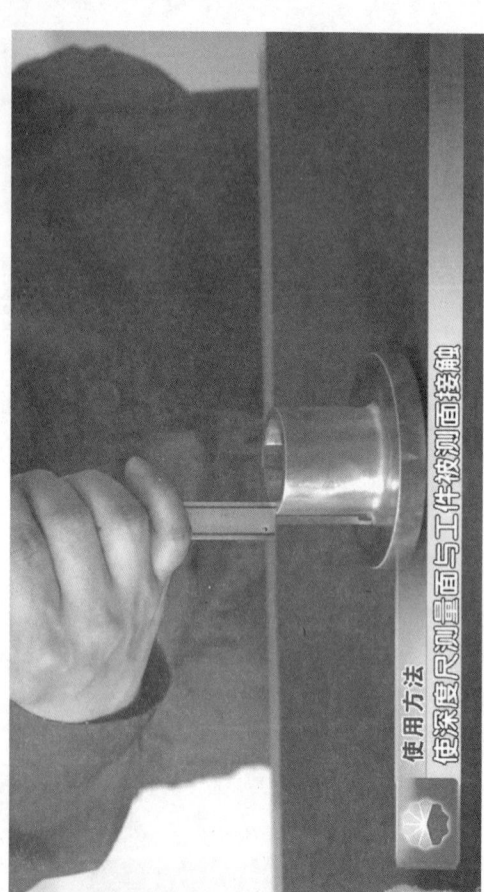

使用方法
使深度尺测量面与工件被测面接触

游标卡尺

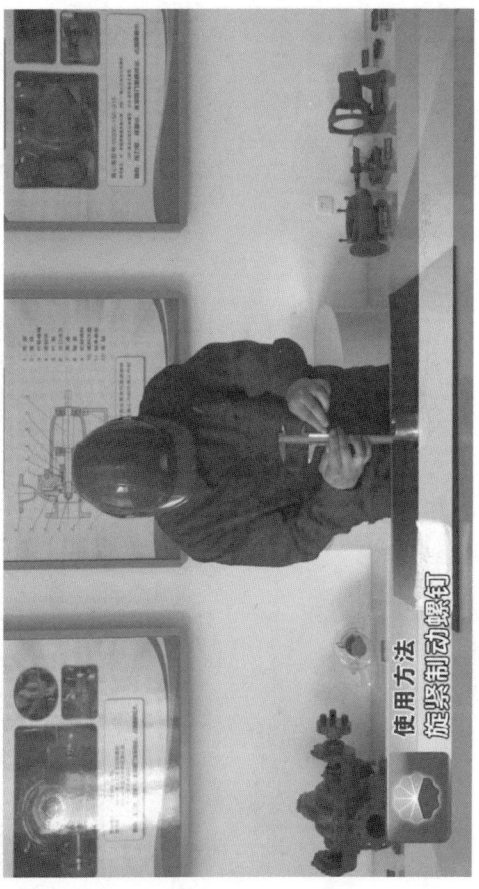

采油工常用量具的使用

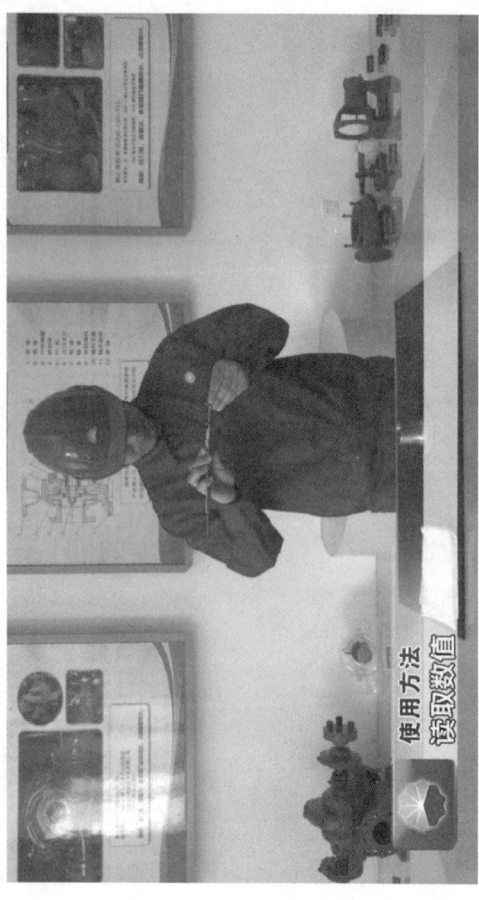

(5) 使用完毕后擦拭干净，装入盒内。

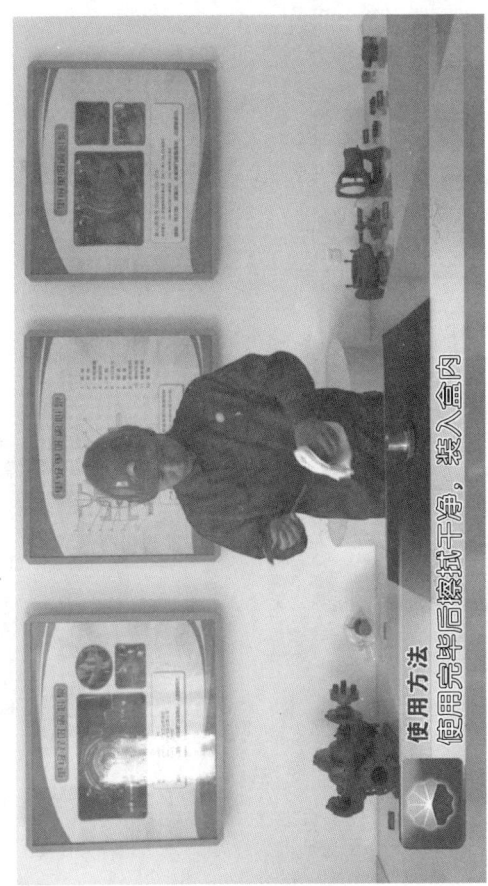

3. 游标卡尺的读值方法

游标尺"0"刻度线与主标尺刻度线对齐时,读取主标尺相对应的整数值,56.00mm。

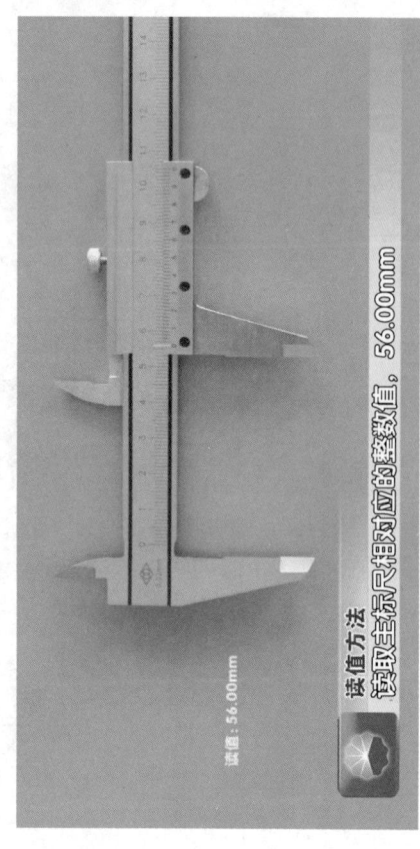

游标卡尺

当游标尺"0"刻度线与主标尺刻度线未对齐时，先读取游标尺"0"刻度线左侧主标尺上的整数值，记录数值35.00mm。读取小数值时，在游标尺和主标尺上找出对齐的刻度线，读出该刻度线距游标尺"0"刻度线之间的格数为36，乘以分度值0.02mm，即为小数值0.72mm。将整数值与小数值相加即为测量值35+0.72=35.72（mm）。

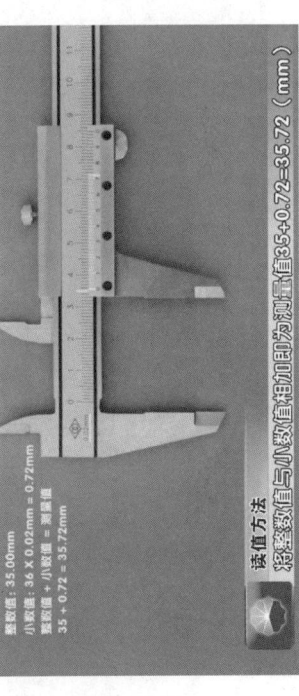

读值方法
将整数值与小数值相加即为测量值35+0.72=35.72（mm）
整数值：35.00mm
小数值：36 X 0.02mm = 0.72mm
整数值 + 小数值 = 测量值
35 + 0.72 = 35.72mm

4. 使用中的注意事项

（1）测量时，测量面与被测部件充分接触，以减少测量误差。

游标卡尺

(2) 读取数值时，视线与刻度线垂直，以免产生读值误差。

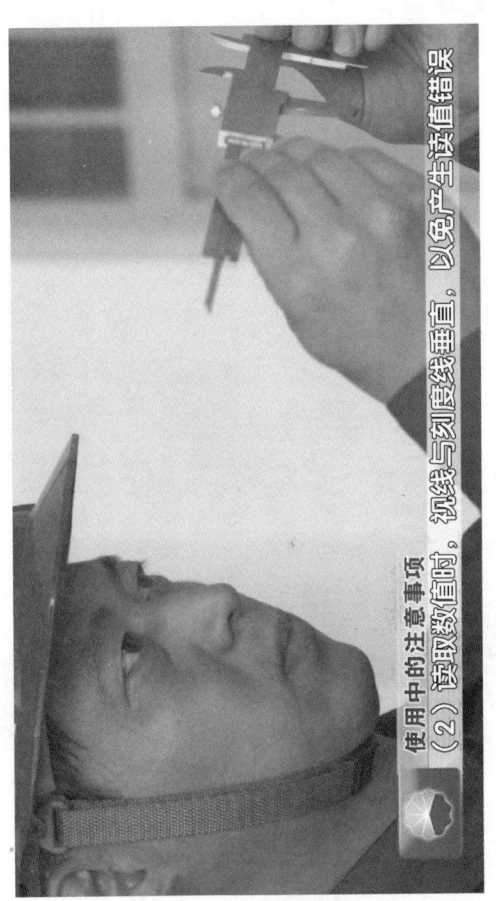

使用中的注意事项
(2) 读取数值时，视线与刻度线垂直，以免产生读值错误

外径千分尺

外径千分尺可测量工件的外径、长度、厚度。是利用螺旋副原理,对尺架上两测量面间分隔的距离进行读数,是常用的精密量具。常用的规格有 0~25mm、25~50mm、50~75mm、75~100mm。

外径千分尺

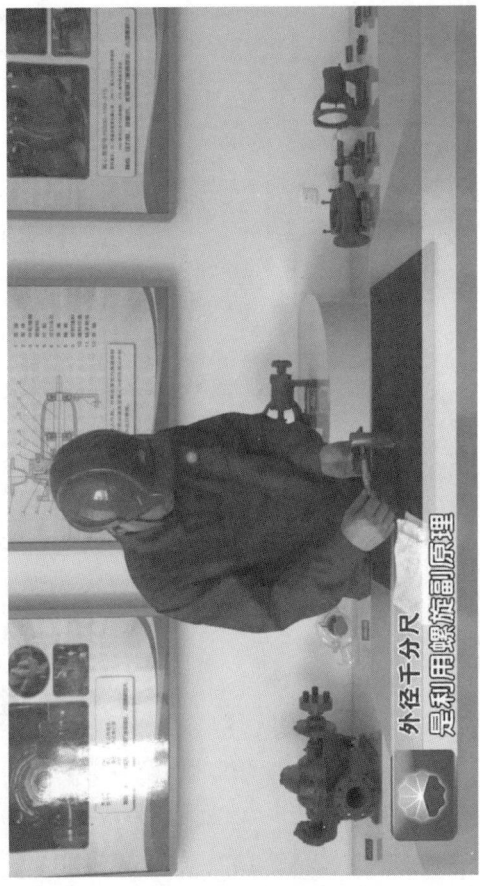

采油工常用量具的使用

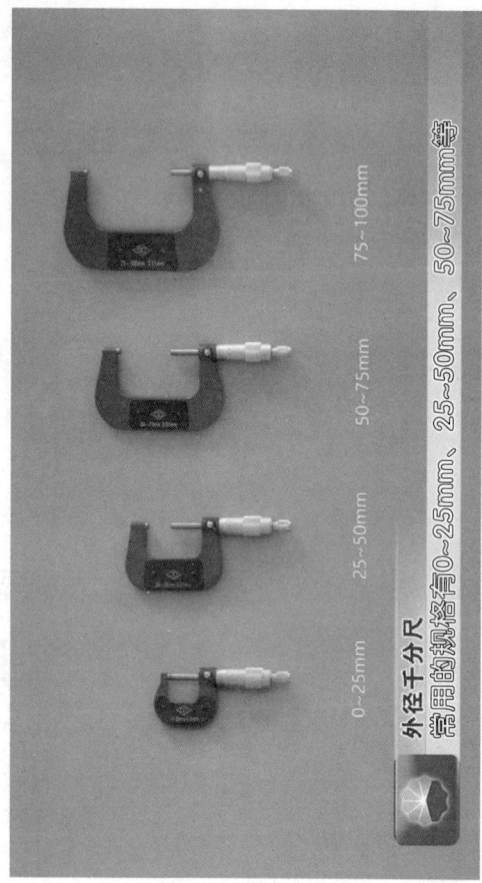

外径千分尺
常用的规格有0~25mm、25~50mm、50~75mm、75~100mm等

1. 结构组成

外径千分尺主要由测砧、测微螺杆、测量面、尺架、隔热装置、锁紧装置、固定套管、基准线、微分筒、棘轮以及校对量杆、专用扳手等附件组成。

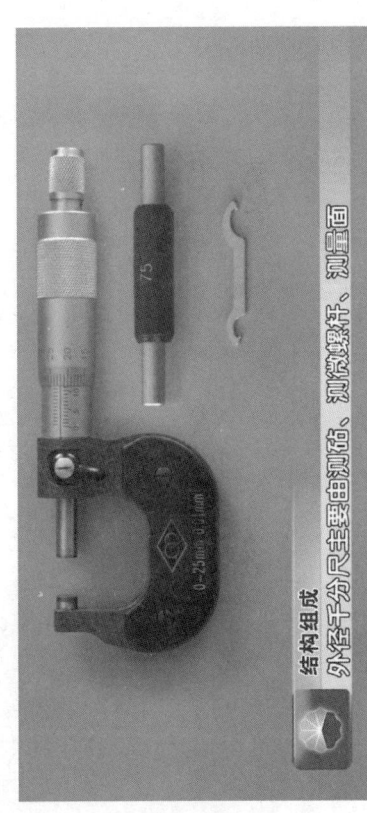

结构组成
外径千分尺主要的部件：测微螺杆、测量面

采油工常用量具的使用

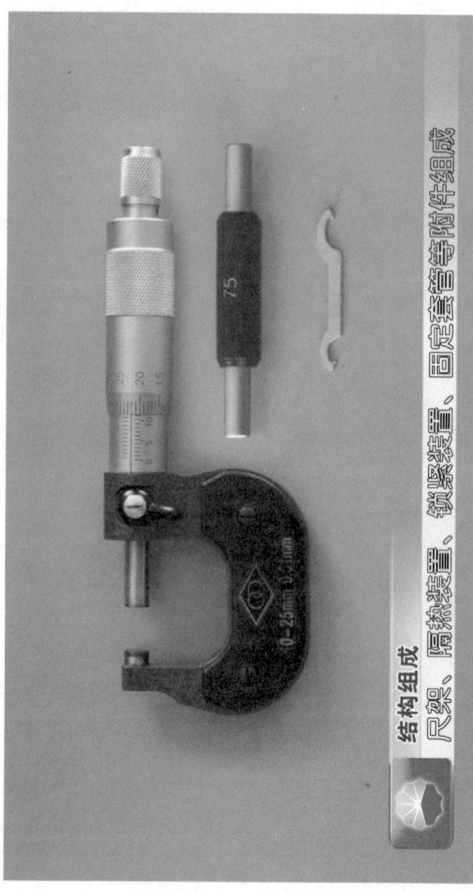

结构组成

尺架、隔热装置、锁紧装置、固定套管等附件组成

外径千分尺

外径千分尺刻度显示部分如图：

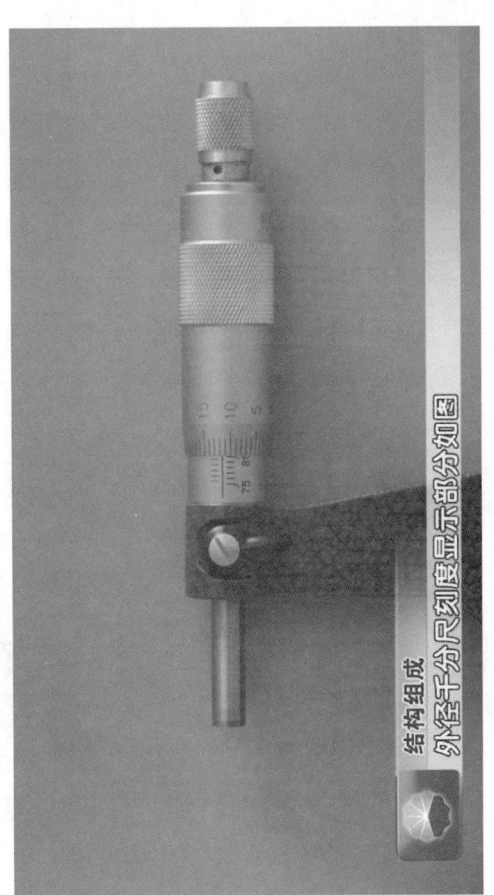

结构组成
外径千分尺刻度显示部分如图

2. 使用方法

(1) 检查外径千分尺外观完好,微分筒、棘轮转动灵活,锁紧装置、测微螺杆、测砧、隔热装置完好。

外径千分尺

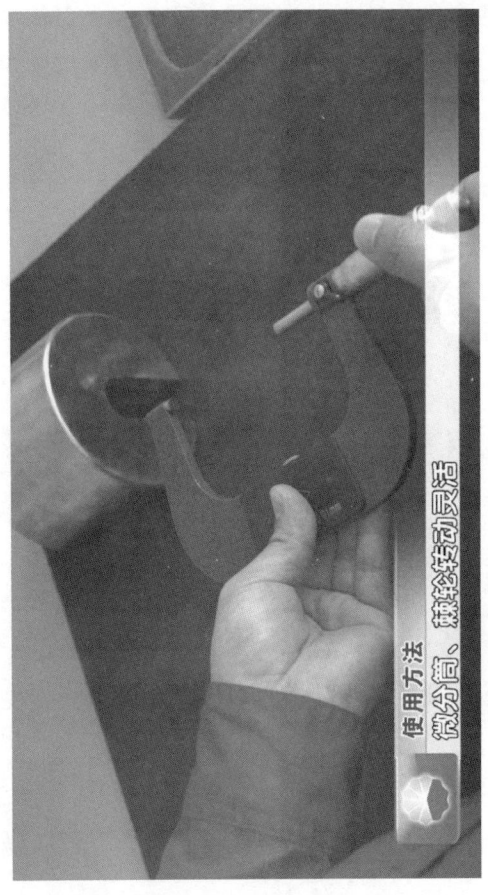

使用方法
微分筒、棘轮转动灵活

采油工常用量具的使用

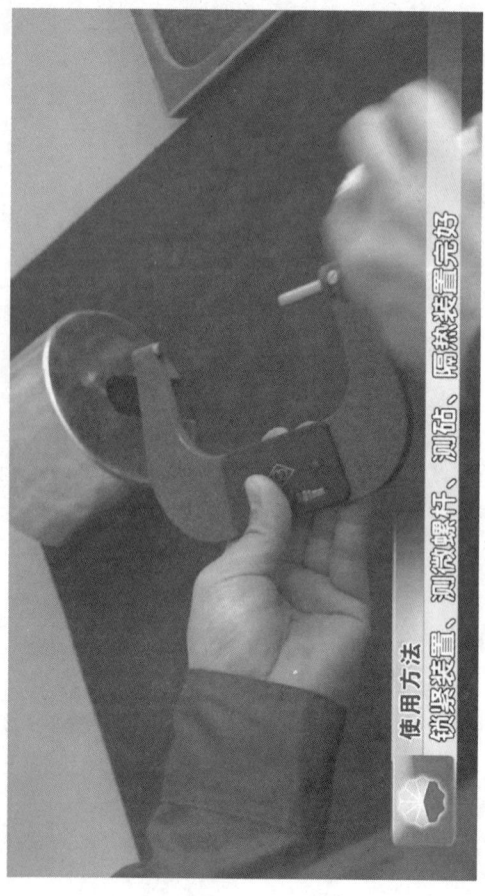

使用方法

锁紧装置、测микромет螺杆、测砧、隔热装置完好

外径千分尺

(2) 将校对量杆置于测砧和测微螺杆之间,转动微分筒,使干分尺的测量面接近量杆表面,转动棘轮,当听到"咔咔"声,锁定锁紧装置,观察微分筒"0"刻度线与固定套管基准线重合,如不重合用专用扳手调节,使两刻度线重合。

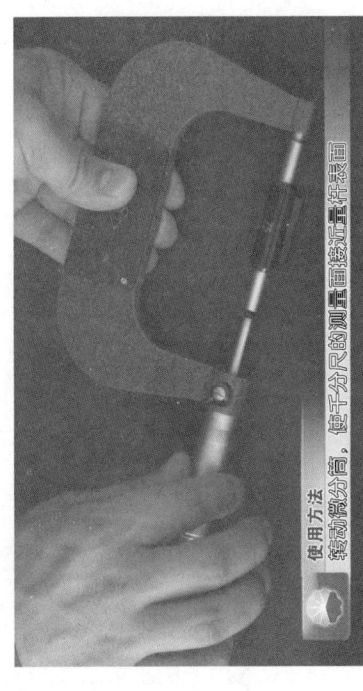

使用方法 转动微分筒,使干分尺的测量面接近置杆表面

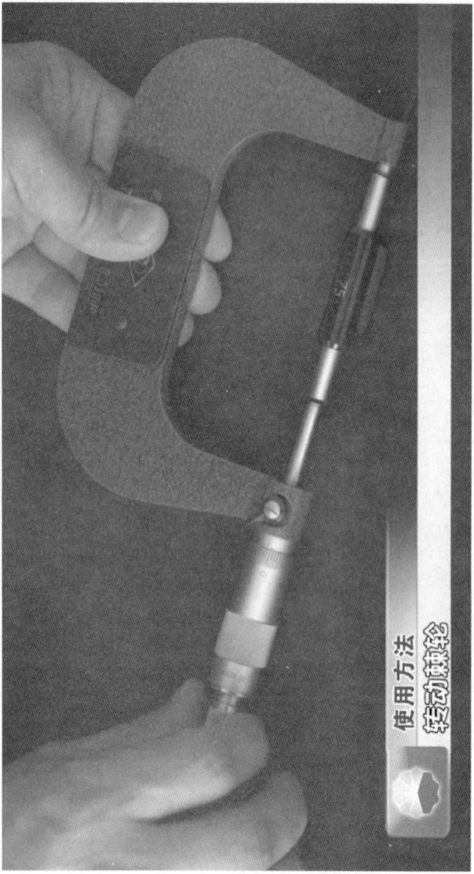

采油工常用量具的使用

外径千分尺

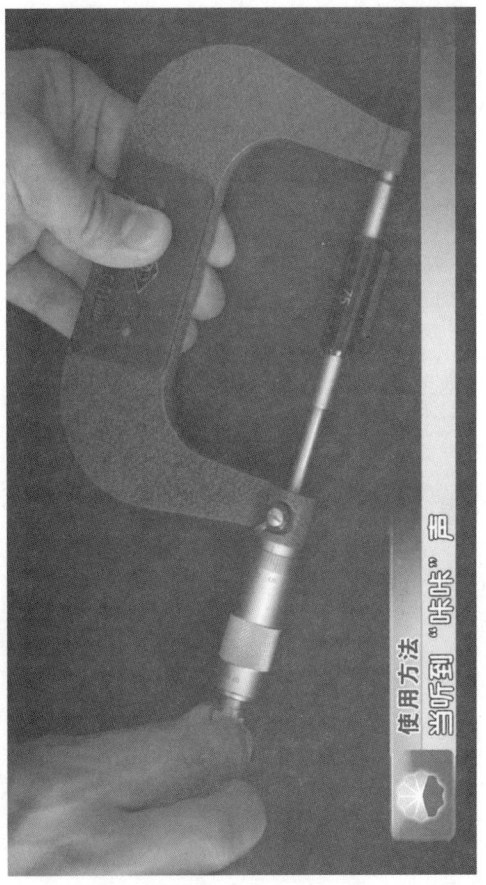

使用方法
当听到"咔咔"声

采油工常用量具的使用

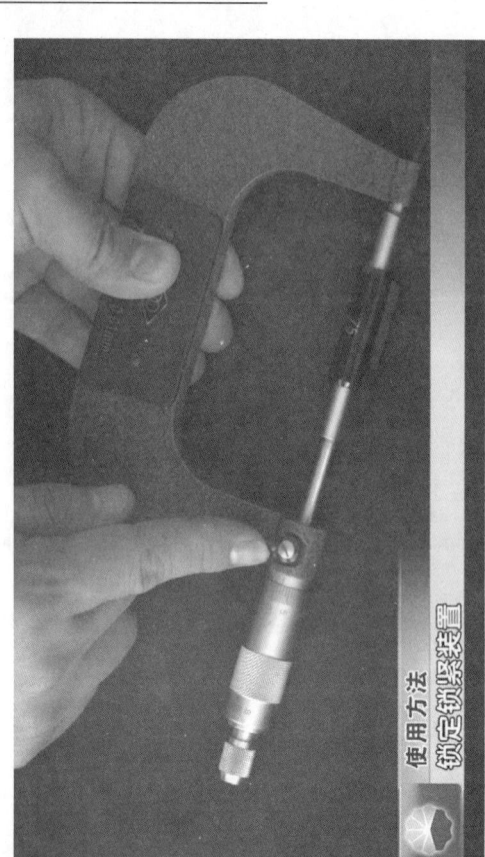

使用方法
锁定锁紧装置

外径千分尺

采油工常用量具的使用

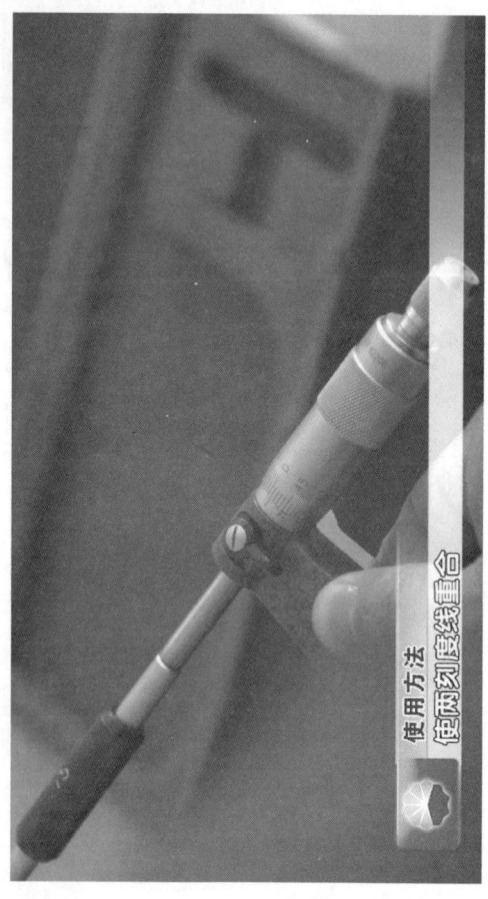

（3）测量时先擦拭工件，将工件置于测砧和测微螺杆之间，转动微分筒使千分尺测量面接近被测工件表面，转动棘轮，当听到"咔咔"声时锁定锁紧装置，读取数值。

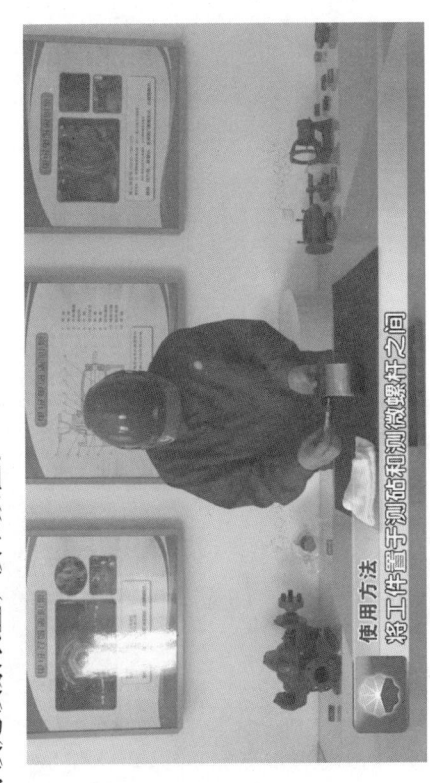

采油工常用量具的使用

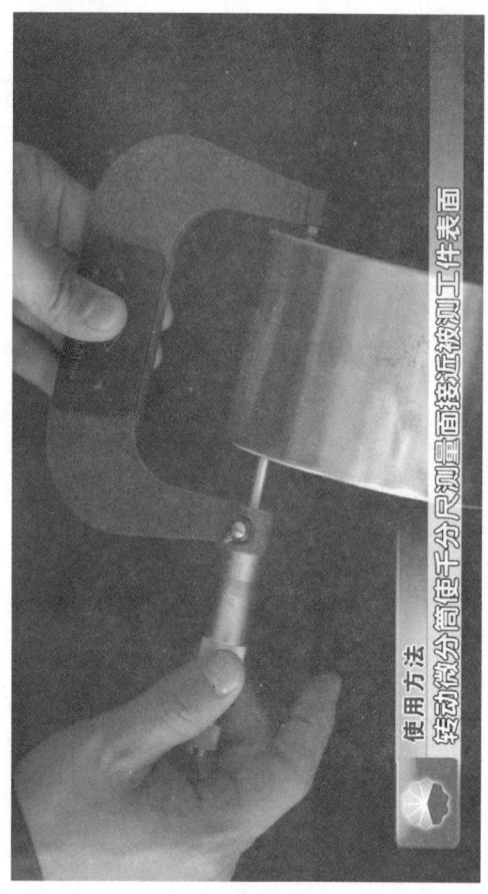

使用方法
转动微分筒使千分尺测量面接近被测工件表面

外径千分尺

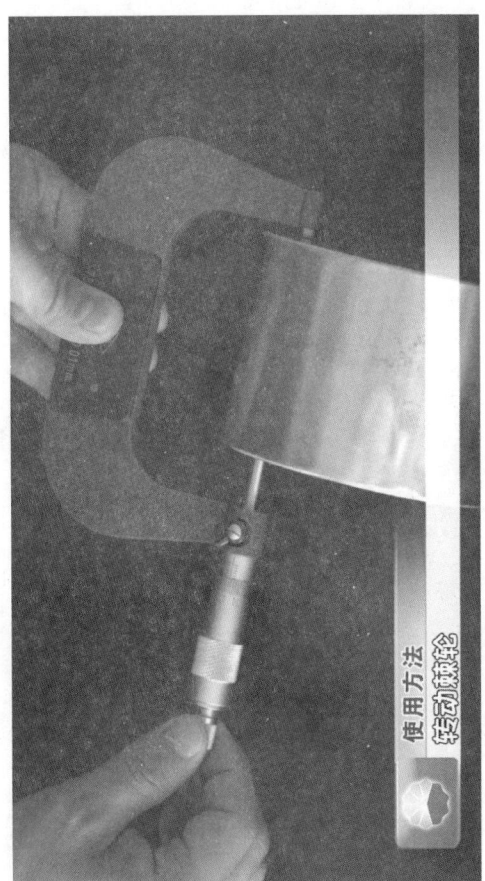

使用方法
转动旋钮锁紧

采油工常用量具的使用

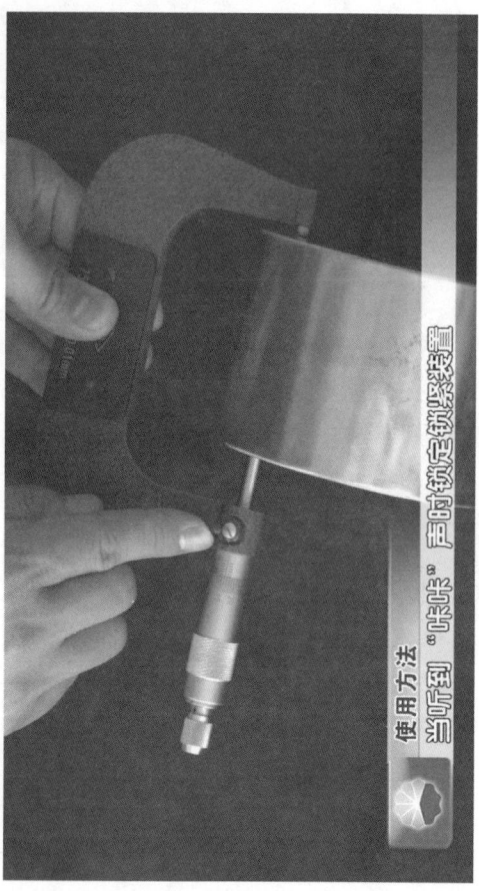

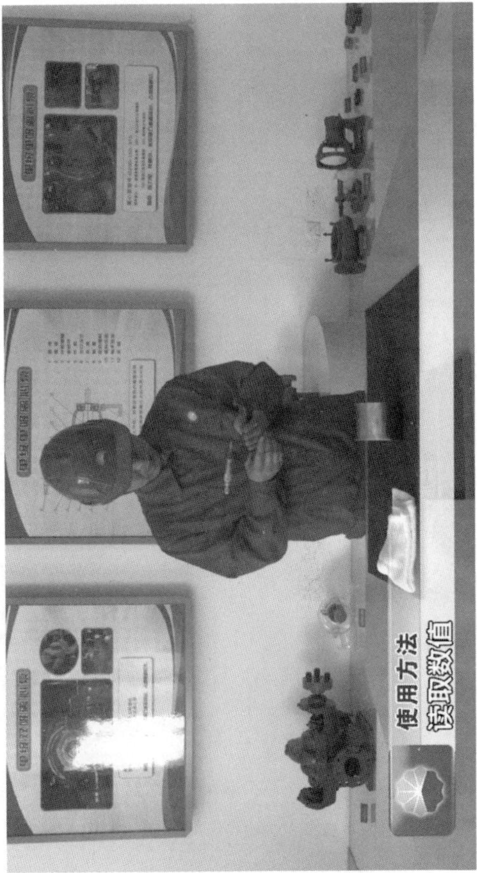

外径千分尺

（4）使用完毕后擦拭干净，装入盒内。

3. 外径千分尺的读值方法

(1) 读取整数值。以微分筒端面为准线，读取固定套管基准线下的数值 80.00 mm，则被测尺寸的整数值即为 80.00 mm。

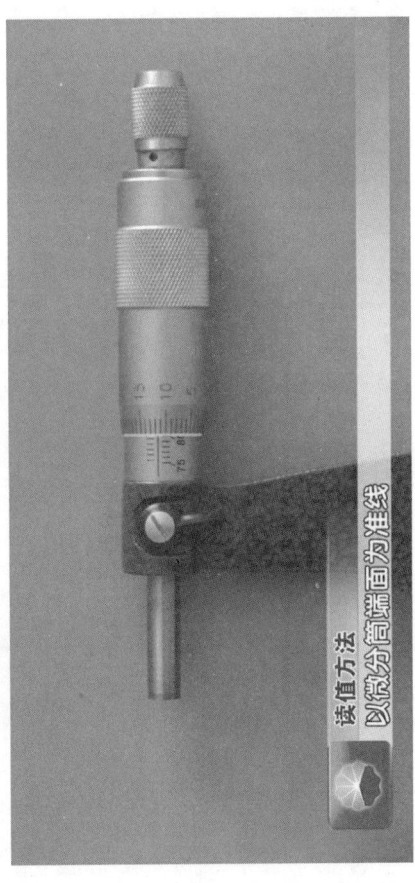

采油工常用量具的使用

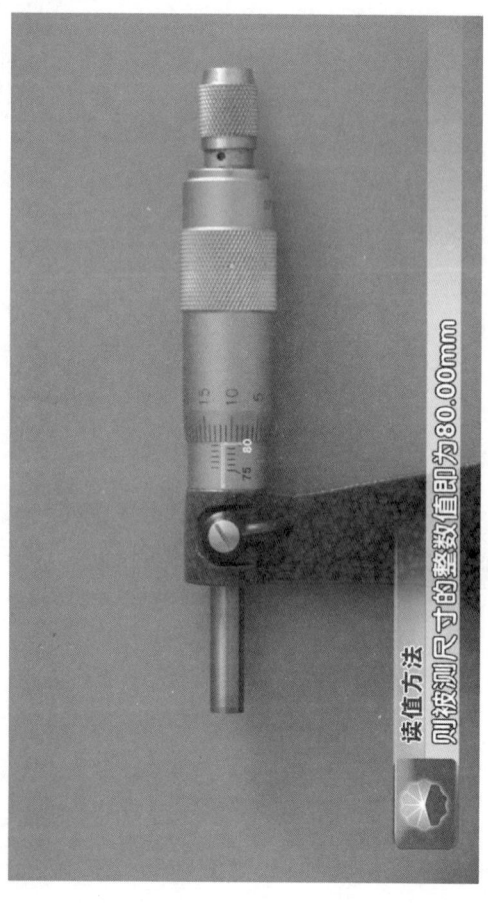

读值方法
则按测尺寸的整数值即为80.00mm

外径千分尺

（2）读取小数值。以微分筒端面为准线，当微分筒端面与固定套管的毫米刻度线之间无外露 0.5mm 刻度线时，小数值等于微分筒上整刻度数值乘以 0.01mm，即 11×0.01=0.11（mm），千分位数应按"0"基准线在微分筒两刻度线之间的位置来确定估值。即 0.006mm；

有外露 0.5mm 刻度线时，小数值等于 0.5mm 加上微分筒上数值，即 0.5+0.11+0.006=0.616（mm）。

- 47 -

采油工常用量具的使用

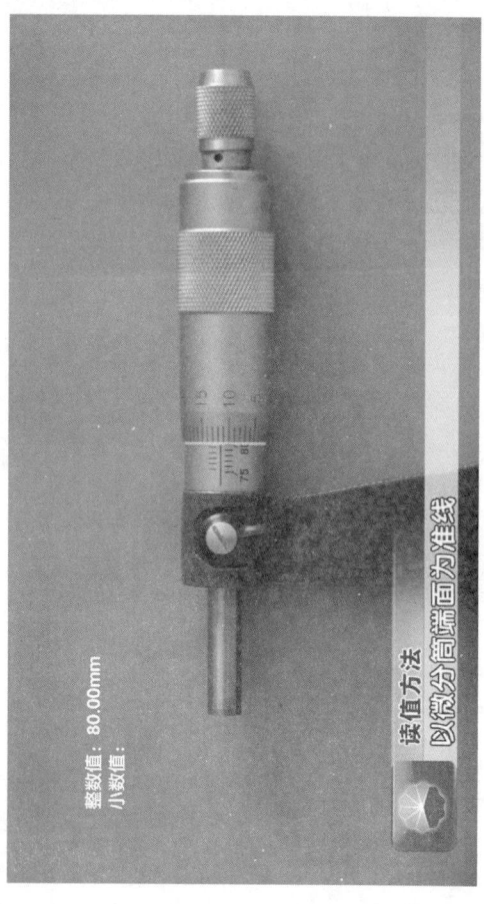

整数值：80.00mm
小数值：

读值方法
以微分筒端面为准线

外径千分尺

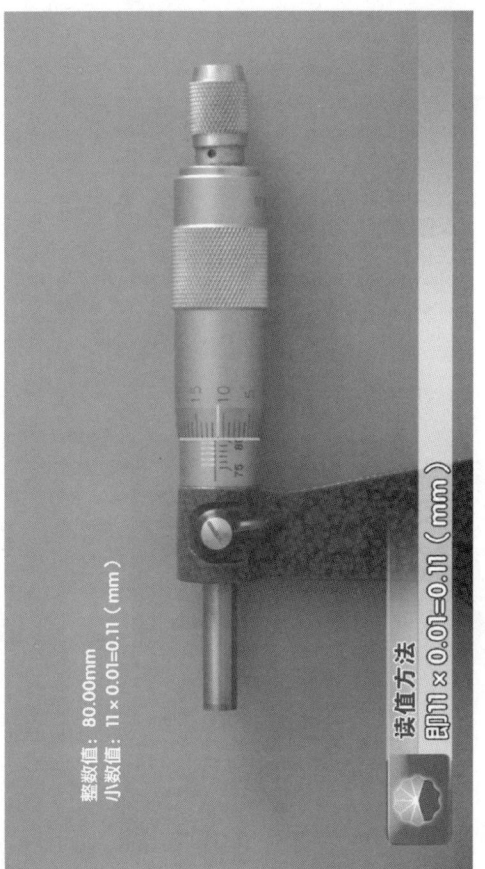

整数值：80.00mm
小数值：11 × 0.01=0.11（mm）

读值方法
即11 × 0.01=0.11（mm）

— 49 —

采油工常用量具的使用

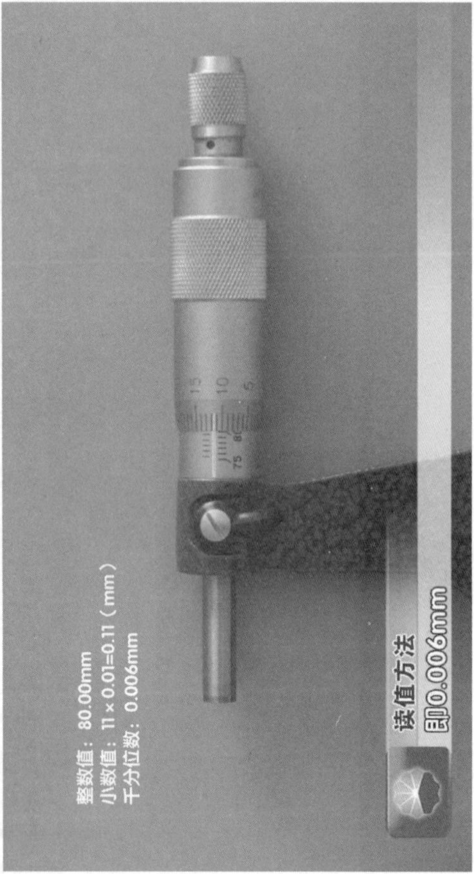

整数值：80.00mm
小数值：11×0.01=0.11（mm）
千分位数：0.006mm

读值方法
即0.006mm

外径千分尺

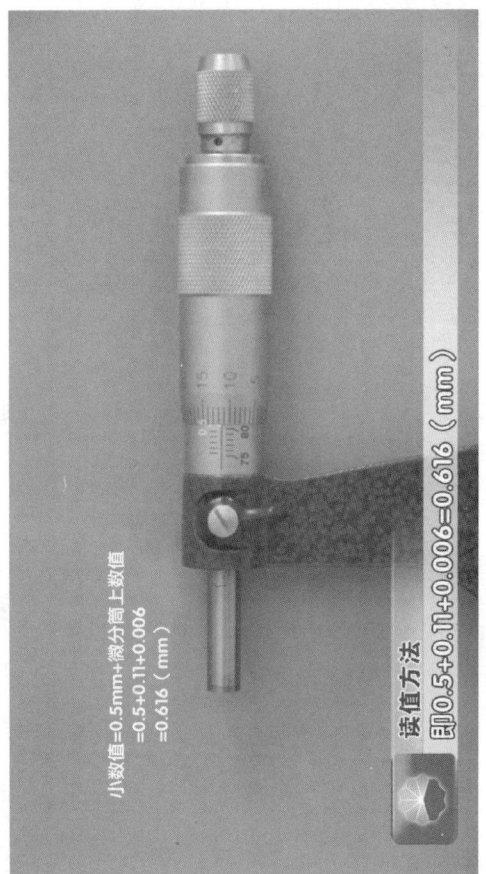

小数值=0.5mm+微分筒上数值
=0.5+0.11+0.006
=0.616（mm）

读值方法
即0.5+0.11+0.006=0.616（mm）

(3)计算。测量值等于整数值加上小数值。

无外露 0.5mm 刻度线时,测量值 =80.00+0.116=80.116(mm)。

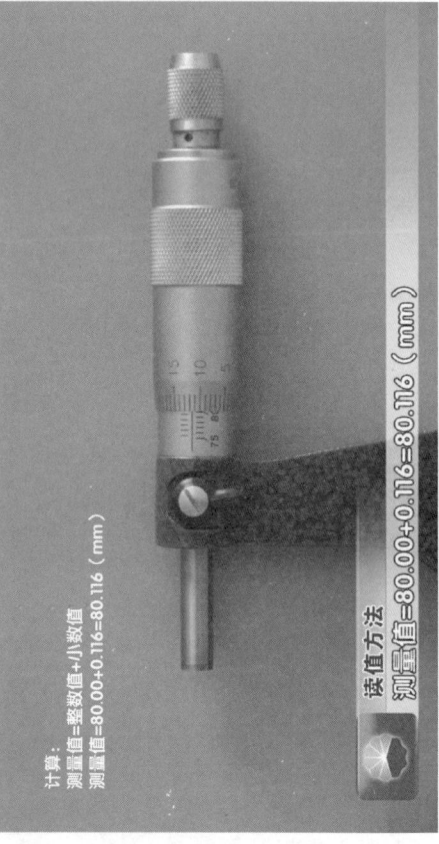

计算:
测量值=整数值+小数值
测量值=80.00+0.116=80.116(mm)

读值方法
测量值=80.00+0.116=80.116(mm)

外径千分尺

有外露 0.5mm 刻度线时，测量值 =80.00+0.5+0.116=80.616（mm）。

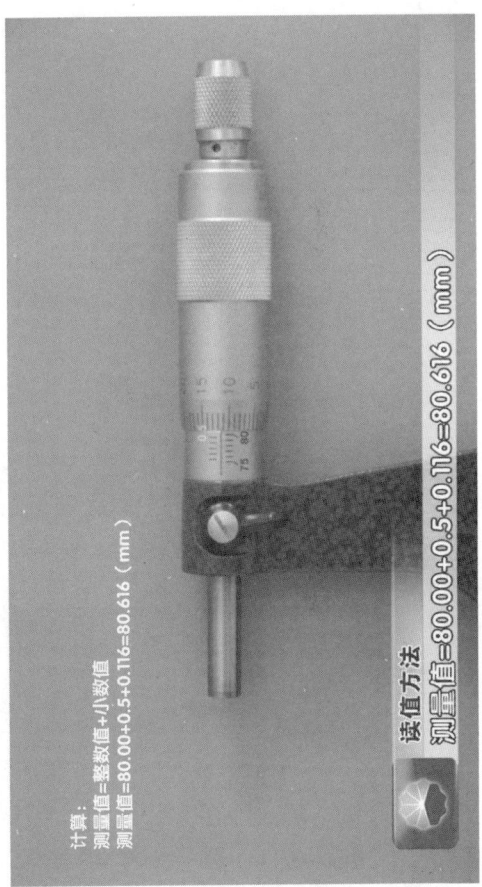

计算：
测量值＝整数值+小数值
测量值＝80.00+0.5+0.116=80.616（mm）

读值方法
测量值＝80.00+0.5+0.116=80.616（mm）

外径千分尺刻度的读数方法：

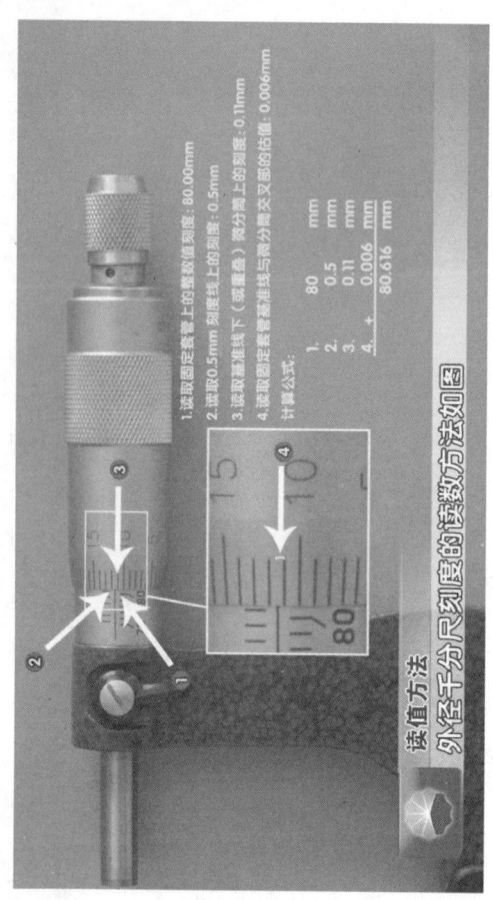

1. 读取固定套管上的整数刻度：80.00mm
2. 读取0.5mm 刻度线上的刻度：0.5mm
3. 读取基准线下（或重叠）微分筒上的刻度：0.1mm
4. 读取固定套管基准线与微分筒交叉部的估值：0.006mm

计算公式：

1.　　80　　mm
2.　　0.5　　mm
3.　　0.11　　mm
4. +　0.006　mm
　　80.616　mm

读值方法
外径千分尺刻度的读数方法如图

4. 使用中的注意事项

（1）使用千分尺时，应轻拿轻放防止碰撞损坏，转动微分筒时，用力不可过猛。

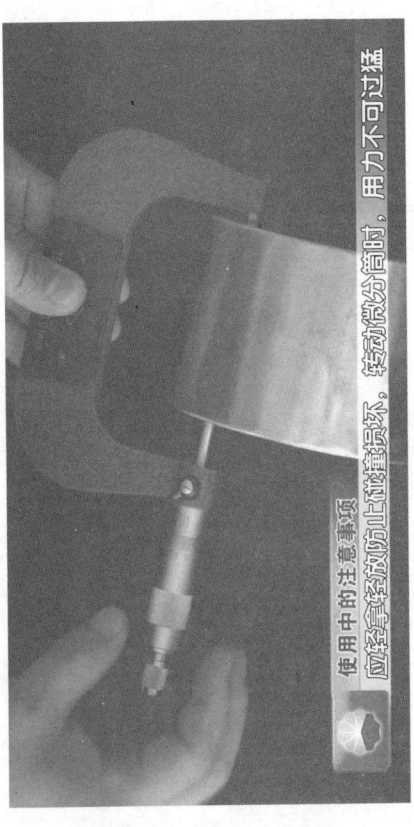

(2) 严禁使用千分尺测量表面粗糙的工件。

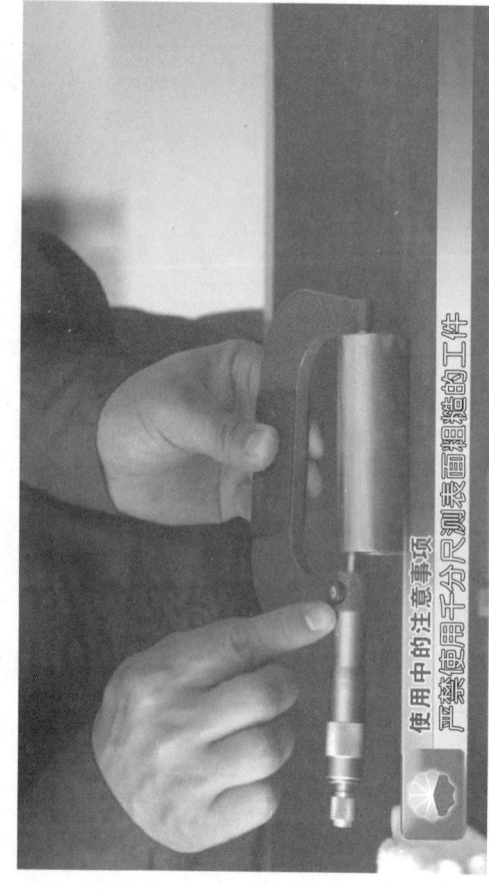

条式水平仪

条式水平仪是利用液体流动和液面水平的原理，以水准泡直接显示角位移，测量相对于水平位置微小斜角的一种通用角度测量器具。常用的规格有 300mm、450mm、600mm、750mm。

采油工常用量具的使用

条式水平仪

条式水平仪是利用液体流动和液面固水平的原理

条式水平仪

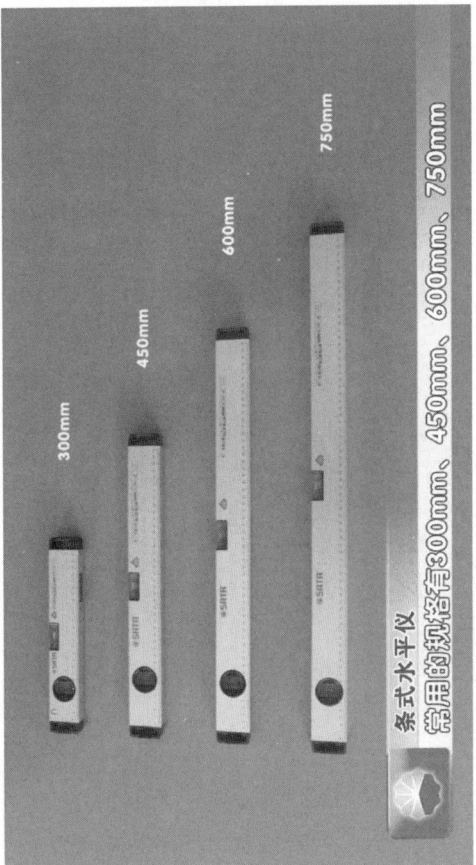

条式水平仪 常用的规格有300mm、450mm、600mm、750mm

1. 结构组成

条式水平仪由尺身、工作面（V形底面）和水准器三部分组成，水准器包括水平位置水准器和铅垂位置水准器。

结构组成
条式水平仪由尺身、工作面（V形底面）和水准器三部分组成

条式水平仪

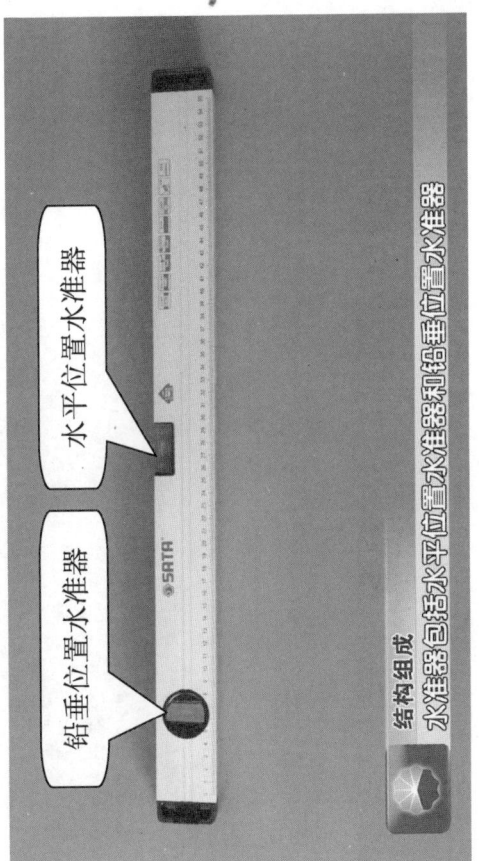

结构组成
水准器包括水平位置水准器和铅垂位置水准器

2. 使用方法

（1）检查擦拭条式水平仪测量面无划伤、锈蚀和毛刺，刻度清晰，水准泡泡透明清晰，内壁不得存在肉眼可见的结晶、填充液清洁透明。

条式水平仪

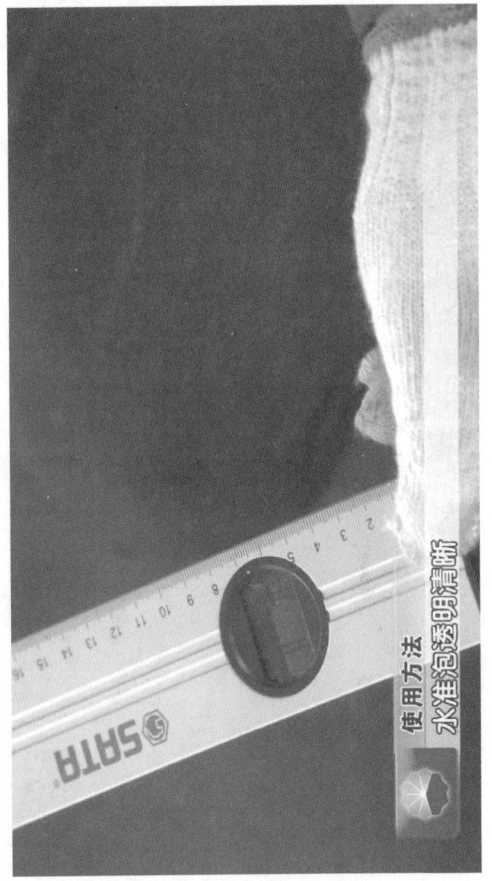

使用方法
水准泡透明清晰

采油工常用量具的使用

(2)测量水平面时,将条式水平仪放置在被测面上,水平仪工作面紧贴被测表面,待气泡静止后,读取水平位置水准器读数。气泡停止在中间位置,则被测面水平。如气泡向右偏移,则右侧偏高。如气泡向左偏移,则左侧偏高。测量铅垂面时,将水平仪工作面紧贴被测表面,待气泡静止后,读取铅垂位置水准器读数。

使用方法
水平仪工作面紧贴被测表面

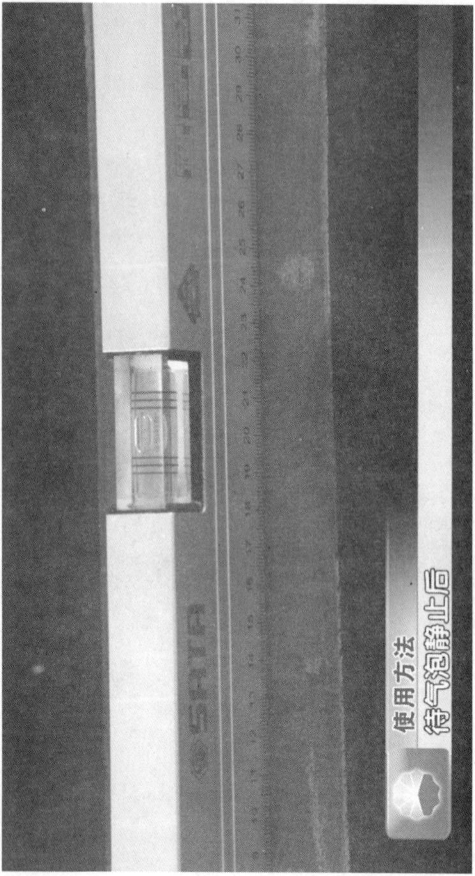

采油工常用量具的使用

使用方法
待气泡静止后

条式水平仪

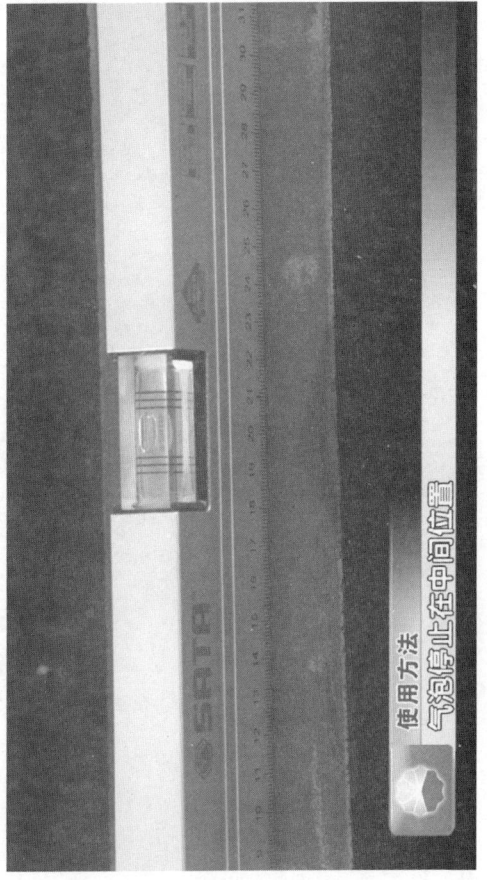

使用方法
气泡停止在中间位置

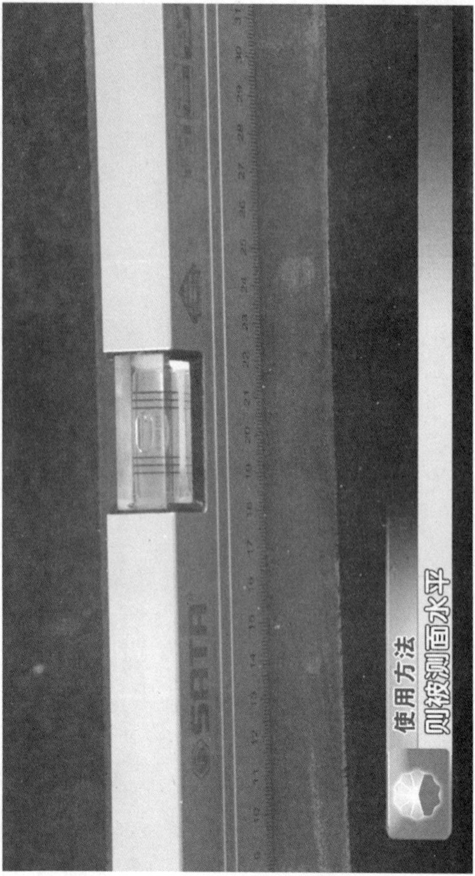

采油工常用量具的使用

条式水平仪

使用方法
如气泡向右偏移

采油工常用量具的使用

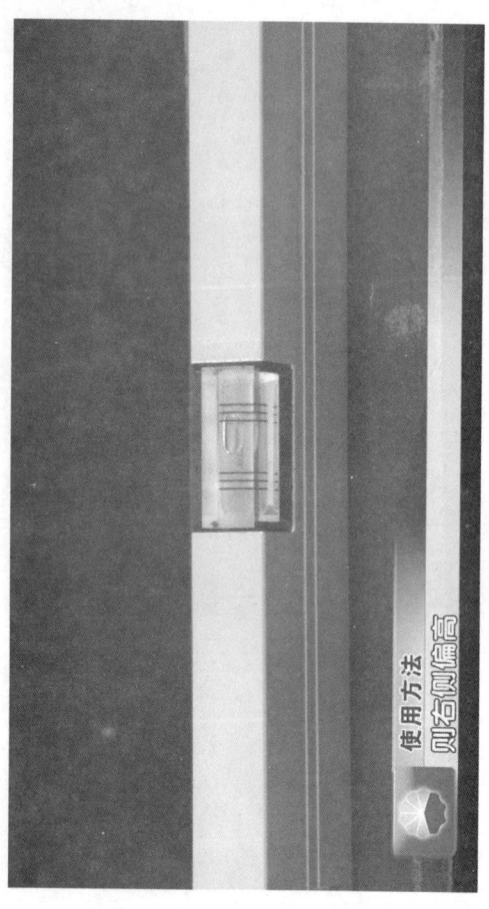

条式水平仪

采油工常用量具的使用

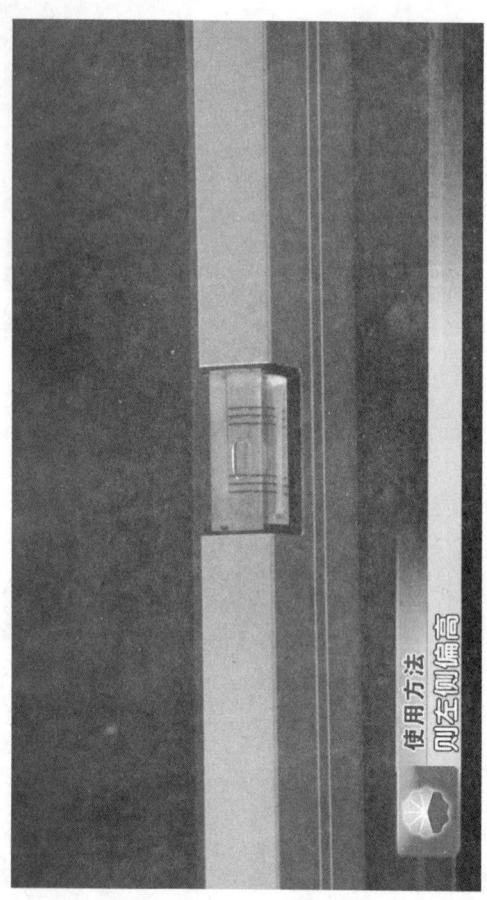

条式水平仪

使用方法
测量铅垂面时，将水平仪工作面紧贴被测表面

采油工常用量具的使用

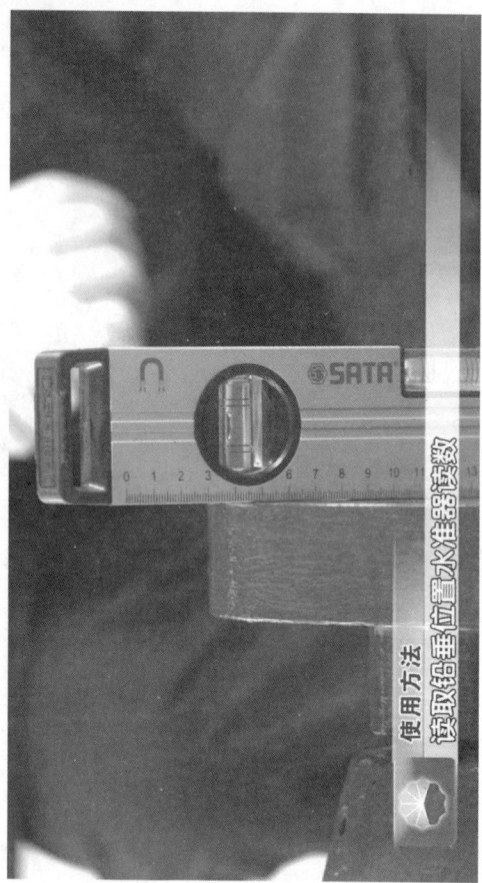

条式水平仪

计算公式如下:

测量值 = 气泡移动格数 × 分度值(mm/m) × 条式水平仪长度(m)

如条式水平仪长度为600mm,气泡向右移动二格则右侧偏高,测量值 = 2 × 0.5 × 0.6 = 0.6(mm)。

(3)条式水平仪使用完毕后应擦拭干净。

使用方法
条式水平仪使用完毕后应擦拭干净

采油工常用量具的使用

3. 使用中的注意事项

（1）使用时，要保证水平仪工作面和被测表面的清洁，以防止脏物影响测量的准确性。

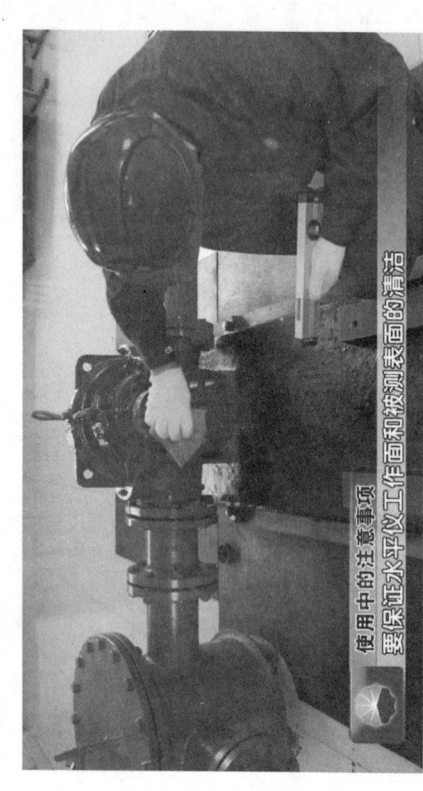

使用中的注意事项
要保证水平仪工作面和被测表面的清洁

（2）水准泡应透明清晰，内壁不得存在肉眼可见的结晶，填充液清洁透明。

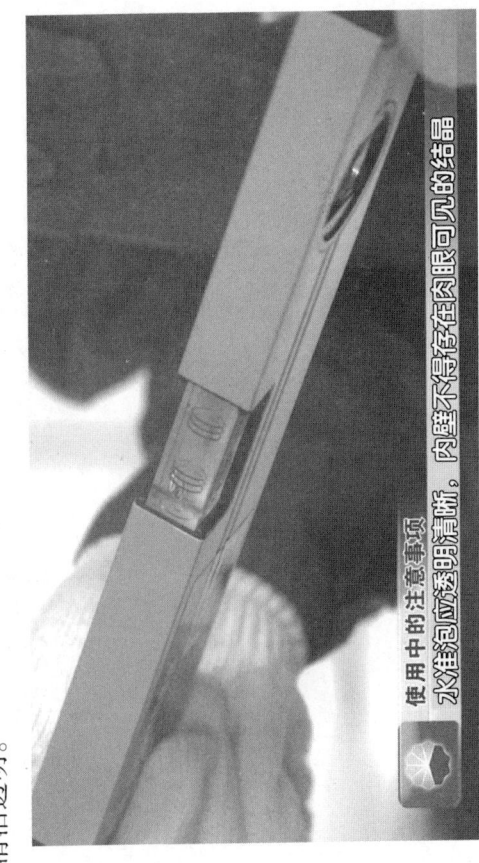

采油工常用量具的使用

(3) 使用中, 应在垂直水准器的位置上进行读数, 以减少视差对测量结果的影响。

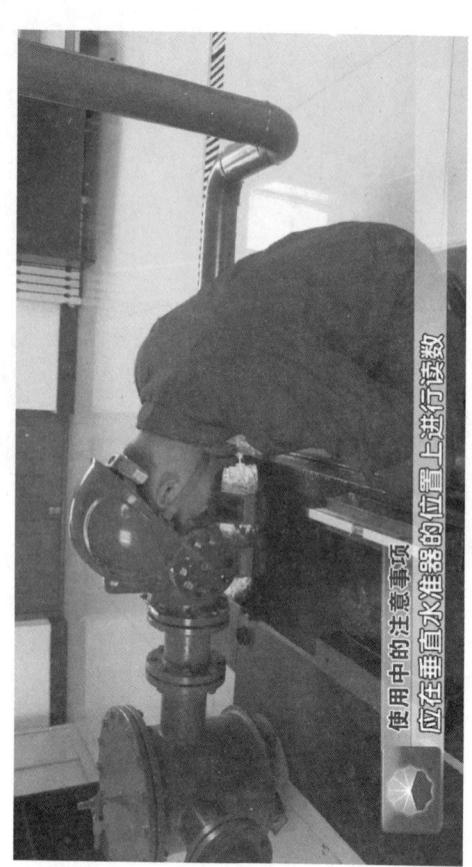

使用中的注意事项
应在垂直水准器的应置上进行读数

塞 尺

塞尺是由不同厚度薄钢片组成的量具。用于测量两间隙尺寸。塞尺分单片和成组两种。常用的规格有 0.02~1mm、0.05~1mm。

采油工常用量具的使用

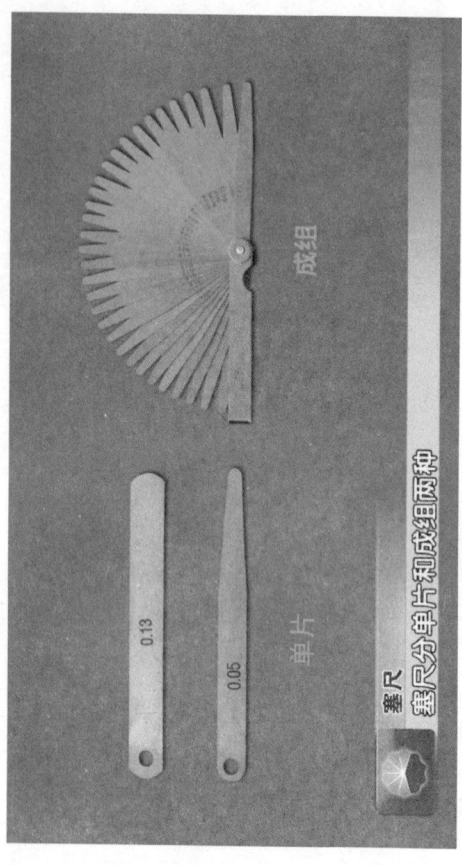

塞尺

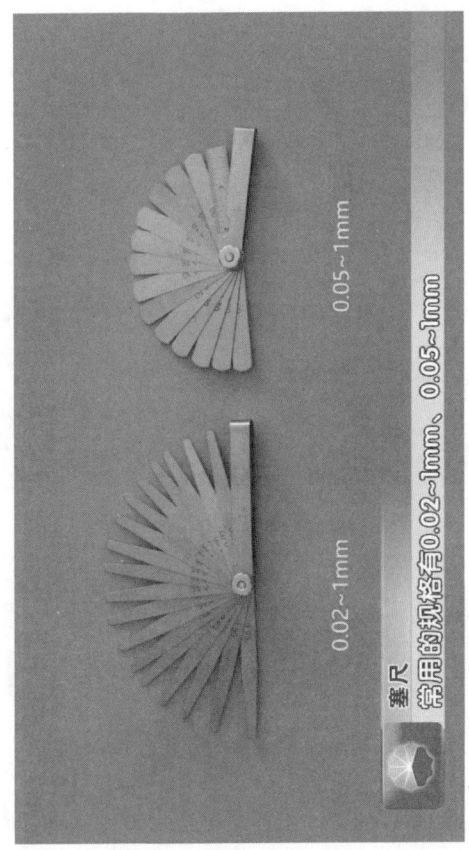

塞尺 常用的规格有0.02~1mm、0.05~1mm

1. 结构组成

塞尺主要由测微片、保护板和连接件组成。

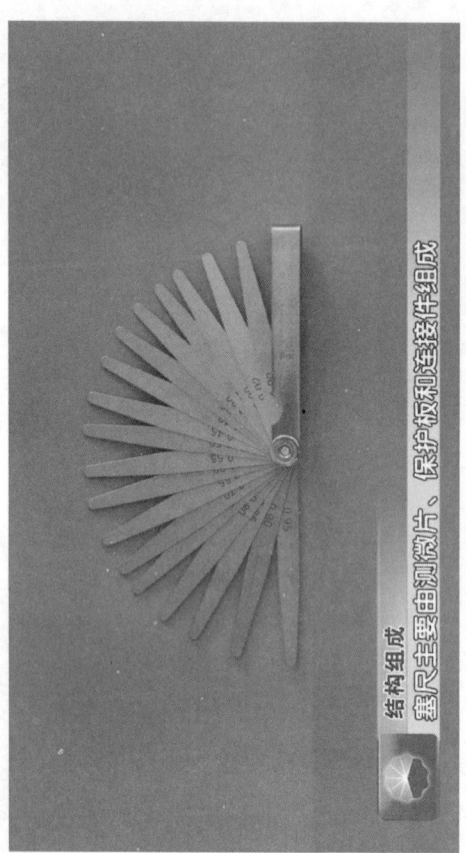

结构组成

塞尺主要由测微片、保护板和连接件组成

2. 使用方法

(1) 检查擦拭塞尺。保护板和连接件完好，塞尺应无毛刺、锈迹、划痕，刻度清晰。

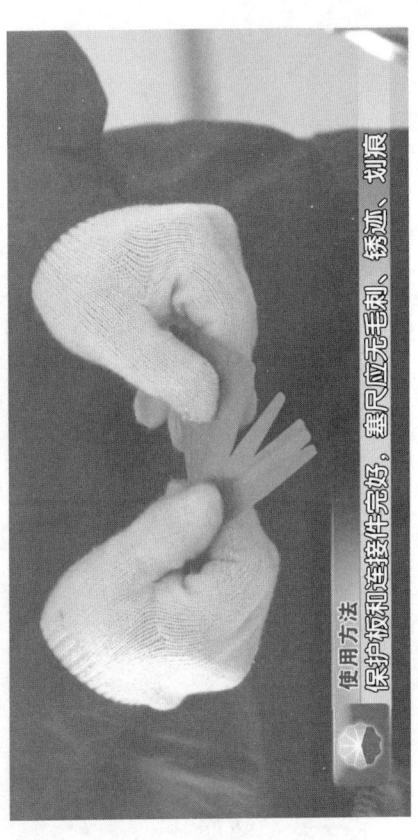

使用方法
保护板和连接件完好，塞尺应无毛刺、锈迹、划痕

采油工常用量具的使用

塞尺

（2）当被测间隙小于单片塞尺最大厚度时，选择单片塞尺插入被测间隙内测量，感到稍有阻力，取出塞尺，读取数值。当被测间隙大于单片塞尺最大厚度时，可使用多片叠加测量，将多片数值相加即为被测数值。

使用方法
选择单片塞尺插入被测间隙内测量，感到稍有阻力

采油工常用量具的使用

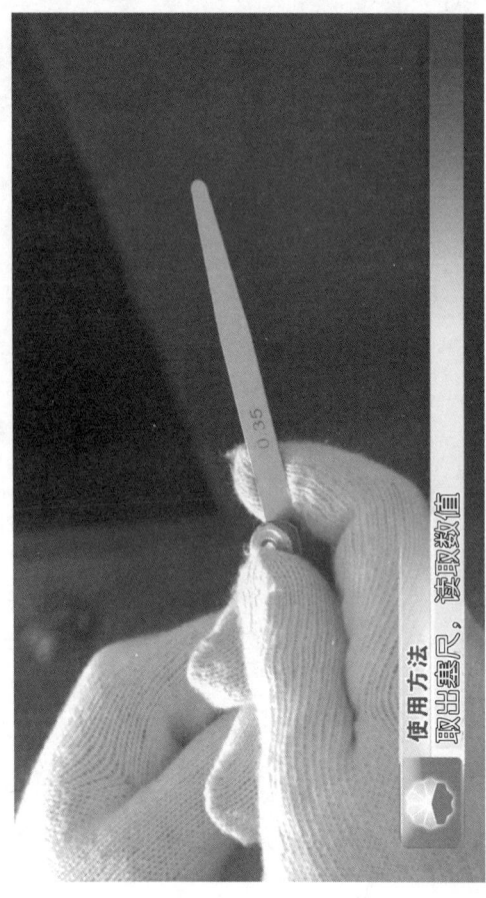

塞尺

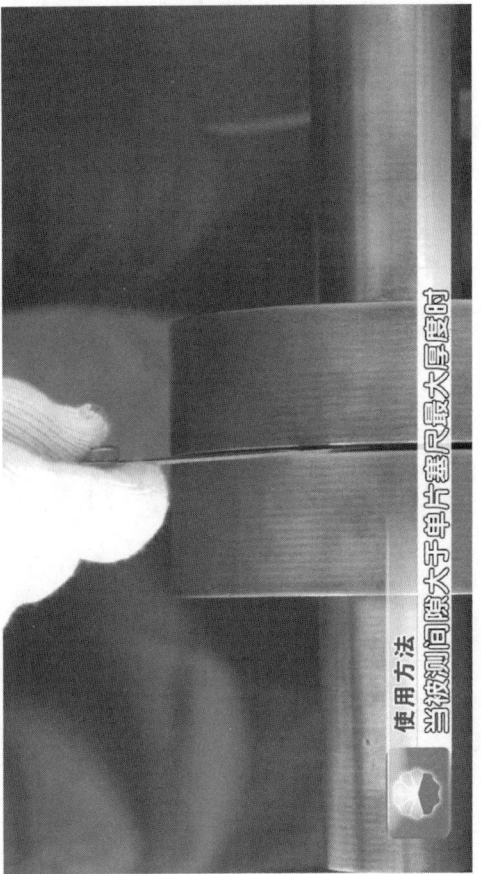

使用方法:当被测间隙大于单片塞尺最大厚度时

采油工常用量具的使用

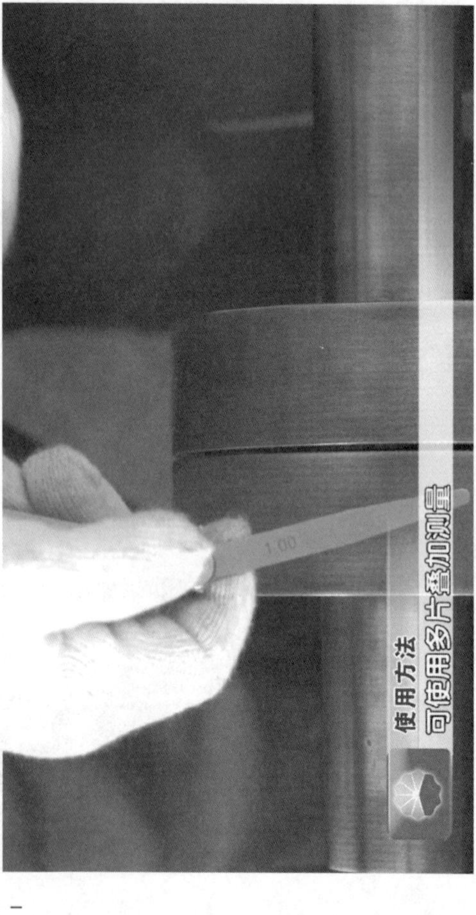

使用方法
可使用多片叠加测量

塞尺

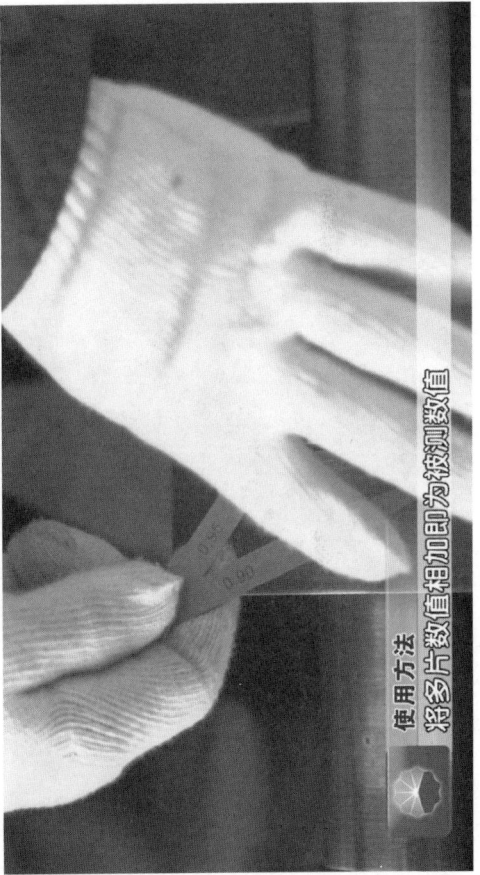

使用方法
把多片数值相加即为被测数值

采油工常用量具的使用

(3) 塞尺使用完毕后,应擦拭干净。

使用方法
塞尺使用完毕后,应擦拭干净

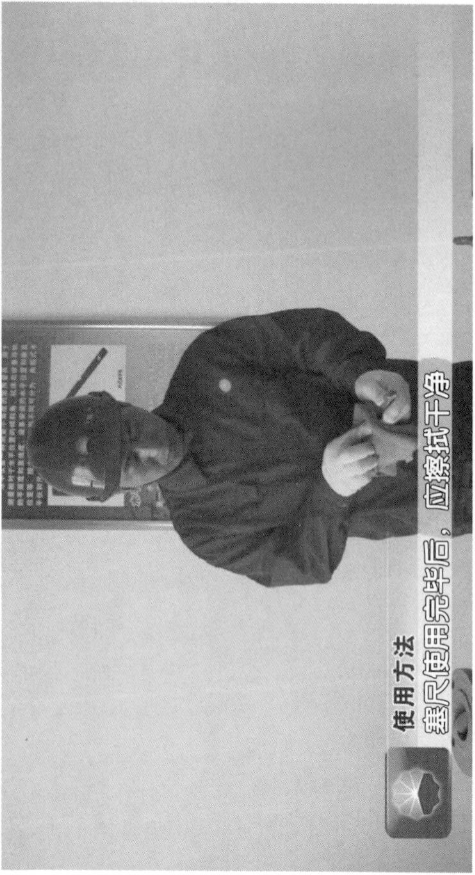

3. 使用中的注意事项

(1) 塞尺与保护板连接可靠，转动平稳、灵活，无卡滞。

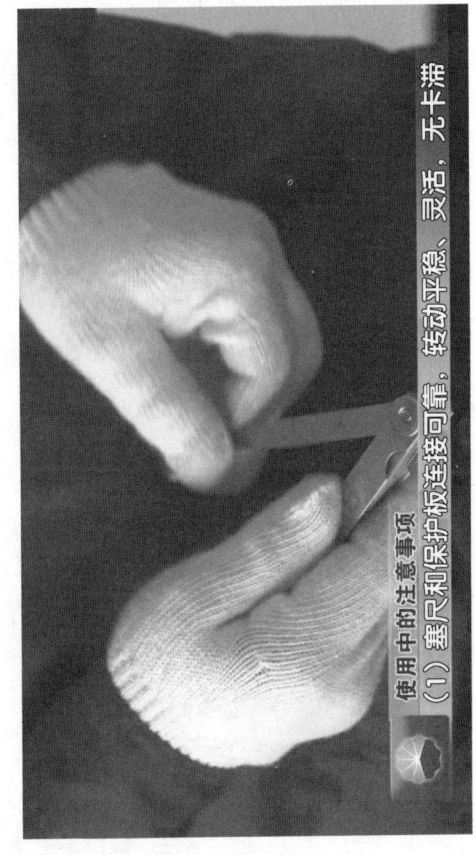

使用中的注意事项
(1) 塞尺和保护板连接可靠，转动平稳、灵活，无卡滞

采油工常用量具的使用

(2) 塞尺上的数字清晰完整。

使用中的注意事项
(2) 塞尺上的数字清晰完整

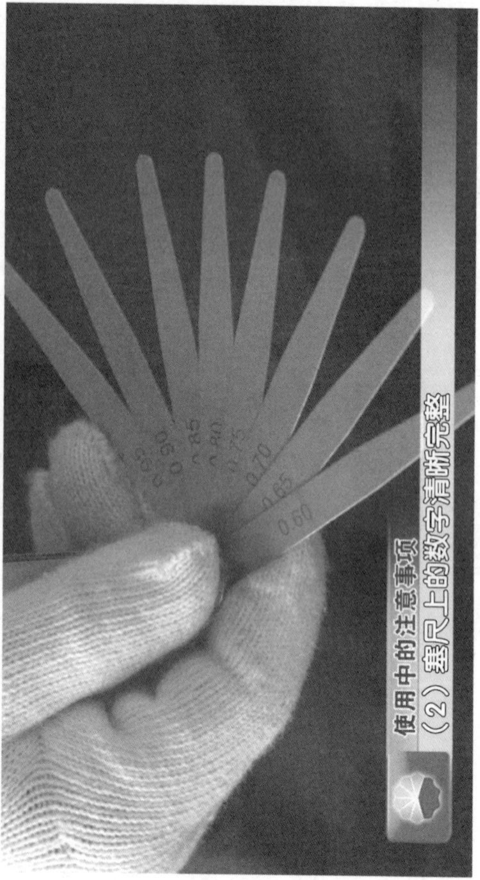

塞尺

(3) 严禁测量过程中弯折塞尺或用较大的力将塞尺插入被检测间隙。

使用中的注意事项
(3) 严禁测量过程中弯折塞尺或用较大的力将塞尺插入被检测间隙

试 题

一、选择题（不限单选）

1. 游标卡尺是用于测量工件的内径、外径、长度及（ ）的量具。

A. 角度　　　　　　B. 垂直度

C. 水平度　　　　　D. 深度

2. 游标卡尺读值时，游标尺"0"刻度线与主标尺刻度线对齐时，读取（ ）相对应的整数值。

A. 深度尺　　　　　B. 固定筒

C. 游标尺　　　　　D. 主标尺

3. 游标卡尺读值时，游标尺"0"刻度线与主标尺刻度线未对齐时，整数值应在主标尺上"0"刻度线的（ ）读出。

A. 上边　　　　　　B. 下边

C. 左边　　　　　　D. 右边

4.外径千分尺可测量工件的外径、长度、(   )。

A.深度　　　　　　　B.角度

C.水平度　　　　　　D.厚度

5.外径千分尺是通过(   )来测定零件尺寸的。

A.微动螺母　　　　　B.微动尺距

C.测微螺杆　　　　　D.读数机构

6.测量直径为65mm的轴时,应选用规格为(   )的外径千分尺。

A.0~25mm　　　　　B.25~50mm

C.50~75mm　　　　 D.75~100mm

7.外径千分尺使用时,当使测量面接近被测件表面时,转动(   ),当听到"咔咔"声,锁定锁紧装置。

A.测微螺杆　　　　　B.固定套管

C.微分筒　　　　　　D.棘轮

8.外径千分尺微分筒转一格时,主尺就随之推进(   )。

A.0.02mm　　　　　　B.0.01mm

C.0.005mm　　　　　　D.0.001mm

二、判断题

1. 游标卡尺读取小数值时，在游标尺和主标尺上找出对齐的刻度线，读出该刻度线距游标尺"0"刻度线之间的格数为16，乘以分度值0.02mm，即为小数值0.32mm。（　）

2. 塞尺是由相同厚度的多个薄钢片组成的量具，用于测量两间隙尺寸。（　）

3. 条式水平仪测量时，如气泡向右偏移，则右侧偏低。（　）

4. 条式水平仪的测量值=气泡移动格数×分度值（mm/m）×条式水平仪长度（m）。（　）

5. 使用塞尺测量时，可将多片叠加用力插入被检测间隙内测量，将多片数值相加即为被测数值。（　）

试题参考答案

一、选择题

题号	1	2	3	4	5	6	7	8
答案	D	D	C	D	C	C	D	B

二、判断题

题号	1	2	3	4	5
答案	√	×	×	√	×

《工具、用具、量具使用》

分册序号	分册书名
1	采油工常用扳手的使用
2	采油工常用手钳的使用
3	采油工常用电工仪表的使用
4	采油工常用量具的使用
5	采油工常用管工工具的使用(管螺纹铰板)
6	采油工常用管工工具的使用(管子钳)
7	采油工常用管工工具的使用(切割类)
8	采油工常用管工工具的使用(夹持类)
9	采油工常用锤击工具的使用
10	采油工常用电动钻孔工具的使用
11	采油工常用举升、顶拔工具的使用

采油工安全生产标准化操作丛书

中国石油人事部
中国石油勘探与生产分公司 编

工具、用具、量具使用 5

采油工常用管工工具的使用
（管螺纹铰板）

石油工业出版社

图书在版编目(CIP)数据

工具、用具、量具使用 / 中国石油人事部, 中国石油勘探与生产分公司编 .—北京：石油工业出版社, 2019.5

（采油工安全生产标准化操作丛书）

ISBN 978-7-5183-3248-9

Ⅰ.①工… Ⅱ.①中…②中… Ⅲ.①石油开采 – 工具 – 使用方法 ②石油开采 – 量具 – 使用方法 Ⅳ. ① TE35-65

中国版本图书馆 CIP 数据核字（2019）第 050026 号

出版发行：石油工业出版社
（北京安定门外安华里 2 区 1 号楼 100011）
网　　址：www.petropub.com
编辑部：（010）64523537
图书营销中心：（010）64523633
经　　销：全国新华书店
印　　刷：北京中石油彩色印刷有限责任公司

2019 年 5 月第 1 版　2019 年 5 月第 1 次印刷
880×1230 毫米　开本：1/64　印张：13.625
字数：195 千字

定价：165.00 元（全 11 册）
（如出现印装质量问题，我社图书营销中心负责调换）
版权所有，翻印必究

《采油工安全生产标准化操作丛书》
编 委 会

主　　　　任：吴　奇

副　主　任：黄　革　　郑新权　　万　军

执行副主任：王渝明　　张守良　　郝庆华

　　　　　　王子云　　张　超　　赵捍军

委　员：姜宝山　王　林　于胜泓　章卫兵　董洪亮

　　　　王松波　吴景刚　全海涛　李亚鹏　范　猛

　　　　王玉琢　杨　东　吴成龙　张万福　杨海波

　　　　周　燕　侯继波　柴方源　祝汉强　肖长军

　　　　赵　伟　卢盛红　朱继红　宋伟光　尹前进

　　　　王海波　袁　月　王鹏飞　张　利　邓　钢

　　　　吴文君　高　媛

《工具、用具、量具使用 5 采油工常用管工工具的使用（管螺纹铰板）》编委会

主　编：吴　奇

副主编：罗　琦　段宝昌　王惠玲

委　员：丁洪涛　张春超　王大一

　　　　郑海峰　孙　萌　王殿辉

　　　　程　亮　王冬艳　郑　瑜

　　　　白丽君　罗　琦　周恒仓

　　　　吴　笛　生凤英　刘　昱

开发单位

中国石油天然气股份有限公司勘探与生产分公司

大庆油田有限责任公司人事部(党委组织部)

大庆油田有限责任公司开发部

大庆油田有限责任公司质量安全环保部

大庆油田有限责任公司第二采油厂

大庆油田有限责任公司第四采油厂

大庆油田有限责任公司第六采油厂

大庆油田有限责任公司文化集团

大庆油田有限责任公司人才开发院

大庆油田有限责任公司大庆医学高等专科学校

合作单位

长庆油田分公司

辽河油田分公司

新疆油田分公司

大港油田分公司

华北油田分公司

石油工业出版社

FOREWORD 序

"求木之长者，必固其根本；欲流之远者，必浚其泉源。"2017年，党中央、国务院印发了《新时期产业工人队伍建设改革方案》，明确指出，产业工人是工人阶级中发挥支撑作用的主体力量，是创造社会财富的中坚力量，是创新驱动发展的骨干力量，是实施制造强国战略的有生力量。同时提出，要造就一支有理想守信念、懂技术会创新、敢担当讲奉献的宏大的产业工人队伍。这充分体现了党和国家对产业工人队伍建设的关心支持。

中国石油牢固树立以人为本、质量至上、安全第一、环保优先的理念，坚持施行标准化操作作为保证安全生产、深化精细管理、实现

企业内涵发展的重要支撑。中国石油将提升员工技能水平作为抓好产业工人队伍建设的主攻方向,把标准化操作固化成基层单位和干部职工尤其是新员工的行为准则和工作标准,牢固树立"上标准岗、干标准活"的工作意识和理念,形成人人讲安全、人人会安全、人人都安全的良好局面。

守正笃实,久久为功。提升员工技能操作水平是一项长期而艰巨的任务,完善标准是基础,加强领导是保障,优化执行是根本。这需要大家积极推广标准化操作工作,不断加强和改进操作流程与标准,不断规范与完善标准化操作,引导广大员工全面提升对标准化操作的认知度,全面提升标准化操作执行力,规范本质化安全行为,推进各项工作上水平。

中国石油人事部和中国石油勘探与生产分公司共同组织编写的《采油工安全生产标准化

操作丛书》及配套的视频课件,包含中国石油各油气田单位通用性的140个基本操作,具有开发标准高、内容全面、注重安全风险、应用范围广、培训效果突出等方面优点。相对应的视频课件利用三维动画技术,通过分解、剖切等方式展示常规不可见的设备内部结构,让员工学习起来更加直观,是一套"看得懂、学得会、易掌握"的实用教材,真正做到了将"技术有形化",填补了中国石油安全生产操作培训课件方面的空白,为进一步提升操作员工整体素质提供有力支撑。

目前,跨国公司员工培训已经进入了"互联网+培训"的员工混合式培训阶段,以多终端应用设备为载体,展现多种资源,结合线下培训和社区化学习模式,以网络化应用进行培训评估,实现可规划路径的人才发展优化培训。这套丛书从生产实际出发,以满足需求为导向,

以促进员工养成标准化操作习惯为目标，实践性和针对性都很强。同时，大批专家的参与写作使教材的权威性有了保证。丛书配套的视频课件可以满足石油员工远程移动学习，也可以满足员工单机高清自学和集中学习。这样就形成了三位一体的员工培训模式，逐步迈入员工混合式培训阶段。希望这套丛书的出版发行，能为促进中国石油员工培训工作的深入开展，为促进员工操作技能水平的不断提升，为推动油气主业高质量发展，为实现中国石油建成世界一流综合性国际能源公司作出积极贡献。

中国石油天然气集团有限公司
总经理助理、人事部总经理

PREFACE 前言

采油工是油田企业主体关键工种之一,在中国石油操作类员工中占比较大,采油工技能水平的高低,对油田的安全平稳生产起到至关重要的作用。为进一步提高采油工的基本素质和业务技能水平,中国石油人事部和中国石油勘探与生产分公司于2016年联合启动了采油工安全生产标准化操作视频培训课件开发项目,成立了课件编委会,委托大庆油田公司负责课件具体编制工作,并确定长庆、辽河、新疆、大港、华北5家油田公司和石油工业出版社,共同配合大庆油田做好视频培训课件编制工作。

课件开发过程中,大庆油田高度重视,按照"实际、实用、实效"的原则,专门成立了

课件开发工作领导组,组织公司人事部、开发部、安全环保部、第二采油厂、第四采油厂等9个部门和二级单位共同参与,共计抽调了100余名专家参与项目的研发设计。勘探与生产分公司加强过程监督和质量把控,针对开发方案、课件脚本、制作标准、课件样片等内容,按照不同工作节点先后组织三次大的集中审核会议,邀请中国石油各油田行业专家建言献策,为提高课件的通用性和实用性奠定坚实基础。大庆油田按照总体工作要求,历时两年,完成了视频培训课件的编制任务,并同步完成《采油工安全生产标准化操作丛书》的编写工作。本套丛书紧贴油田生产实际,以采油工岗位职责为依据,包含《安全防护用具使用》《工具、用具、量具使用》《采油工艺简介》《抽油机井标准化操作》《电动潜油泵井标准化操作》《电动螺杆泵井标准化操作》《注水井标准化操作》

《计量间标准化操作》《抽油机井生产故障分析与处理》《电动潜油泵井生产故障分析与处理》《电动螺杆泵井生产故障分析与处理》《注水井生产故障分析与处理》《计量间生产故障分析与处理》《现场应急救护》,共 14 种 140 个分册。本套丛书具有突出的实用性和规范性特点,可广泛用于新员工岗前培训、日常岗位练兵、鉴定考前培训、师徒帮带、技能竞赛等学习培训活动。

希望本套丛书能够为各石油企业提供借鉴,为今后采油工岗位培训的扎实有效开展提供有力保障。由于各油田在采油工艺、设备等方面存在差异性,书中难免有不足之处,敬请读者批评指正。

编者

2018 年 8 月

Contents 目录

项目说明 1

参考标准 2

管螺纹铰板 3

试题 32

试题参考答案 35

项目说明

　　管螺纹铰板是采油工常用的管工工具之一,主要用于螺纹连接的油、气、水管路安装过程中管子外螺纹的铰制工作。

参考标准

QB/T 2509—2001《管螺纹铰板》

管螺纹铰板

管螺纹铰板是在低压流体输送用钢管上铰制出外螺纹的专用工具,可以铰制出圆柱或圆锥密封螺纹,可分为轻便式和普通式两种。

管螺纹铰板
管螺纹铰板是在低压流体输送用钢管上,铰制出外螺纹的专用工具

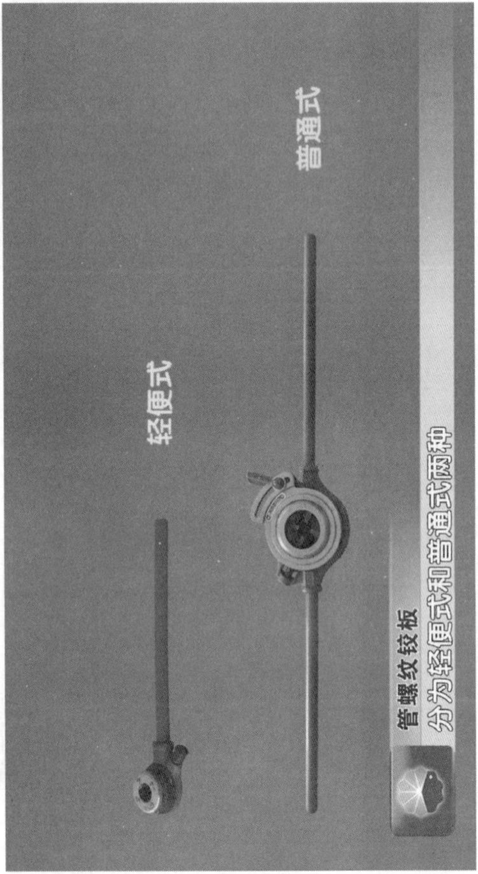

采油工常用管工工具的使用（管螺纹铰板）

管螺纹铰板 分为轻便式和普通式两种

轻便式

普通式

管螺纹铰板

1. 组成及规格

普通式管螺纹铰板主要是由主体、凸轮盘、偏心扳手、扳杆、换向器、盘丝、配套牙块等组成。

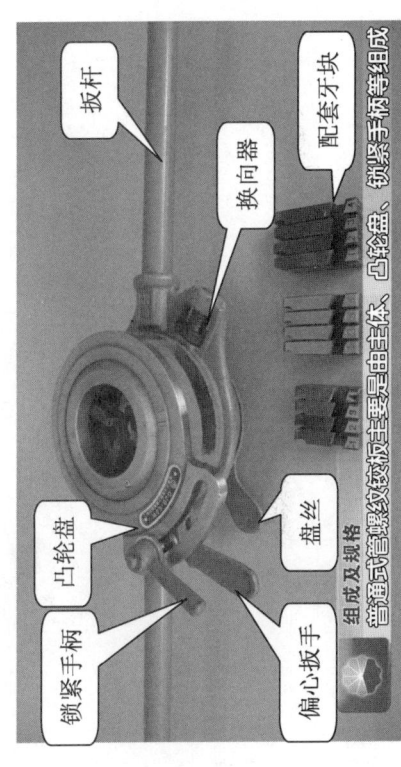

普通式管螺纹铰板主要是由主体、凸轮盘、锁紧手柄、配套牙块等组成

普通式 114 型管螺纹铰板配套牙块的规格型号有 $1/2 \sim 3/4$ in、$1 \sim 1\,1/4$ in、$1\,1/2 \sim 2$ in。

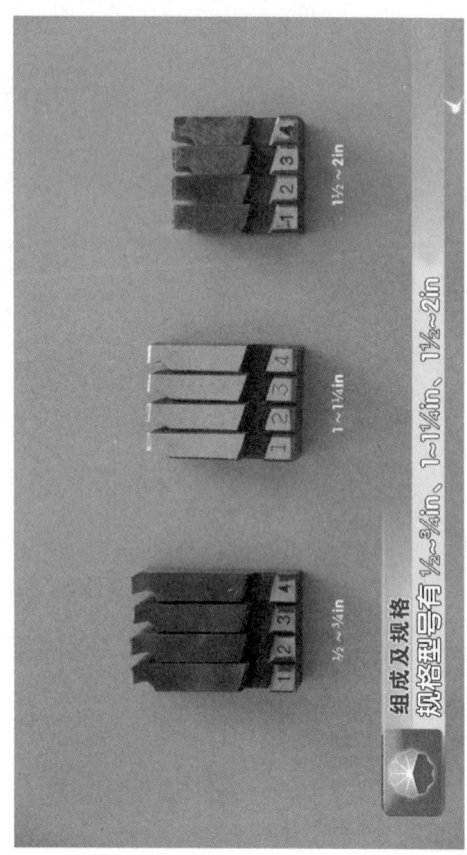

2. 使用方法

（1）检查管螺纹铰板各部件完好，活动部分灵活好用。

使用方法
检查管螺纹铰板各部件完好

（2）顺时针转动偏心扳手至极限位置，松开锁紧手柄转动凸轮盘，使两条"A"线对齐，按1、2、3、4序号对应装入牙块。

管螺纹铰板

使用方法
松开锁紧手柄移动口铃盘

采油工常用管工工具的使用（管螺纹铰板）

使用方法："A"锁对齐

管螺纹铰板

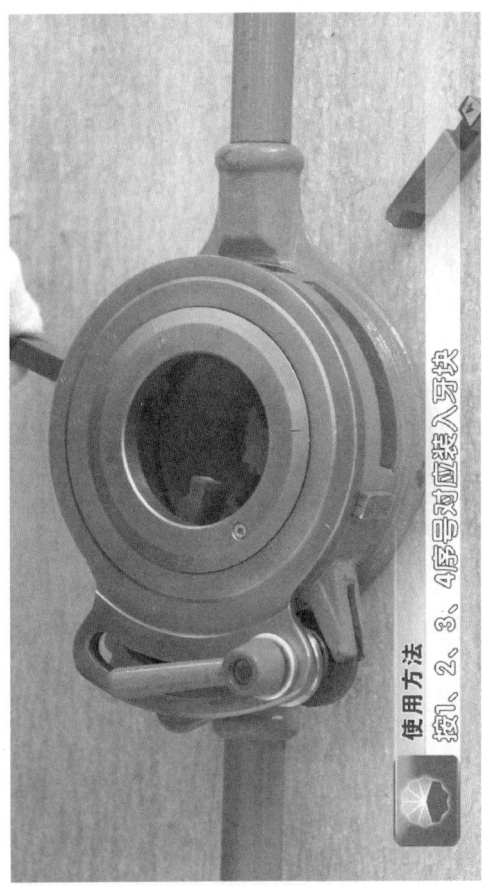

使用方法
将1、2、3、4号号对应装入导块

（3）逆时针转动偏心扳手到极限位置，当铰制 3/4 管径的管子时，调整凸轮盘，使刻度线 "3/4" 与内盘的 "0" 刻度线对应，旋紧锁紧手柄。

使用方法
逆时针转动偏心扳手到极限位置

管螺纹铰板

使用方法
使刻度线 "3/4" 与内盘的 "0" 刻度线对应

采油工常用管工工具的使用（管螺纹铰板）

使用方法
旋紧锁紧手柄

管螺纹铰板

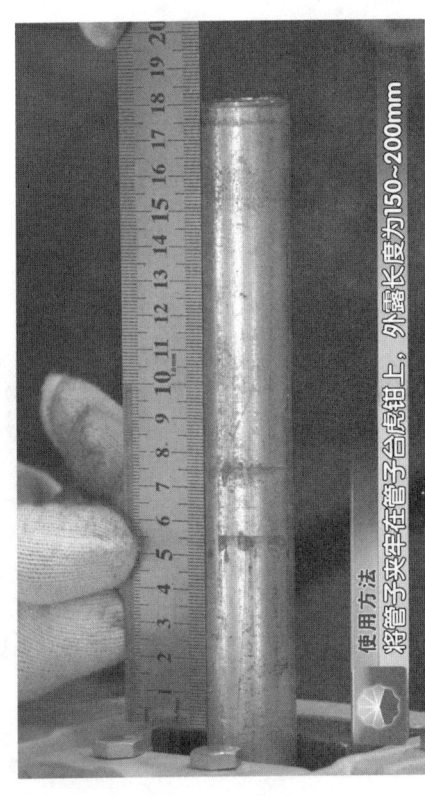

使用方法
将管子夹牢在管子台虎钳上，外露长度为150~200mm

（4）将管子夹牢在管子台虎钳上，外露长度为 150~200mm，将铰板套在管子上，调整盘丝，使卡爪卡住管子且能转动，并在接触位置上滴润滑油。

采油工常用管工工具的使用（管螺纹铰板）

管螺纹铰板

使用方法
使卡爪卡住管子且能转动，并在接触处上商润滑油

采油工常用管工工具的使用（管螺纹铰板）

（5）站在铰板侧前方，面向管子台虎钳，一手按压住铰板轴向推进，另一手压紧扳杆沿顺时针方向平稳缓慢地转动铰板。

（6）铰制 1~2 圈时在工作面上滴润滑油，边铰制边调整偏心扳手，调节吃入深度使螺纹呈锥形。铰制螺纹时应分 2~3 板进行，螺纹数达到 9~11 圈。

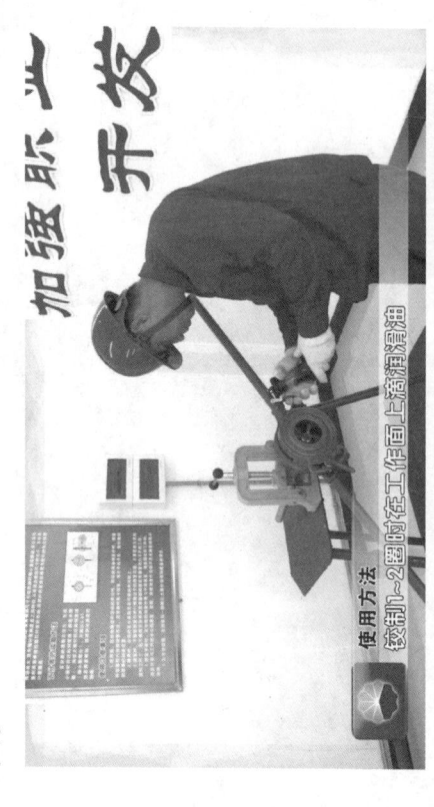

管螺纹铰板

采油工常用管工工具的使用（管螺纹铰板）

使用方法
螺纹铰达到9~11圈

（7）铰制完成后顺时针转动偏心扳手，松开盘丝双手平稳取下铰板。清理铁屑，校验铰制质量，螺纹应光滑无毛刺，手工旋入3~5圈为宜。

采油工常用管工工具的使用（管螺纹铰板）

使用方法
松开曲丝双与平稳取下铰板

管螺纹铰板

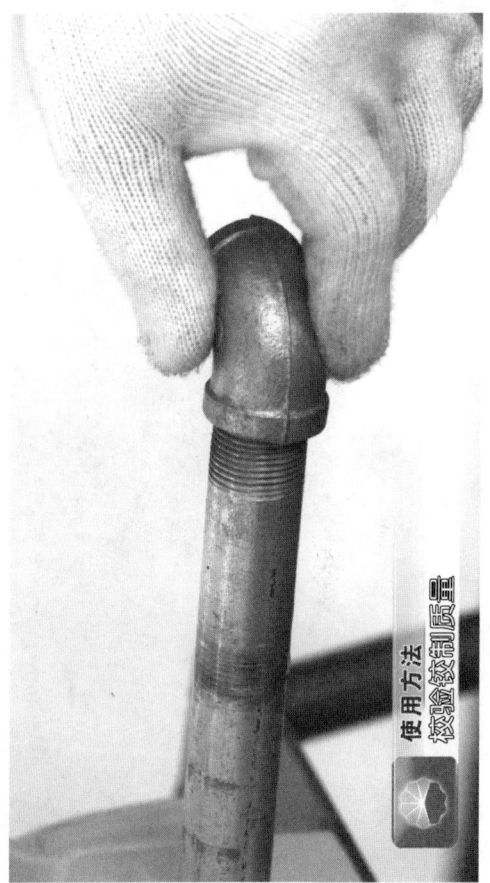

使用方法
检验铰制质量

（8）松开锁紧手柄，按顺时针方向将偏心扳手和凸轮盘转到极限位置，卸下牙块。

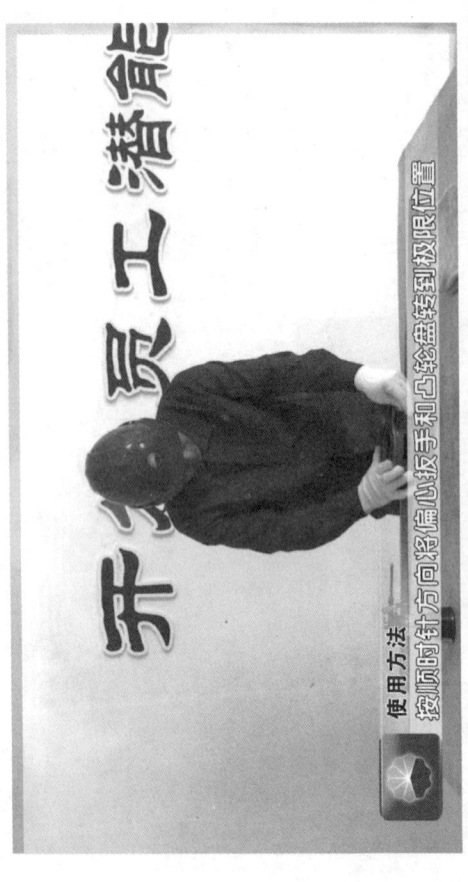

管螺纹铰板

(9) 使用完毕后,擦拭干净。

3. 使用中的注意事项

（1）装卸牙块不允许用铁器敲击。

使用中的注意事项
（1）装卸牙块时不允许用铁器敲击

采油工常用管工工具的使用（管螺纹铰板）

(2) 取下铰板时应平稳操作，防止损坏螺纹。

(3) 禁止用手清理铁屑,防止伤手。

使用中的注意事项
(3) 禁止用手清理铁屑,防止伤手

试 题

一、选择题（不限单选）

1. 管螺纹铰板是在（　）输送用钢管上铰制出外螺纹的专用工具。

A. 超高压流体　　B. 高压流体
C. 中压流体　　　D. 低压流体

2. 普通式管螺纹铰板使用时，顺时针转动偏心扳手至极限位置，松开锁紧手柄转动凸轮盘，使两条（　）对齐，按序号对应装入牙块。

A. "1/2"线　　　B. "3/4"线
C. "0"线　　　　D. "A"线

3. 普通式管螺纹铰板使用时，装入牙块后，逆时针转动偏心扳手到极限位置调整（　）至合适位置，旋紧锁紧手柄。

A. 盘丝　　　　　B. 换向器

C. 锁紧手柄　　　　　D. 凸轮盘

4. 管螺纹铰板铰制"DN20"管子时,应使凸轮盘(　)刻度线与内盘的"0"刻度线相对应。

A. 1/2　　　　　　　B. 3/4

C. 0　　　　　　　　D. A

5. 管螺纹铰板使用时,将铰板套在管子上,调整(　),使卡爪卡住管子且能转动,并在接触位置上滴润滑油。

A. 盘丝　　　　　　B. 换向器

C. 锁紧手柄　　　　D. 凸轮盘

6. 管螺纹铰板使用时,应一手按压住铰板轴向推进,另一手压紧扳杆沿(　)平稳缓慢地转动铰板。

A. 台虎钳方向　　　B. 铰板轴方向

C. 顺时针方向　　　D. 逆时针方向

7. 管螺纹铰板铰制螺纹时应分2~3板进行,螺纹数达到(　)圈。

A. 13~19　　　　　　B. 11~13

C. 9~11　　　　　　D. 7~10

8. 管螺纹铰制完成后顺时针转动铰板的偏心扳手,松开(　)双手平稳取下铰板。

A. 扳杆　　　　　　B. 换向器

C. 锁紧手柄　　　　D. 盘丝

二、判断题

1. 管螺纹铰板主要用于螺纹连接的油、气、水管路安装过程中管子内螺纹的铰制工作。(　)

2. 普通式 114 型管螺纹铰板配套牙块的规格型号有:$1/2 \sim 3/4$in、$1 \sim 1\frac{1}{4}$in、$1\frac{1}{2} \sim 2$in。(　)

3. 管螺纹铰制完成后,松开铰板锁紧手柄,按顺时针方向将偏心扳手和凸轮盘转到"0"刻度线位置,卸下牙块。(　)

4. 管螺纹铰板装卸牙块时不允许用铁器敲击。(　)

试题参考答案

一、选择题

题号	1	2	3	4	5	6	7	8
答案	D	D	D	B	A	C	C	D

二、判断题

题号	1	2	3	4
答案	×	√	×	√

《工具、用具、量具使用》

分册序号	分册书名
1	采油工常用扳手的使用
2	采油工常用手钳的使用
3	采油工常用电工仪表的使用
4	采油工常用量具的使用
5	采油工常用管工工具的使用（管螺纹铰板）
6	采油工常用管工工具的使用（管子钳）
7	采油工常用管工工具的使用（切割类）
8	采油工常用管工工具的使用（夹持类）
9	采油工常用锤击工具的使用
10	采油工常用电动钻孔工具的使用
11	采油工常用举升、顶拔工具的使用

采油工安全生产标准化操作丛书

中国石油人事部
中国石油勘探与生产分公司 编

工具、用具、量具使用 6

采油工常用管工工具的使用
（管子钳）

石油工业出版社

图书在版编目（CIP）数据

工具、用具、量具使用 / 中国石油人事部，中国石油勘探与生产分公司编. —北京：石油工业出版社，2019.5

（采油工安全生产标准化操作丛书）

ISBN 978-7-5183-3248-9

Ⅰ. ①工⋯ Ⅱ. ①中⋯ ②中⋯ Ⅲ. ①石油开采-工具-使用方法 ②石油开采-量具-使用方法 Ⅳ. ① TE35-65

中国版本图书馆 CIP 数据核字（2019）第 050026 号

出版发行：石油工业出版社
（北京安定门外安华里 2 区 1 号楼 100011）
网　　址：www.petropub.com
编辑部：（010）64523537
图书营销中心：（010）64523633
经　销：全国新华书店
印　刷：北京中石油彩色印刷有限责任公司

2019 年 5 月第 1 版　2019 年 5 月第 1 次印刷
880×1230 毫米　开本：1/64　印张：13.625
字数：195 千字

定价：165.00 元（全 11 册）
（如出现印装质量问题，我社图书营销中心负责调换）
版权所有，翻印必究

《采油工安全生产标准化操作丛书》编委会

主　　　任：吴　奇

副　主　任：黄　革　　郑新权　　万　军

执行副主任：王渝明　　张守良　　郝庆华

　　　　　　王子云　　张　超　　赵捍军

委员：姜宝山　王　林　于胜泓　章卫兵　董洪亮
　　　王松波　吴景刚　全海涛　李亚鹏　范　猛
　　　王玉琢　杨　东　吴成龙　张万福　杨海波
　　　周　燕　侯继波　柴方源　祝汉强　肖长军
　　　赵　伟　卢盛红　朱继红　宋伟光　尹前进
　　　王海波　袁　月　王鹏飞　张　利　邓　钢
　　　吴文君　高　媛

《工具、用具、量具使用 6 采油工常用管工工具的使用(管子钳)》编委会

主　编：吴　奇

副主编：张春超　董　琦　丁洪涛

委　员：吴文君　董敬宁　白丽君

　　　　王大一　郑海峰　王冬艳

　　　　生凤英　王殿辉　郑　瑜

　　　　吴　笛　程　亮　王鹏飞

　　　　罗　琦　周恒仓　张　宇

开发单位

中国石油天然气股份有限公司勘探与生产分公司

大庆油田有限责任公司人事部(党委组织部)

大庆油田有限责任公司开发部

大庆油田有限责任公司质量安全环保部

大庆油田有限责任公司第二采油厂

大庆油田有限责任公司第四采油厂

大庆油田有限责任公司第六采油厂

大庆油田有限责任公司文化集团

大庆油田有限责任公司人才开发院

大庆油田有限责任公司大庆医学高等专科学校

合作单位

长庆油田分公司

辽河油田分公司

新疆油田分公司

大港油田分公司

华北油田分公司

石油工业出版社

FOREWORD 序

"求木之长者,必固其根本;欲流之远者,必浚其泉源。"2017年,党中央、国务院印发了《新时期产业工人队伍建设改革方案》,明确指出,产业工人是工人阶级中发挥支撑作用的主体力量,是创造社会财富的中坚力量,是创新驱动发展的骨干力量,是实施制造强国战略的有生力量。同时提出,要造就一支有理想守信念、懂技术会创新、敢担当讲奉献的宏大的产业工人队伍。这充分体现了党和国家对产业工人队伍建设的关心支持。

中国石油牢固树立以人为本、质量至上、安全第一、环保优先的理念,坚持施行标准化操作作为保证安全生产、深化精细管理、实现

企业内涵发展的重要支撑。中国石油将提升员工技能水平作为抓好产业工人队伍建设的主攻方向，把标准化操作固化成基层单位和干部职工尤其是新员工的行为准则和工作标准，牢固树立"上标准岗、干标准活"的工作意识和理念，形成人人讲安全、人人会安全、人人都安全的良好局面。

守正笃实，久久为功。提升员工技能操作水平是一项长期而艰巨的任务，完善标准是基础，加强领导是保障，优化执行是根本。这需要大家积极推广标准化操作工作，不断加强和改进操作流程与标准，不断规范与完善标准化操作，引导广大员工全面提升对标准化操作的认知度，全面提升标准化操作执行力，规范本质化安全行为，推进各项工作上水平。

中国石油人事部和中国石油勘探与生产分公司共同组织编写的《采油工安全生产标准化

操作丛书》及配套的视频课件，包含中国石油各油气田单位通用性的140个基本操作，具有开发标准高、内容全面、注重安全风险、应用范围广、培训效果突出等方面优点。相对应的视频课件利用三维动画技术，通过分解、剖切等方式展示常规不可见的设备内部结构，让员工学习起来更加直观，是一套"看得懂、学得会、易掌握"的实用教材，真正做到了将"技术有形化"，填补了中国石油安全生产操作培训课件方面的空白，为进一步提升操作员工整体素质提供有力支撑。

目前，跨国公司员工培训已经进入了"互联网＋培训"的员工混合式培训阶段，以多终端应用设备为载体，展现多种资源，结合线下培训和社区化学习模式，以网络化应用进行培训评估，实现可规划路径的人才发展优化培训。这套丛书从生产实际出发，以满足需求为导向，以促进员工养成标准化操作习惯为目标，实践性和针对性都很强。同时，大批专家的参与写作使教材的权威性有了保证。丛书配套的视频课件可以满足石油员工远程移动学习，也可以满足员工单机高清自学和集中学习。这样就形成了三位一体的员工培训模式，逐步迈入员工混合式培训阶段。希望这套丛书的出版发行，能为促进中国石油员工培训工作的深入开展，为促进员工操作技能水平的不断提升，为推动油气主业高质量发展，为实现中国石油建成世界一流综合性国际能源公司作出积极贡献。

中国石油天然气集团有限公司
总经理助理、人事部总经理　刘志华

PREFACE 前言

采油工是油田企业主体关键工种之一,在中国石油操作类员工中占比较大,采油工技能水平的高低,对油田的安全平稳生产起到至关重要的作用。为进一步提高采油工的基本素质和业务技能水平,中国石油人事部和中国石油勘探与生产分公司于2016年联合启动了采油工安全生产标准化操作视频培训课件开发项目,成立了课件编委会,委托大庆油田公司负责课件具体编制工作,并确定长庆、辽河、新疆、大港、华北5家油田公司和石油工业出版社,共同配合大庆油田做好视频培训课件编制工作。

课件开发过程中,大庆油田高度重视,按照"实际、实用、实效"的原则,专门成立了

课件开发工作领导组,组织公司人事部、开发部、安全环保部、第二采油厂、第四采油厂等9个部门和二级单位共同参与,共计抽调了100余名专家参与项目的研发设计。勘探与生产分公司加强过程监督和质量把控,针对开发方案、课件脚本、制作标准、课件样片等内容,按照不同工作节点先后组织三次大的集中审核会议,邀请中国石油各油田行业专家建言献策,为提高课件的通用性和实用性奠定坚实基础。大庆油田按照总体工作要求,历时两年,完成了视频培训课件的编制任务,并同步完成《采油工安全生产标准化操作丛书》的编写工作。本套丛书紧贴油田生产实际,以采油工岗位职责为依据,包含《安全防护用具使用》《工具、用具、量具使用》《采油工艺简介》《抽油机井标准化操作》《电动潜油泵井标准化操作》《电动螺杆泵井标准化操作》《注水井标准化操作》

《计量间标准化操作》《抽油机井生产故障分析与处理》《电动潜油泵井生产故障分析与处理》《电动螺杆泵井生产故障分析与处理》《注水井生产故障分析与处理》《计量间生产故障分析与处理》《现场应急救护》,共 14 种 140 个分册。本套丛书具有突出的实用性和规范性特点,可广泛用于新员工岗前培训、日常岗位练兵、鉴定考前培训、师徒帮带、技能竞赛等学习培训活动。

希望本套丛书能够为各石油企业提供借鉴,为今后采油工岗位培训的扎实有效开展提供有力保障。由于各油田在采油工艺、设备等方面存在差异性,书中难免有不足之处,敬请读者批评指正。

编者

2018 年 8 月

CONTENTS 目录

项目说明 1
参考标准 2
管子钳 3
试题 19
试题参考答案 22

项目说明

管子钳是采油工常用的管工工具之一,是一种用来夹持和旋转钢管类的工具,它的工作原理是将钳力转换为扭力,广泛用于石油管道的拆卸与安装。

参考标准

QB/T 2508—2016《管子钳》

管子钳

管子钳用于转动金属管或其他圆柱形管件,完成连接和拆卸,是管路安装和维修的常用工具。常用的管子钳规格有250mm、300mm、350mm、450mm、600mm、900mm。

管子钳 管子钳用于转动金属管或其他圆柱形管件

采油工常用管工工具的使用（管子钳）

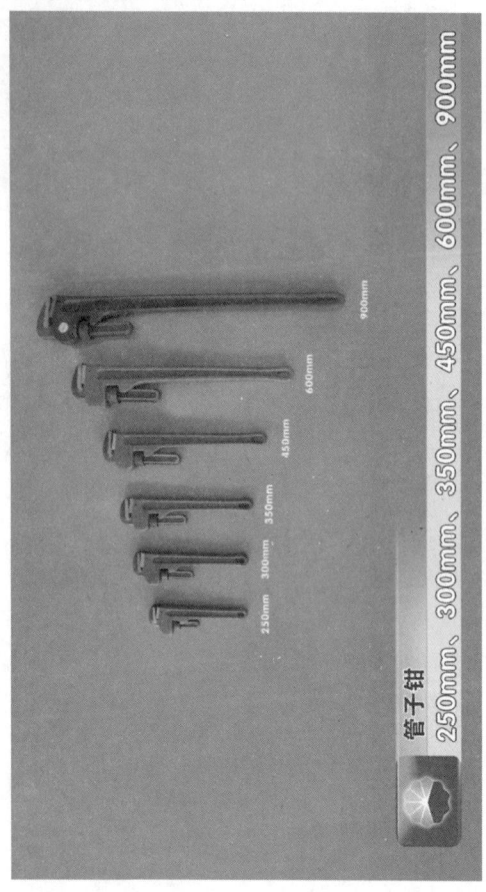

管子钳　250mm、300mm、350mm、450mm、600mm、900mm

1. 结构组成

管子钳主要是由钳头和钳柄两大部分组成。钳头包括活动钳头、活动钳口、固定钳口、固定钳口架、固定销钉、开口调节环。

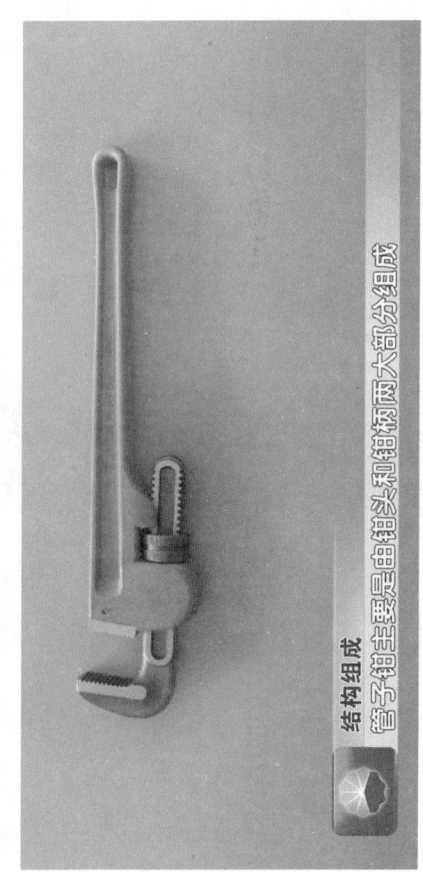

结构组成
管子钳主要是由钳头和钳柄两大部分组成

2. 使用方法

（1）根据所用管子直径或管件大小，选择合适规格的管子钳。使用前检查管子钳外观完好、钳柄无裂痕，开口调节环灵活好用，钳口无损伤，固定销钉牢固。

使用方法
根据所用管子直径或管件大小

管子钳

使用方法
选择合适规格的管子钳

采油工常用管工工具的使用（管子钳）

使用方法

使用前检查管子钳外观完好、钳柄无裂痕

(2) 通过调整开口调节环使管子钳的开口能卡住管子。较大管钳在水平方向使用时一手托住钳柄前部,一手握住钳柄尾部,将管子钳卡在管件上。发力时应两脚错开,两手一反一正握住钳柄用力拉动,进行拆卸或安装管件。

使用方法
通过调节开口调节环使管子钳的开口能卡住管子

采油工常用管工工具的使用（管子钳）

使用方法

较大管钳往水平方向使用时—手托住钳板前部

采油工常用管工工具的使用（管子钳）

（3）管子钳在垂直方向使用时应一手握住钳柄，一手扶住钳头。向下发力时手掌要张开，防止伤手。

使用方法
管子钳在垂直方向使用时应一手握住钳柄，一手扶住钳头

管子钳

使用方法
向下发力时身体要张开

采油工常用管工工具的使用（管子钳）

(4) 管子钳使用时，管件应处于活动钳口和固定钳口的中间位置，防止滑脱或损坏管子钳。

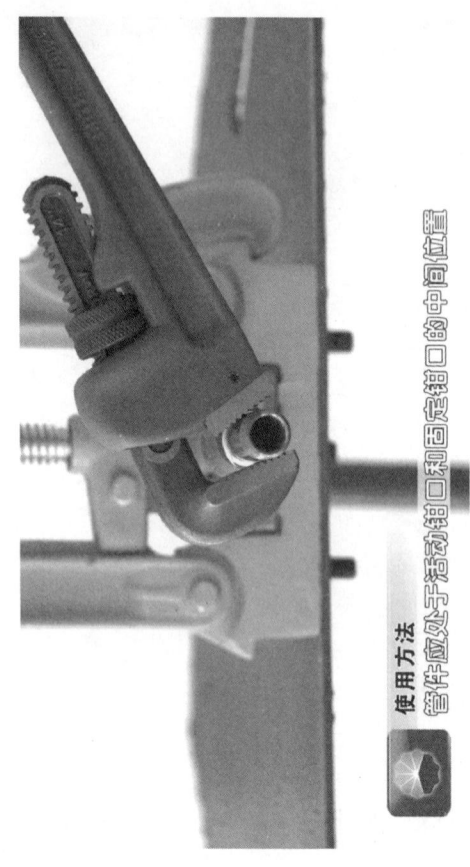

使用方法

管件应处于活动钳口和固定钳口的中间位置

(5) 使用完毕后,擦拭干净。

3. 使用中的注意事项

(1) 管子钳用力方向要与开口方向一致,不可反方向用力。

（2）使用管子钳时严禁加长力臂或将管子钳做敲击工具使用。

使用中的注意事项
（2）使用管子钳时严禁加长力臂

采油工常用管工工具的使用（管子钳）

（3）使用管子钳时钳口开度应合适，防止打滑造成人员伤害。

使用中的注意事项
（3）使用管子钳时钳口开度应合适

试 题

一、选择题（不限单选）

1. 管子钳是一种用来夹持和（ ）钢管类的常用的管工工具之一。

　　A. 剖切　　　　　　B. 旋转

　　C. 铰制　　　　　　D. 切断

2. 管子钳的工作原理是将钳力转换为（ ），广泛用于石油管道的拆卸与安装。

　　A. 压力　　　　　　B. 推力

　　C. 拉力　　　　　　D. 扭力

3. 管子钳使用时，根据所用管子（ ）或管件大小，选择合适规格的管子钳。

　　A. 长度　　　　　　B. 宽度

　　C. 壁厚　　　　　　D. 直径

4. 管子钳使用时，通过（ ）调整钳口大小保证管子钳与管件紧密咬合。

　　A. 活动钳口　　　　B. 固定钳口

　　C. 开口调节环　　　D. 固定销钉

　5. 管子钳在垂直方向向下发力使用时,( ),防止伤手。

　　A. 握紧钳柄　　　　B. 握紧钳头

　　C. 手掌张开　　　　D. 手掌闭合

　6. 使用管子钳时,钳口开度应在( ),防止打滑造成人员伤害。

　　A. 偏前位置　　　　B. 偏后位置

　　C. 合适位置　　　　D. 极限位置

　7. 管子钳有张开式和( )两种。

　　A. 压紧式　　　　　B. 锁紧式

　　C. 链条式　　　　　D. 液压式

　8. 管子钳的规格是指( )的长度。

　　A. 管钳头开口在 $1/2$ 处

　　B. 管钳头最大开口时

C. 管钳头合口时

D. 管钳钳柄

9. 450mm 的管子钳可夹持管子最大外径（ ）。

A. 60mm B. 70mm

C. 80mm D. 90mm

二、判断题

1. 管子钳用于转动金属管或其他圆柱形管件，完成连接和拆卸，是管路安装和维修的常用工具。（ ）

2. 管子钳的钳头包括活动钳头、活动钳口、固定钳头、固定钳口、固定销钉、开口调节环。（ ）

3. 较小管子钳应加长力臂使用，严禁做敲击工具使用。（ ）

4. 管子钳用力方向要与开口方向一致，不可反方向用力。（ ）

试题参考答案

一、选择题

题号	1	2	3	4	5	6	7	8	9
答案	B	D	D	C	C	C	C	C	A

二、判断题

题号	1	2	3	4
答案	√	×	×	√

《工具、用具、量具使用》

分册序号	分册书名
1	采油工常用扳手的使用
2	采油工常用手钳的使用
3	采油工常用电工仪表的使用
4	采油工常用量具的使用
5	采油工常用管工工具的使用（管螺纹铰板）
6	采油工常用管工工具的使用（管子钳）
7	采油工常用管工工具的使用（切割类）
8	采油工常用管工工具的使用（夹持类）
9	采油工常用锤击工具的使用
10	采油工常用电动钻孔工具的使用
11	采油工常用举升、顶拔工具的使用

采油工安全生产标准化操作丛书

中国石油人事部
中国石油勘探与生产分公司 编

工具、用具、量具使用 7

采油工常用管工工具的使用
（切割类）

石油工业出版社

图书在版编目（CIP）数据

工具、用具、量具使用 / 中国石油人事部，中国石油勘探与生产分公司编. —北京：石油工业出版社，2019.5

（采油工安全生产标准化操作丛书）

ISBN 978-7-5183-3248-9

Ⅰ.①工… Ⅱ.①中… ②中… Ⅲ.①石油开采 – 工具 – 使用方法 ②石油开采 – 量具 – 使用方法 Ⅳ.① TE35-65

中国版本图书馆 CIP 数据核字（2019）第 050026 号

出版发行：石油工业出版社
     （北京安定门外安华里 2 区 1 号楼 100011）
  网 址：www.petropub.com
  编辑部：（010）64523537
  图书营销中心：（010）64523633
经 销：全国新华书店
印 刷：北京中石油彩色印刷有限责任公司

2019 年 5 月第 1 版 2019 年 5 月第 1 次印刷
880×1230 毫米 开本：1/64 印张：13.625
字数：195 千字

定价：165.00 元（全 11 册）
（如出现印装质量问题，我社图书营销中心负责调换）
版权所有，翻印必究

《采油工安全生产标准化操作丛书》编委会

主　　　　任：吴　奇

副　主　任：黄　革　　郑新权　　万　军

执行副主任：王渝明　　张守良　　郝庆华

　　　　　　王子云　　张　超　　赵捍军

委员：姜宝山　　王　林　　于胜泓　　章卫兵　　董洪亮

　　　王松波　　吴景刚　　全海涛　　李亚鹏　　范　猛

　　　王玉琢　　杨　东　　吴成龙　　张万福　　杨海波

　　　周　燕　　侯继波　　柴方源　　祝汉强　　肖长军

　　　赵　伟　　卢盛红　　朱继红　　宋伟光　　尹前进

　　　王海波　　袁　月　　王鹏飞　　张　利　　邓　钢

　　　吴文君　　高　媛

《工具、用具、量具使用 7 采油工常用管工工具的使用（切割类）》编委会

主　编： 吴　奇

副主编： 白丽君　姜　祎　张春超

委　员： 丁洪涛　吕庆东　生凤英

　　　　　　刘　昱　杨海波　罗　琦

　　　　　　周恒仓　王殿辉　张　宇

　　　　　　王大一　胡胜杰　王冬艳

　　　　　　郑　瑜　吴　笛　程　亮

开发单位

中国石油天然气股份有限公司勘探与生产分公司

大庆油田有限责任公司人事部(党委组织部)

大庆油田有限责任公司开发部

大庆油田有限责任公司质量安全环保部

大庆油田有限责任公司第二采油厂

大庆油田有限责任公司第四采油厂

大庆油田有限责任公司第六采油厂

大庆油田有限责任公司文化集团

大庆油田有限责任公司人才开发院

大庆油田有限责任公司大庆医学高等专科学校

合作单位

长庆油田分公司

辽河油田分公司

新疆油田分公司

大港油田分公司

华北油田分公司

石油工业出版社

Foreword 序

"求木之长者,必固其根本;欲流之远者,必浚其泉源。"2017 年,党中央、国务院印发了《新时期产业工人队伍建设改革方案》,明确指出,产业工人是工人阶级中发挥支撑作用的主体力量,是创造社会财富的中坚力量,是创新驱动发展的骨干力量,是实施制造强国战略的有生力量。同时提出,要造就一支有理想守信念、懂技术会创新、敢担当讲奉献的宏大的产业工人队伍。这充分体现了党和国家对产业工人队伍建设的关心支持。

中国石油牢固树立以人为本、质量至上、安全第一、环保优先的理念,坚持施行标准化操作作为保证安全生产、深化精细管理、实现

企业内涵发展的重要支撑。中国石油将提升员工技能水平作为抓好产业工人队伍建设的主攻方向,把标准化操作固化成基层单位和干部职工尤其是新员工的行为准则和工作标准,牢固树立"上标准岗、干标准活"的工作意识和理念,形成人人讲安全、人人会安全、人人都安全的良好局面。

守正笃实,久久为功。提升员工技能操作水平是一项长期而艰巨的任务,完善标准是基础,加强领导是保障,优化执行是根本。这需要大家积极推广标准化操作工作,不断加强和改进操作流程与标准,不断规范与完善标准化操作,引导广大员工全面提升对标准化操作的认知度,全面提升标准化操作执行力,规范本质化安全行为,推进各项工作上水平。

中国石油人事部和中国石油勘探与生产分公司共同组织编写的《采油工安全生产标准化

操作丛书》及配套的视频课件,包含中国石油各油气田单位通用性的140个基本操作,具有开发标准高、内容全面、注重安全风险、应用范围广、培训效果突出等方面优点。相对应的视频课件利用三维动画技术,通过分解、剖切等方式展示常规不可见的设备内部结构,让员工学习起来更加直观,是一套"看得懂、学得会、易掌握"的实用教材,真正做到了将"技术有形化",填补了中国石油安全生产操作培训课件方面的空白,为进一步提升操作员工整体素质提供有力支撑。

目前,跨国公司员工培训已经进入了"互联网+培训"的员工混合式培训阶段,以多终端应用设备为载体,展现多种资源,结合线下培训和社区化学习模式,以网络化应用进行培训评估,实现可规划路径的人才发展优化培训。这套丛书从生产实际出发,以满足需求为导向,

以促进员工养成标准化操作习惯为目标,实践性和针对性都很强。同时,大批专家的参与写作使教材的权威性有了保证。丛书配套的视频课件可以满足石油员工远程移动学习,也可以满足员工单机高清自学和集中学习。这样就形成了三位一体的员工培训模式,逐步迈入员工混合式培训阶段。希望这套丛书的出版发行,能为促进中国石油员工培训工作的深入开展,为促进员工操作技能水平的不断提升,为推动油气主业高质量发展,为实现中国石油建成世界一流综合性国际能源公司作出积极贡献。

中国石油天然气集团有限公司
总经理助理、人事部总经理 刘志华

PREFACE 前言

采油工是油田企业主体关键工种之一,在中国石油操作类员工中占比较大,采油工技能水平的高低,对油田的安全平稳生产起到至关重要的作用。为进一步提高采油工的基本素质和业务技能水平,中国石油人事部和中国石油勘探与生产分公司于2016年联合启动了采油工安全生产标准化操作视频培训课件开发项目,成立了课件编委会,委托大庆油田公司负责课件具体编制工作,并确定长庆、辽河、新疆、大港、华北5家油田公司和石油工业出版社,共同配合大庆油田做好视频培训课件编制工作。

课件开发过程中,大庆油田高度重视,按照"实际、实用、实效"的原则,专门成立了

课件开发工作领导组,组织公司人事部、开发部、安全环保部、第二采油厂、第四采油厂等9个部门和二级单位共同参与,共计抽调了100余名专家参与项目的研发设计。勘探与生产分公司加强过程监督和质量把控,针对开发方案、课件脚本、制作标准、课件样片等内容,按照不同工作节点先后组织三次大的集中审核会议,邀请中国石油各油田行业专家建言献策,为提高课件的通用性和实用性奠定坚实基础。大庆油田按照总体工作要求,历时两年,完成了视频培训课件的编制任务,并同步完成《采油工安全生产标准化操作丛书》的编写工作。本套丛书紧贴油田生产实际,以采油工岗位职责为依据,包含《安全防护用具使用》《工具、用具、量具使用》《采油工艺简介》《抽油机井标准化操作》《电动潜油泵井标准化操作》《电动螺杆泵井标准化操作》《注水井标准化操作》

《计量间标准化操作》《抽油机井生产故障分析与处理》《电动潜油泵井生产故障分析与处理》《电动螺杆泵井生产故障分析与处理》《注水井生产故障分析与处理》《计量间生产故障分析与处理》《现场应急救护》,共14种140个分册。本套丛书具有突出的实用性和规范性特点,可广泛用于新员工岗前培训、日常岗位练兵、鉴定考前培训、师徒帮带、技能竞赛等学习培训活动。

希望本套丛书能够为各石油企业提供借鉴,为今后采油工岗位培训的扎实有效开展提供有力保障。由于各油田在采油工艺、设备等方面存在差异性,书中难免有不足之处,敬请读者批评指正。

编者
2018 年 8 月

CONTENTS 目录

项目说明 1

钢锯架 2

管子割刀 31

试题 60

试题参考答案 64

项目说明

切割类工具是采油工常用的管工工具种类之一，主要用于工件、管件的切割作业，采油工常用的切割类工具主要有钢锯架和管子割刀。

钢锯架

钢锯架是用手工来切断工件与材料的锯割工具,适用于金属、木材、塑料等材质的锯割。钢锯架分为固定式和可调式两种。

钢锯架

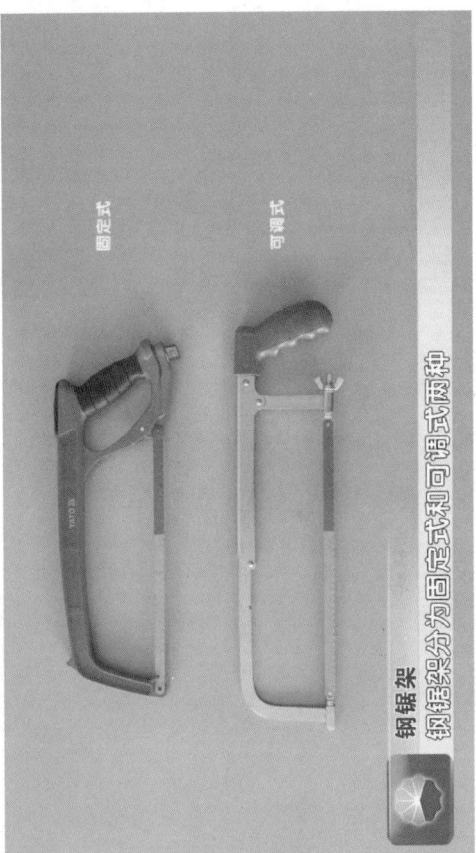

固定式

可调式

钢锯架
钢锯架分为固定式和可调式两种

1. 结构组成

可调式钢锯架主要由固定手柄、主锯弓架、活动锯弓架、前后挂销、蝶形锁紧螺母、配套钢锯条等组成。

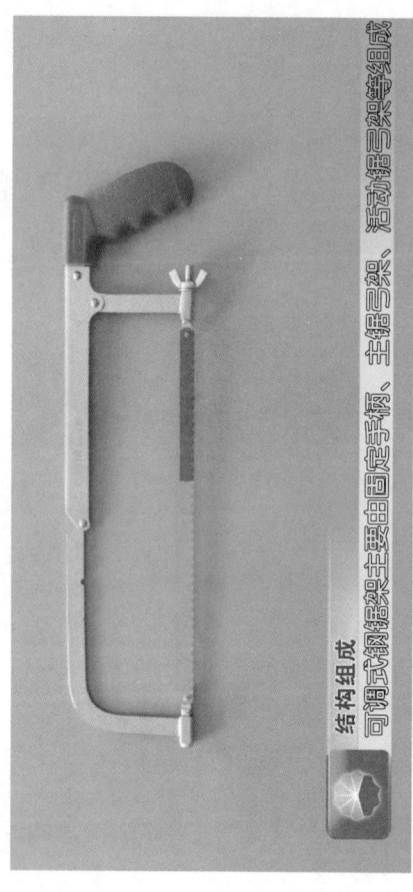

结构组成：可调式钢锯架主要由固定手柄、主锯弓架、活动锯弓架等组成

2. 使用方法

(1) 检查主锯弓架,固定手柄完好无损,活动锯弓架开合灵活,前后挂销完好,蝶形锁紧螺母灵活好用。

（2）根据钢锯条规格，将钢锯架调整到合适位置，安装钢锯条时，锯齿向前，调整蝶形锁紧螺母，使锯条松紧适度。

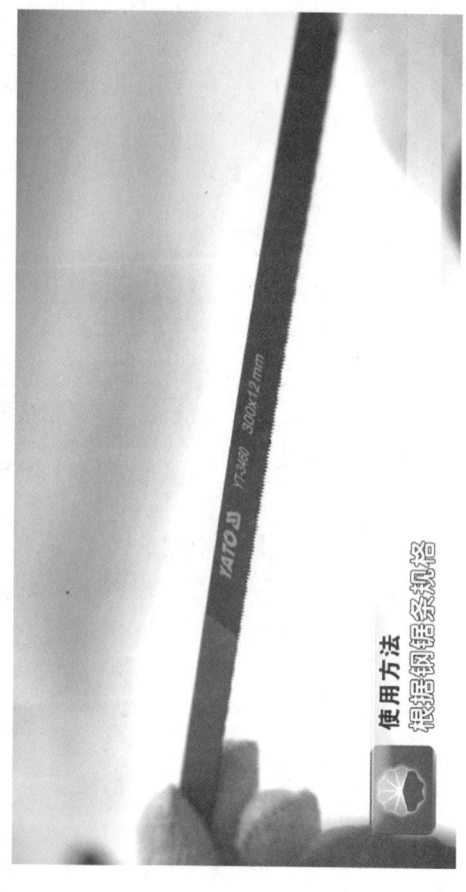

使用方法
根据钢锯条规格

钢锯架

采油工常用管工工具的使用（切割类）

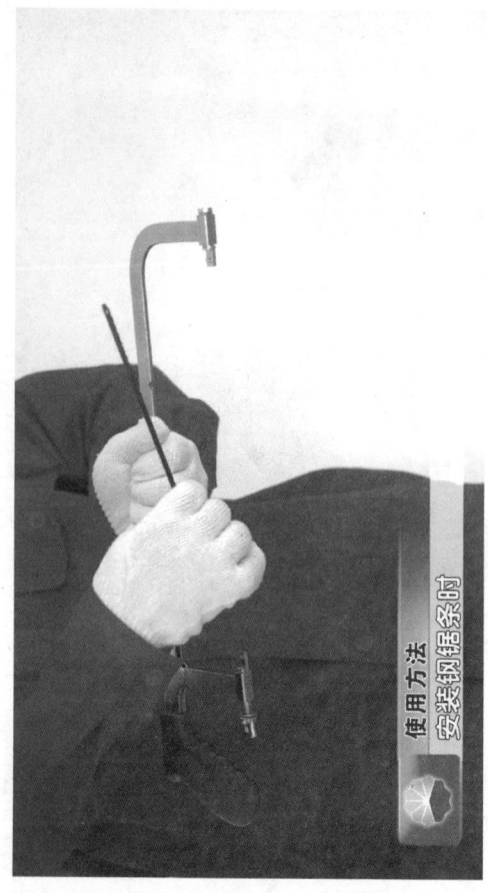

使用方法 安装钢锯条时

钢锯架

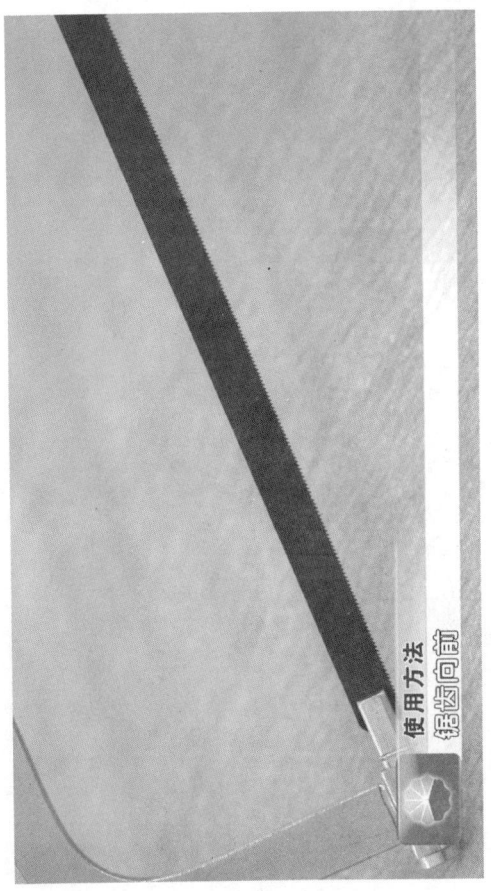

使用方法
锯齿向前

采油工常用管工工具的使用（切割类）

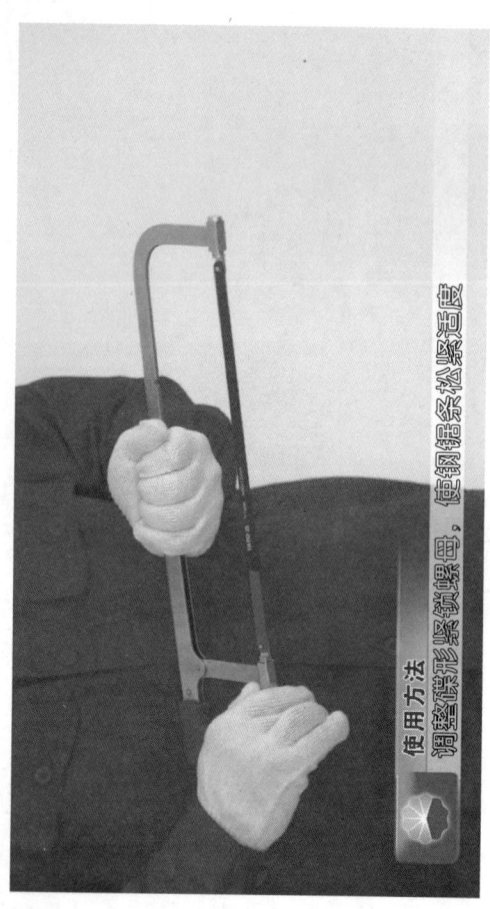

使用方法：调整蝶形紧锁螺母，使钢锯条松紧适度

(3) 将管件固定在管子台虎钳上,夹持牢固,防止锯割过程中出现松动崩断钢锯条。

(4) 根据需要在管件上量出锯割长度并做记号。

使用方法

根据需要在管件上量出锯割长度并做记号

(5) 起锯角度在 10°~15° 范围，开始锯割时在复行程要短，压力适当，速度要慢。锯割中滴入润滑油。

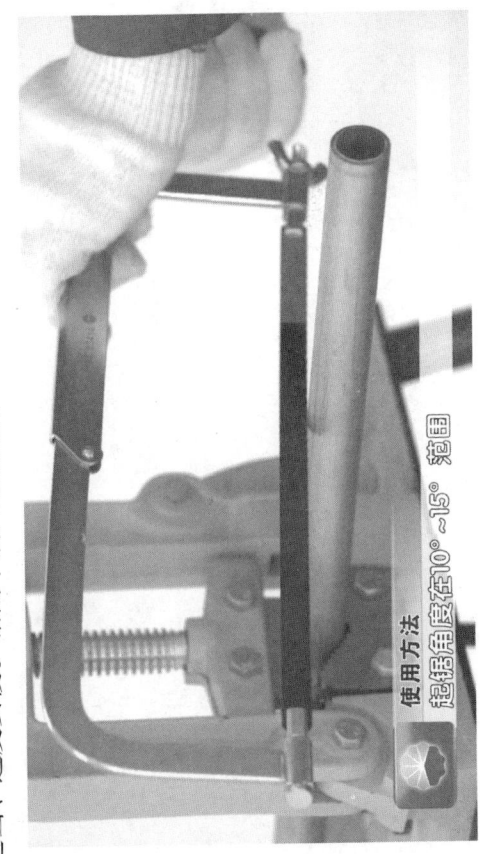

使用方法
起锯角度在10°~15°范围

采油工常用管工工具的使用（切割类）

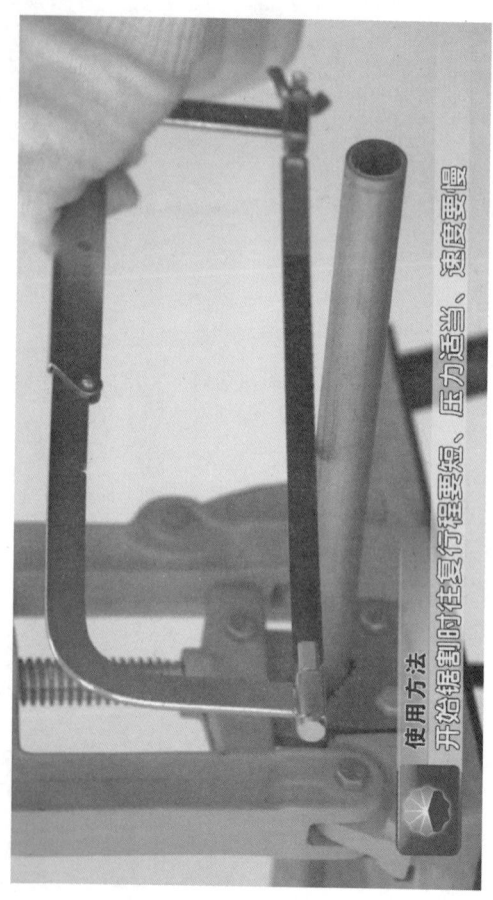

(6) 运锯时握住锯柄,手压在锯弓前上部,身体稍向前倾。向前推锯时要适当加压,退回时不加压,在复行程不小于锯条全长的 $^2/_3$。

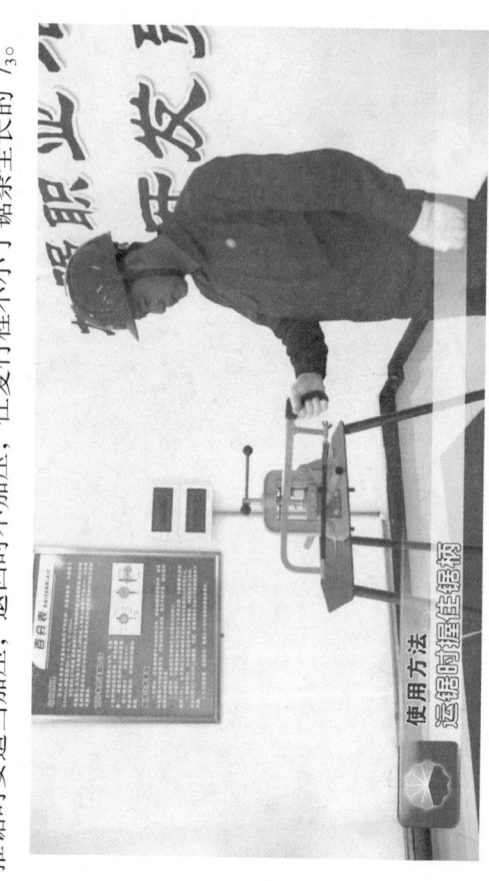

钢锯架

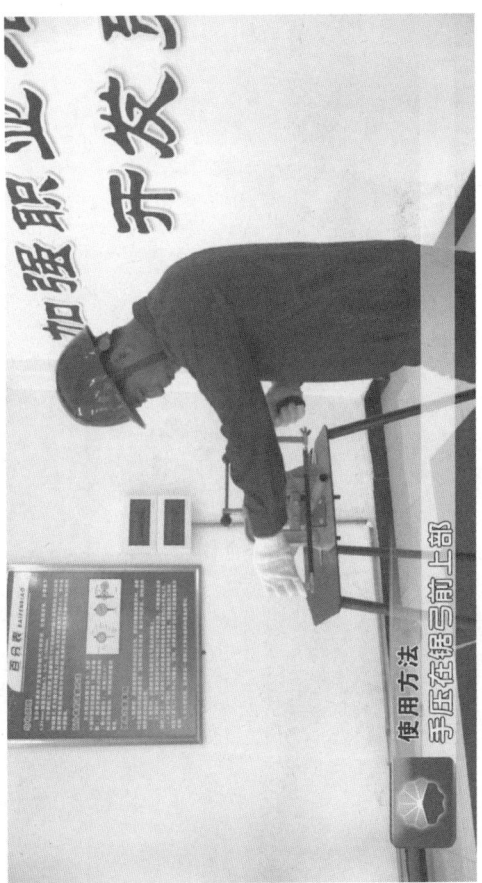

采油工常用管工工具的使用（切割类）

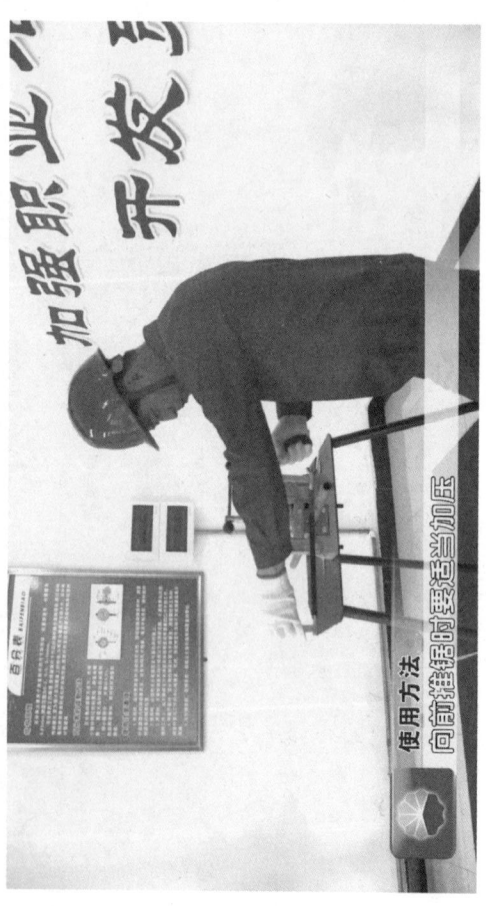

钢锯架

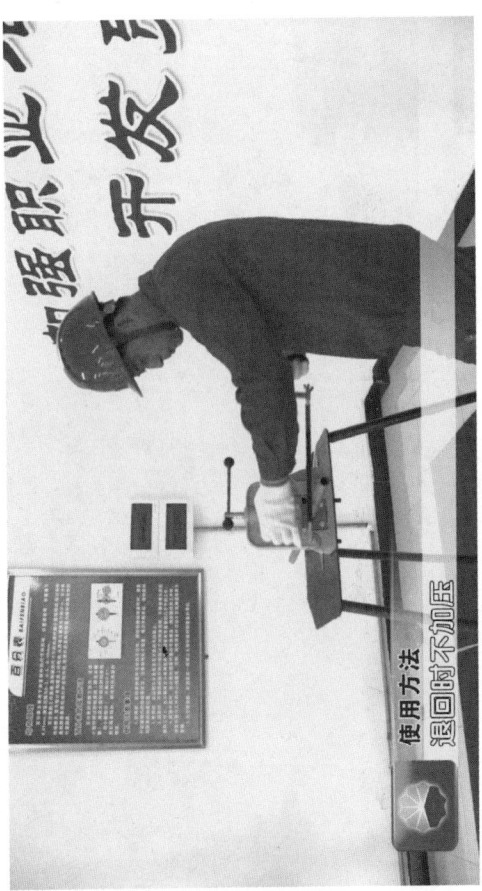

采油工常用管工工具的使用（切割类）

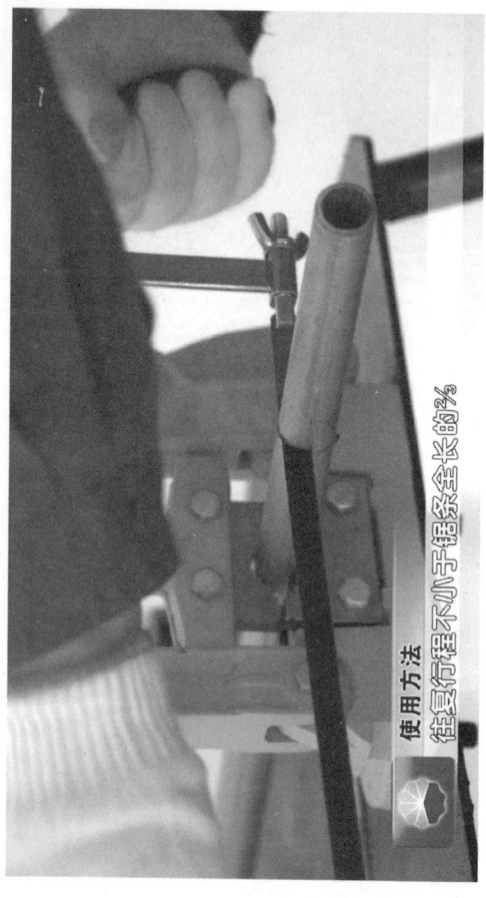

使用方法
往复行程不小于锯条全长的2/3

(7) 当快要锯完时压力要轻、速度要慢、行程要小,并尽量用手扶管件锯完,防止掉落伤人。

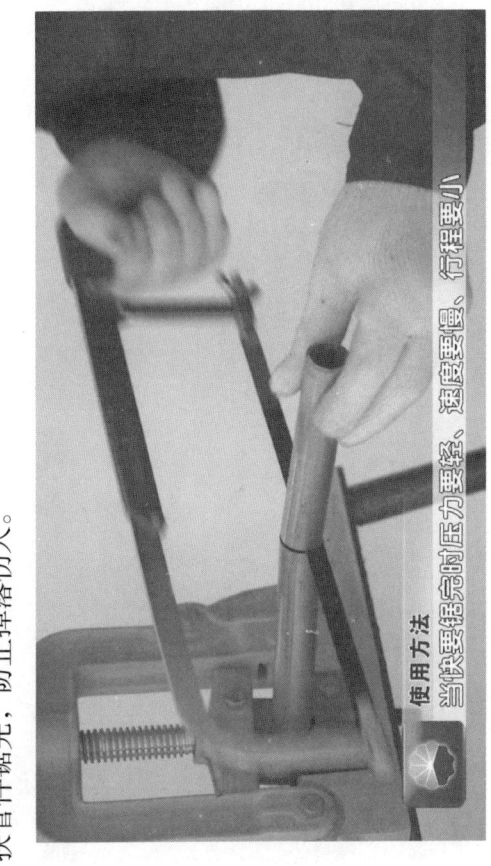

采油工常用管工工具的使用（切割类）

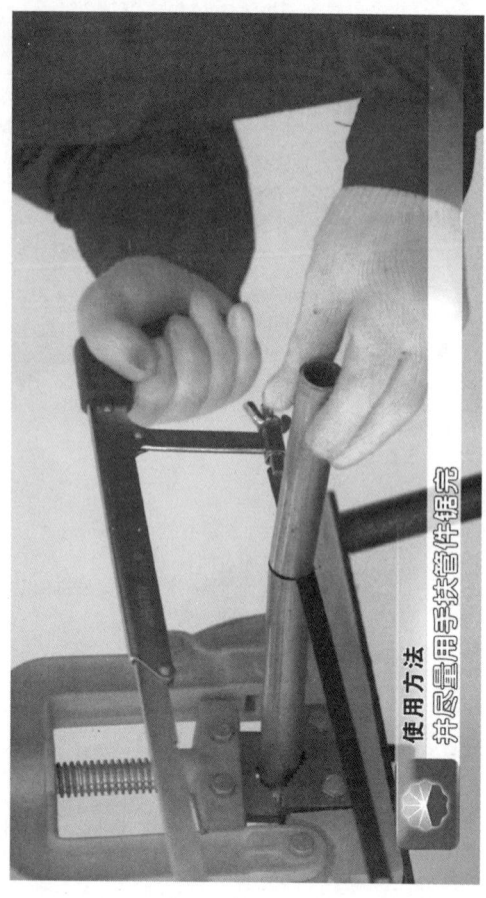

使用方法

并尽量用手扶管件捺完

（8）当锯缝深度接近钢锯架高度时，卸松蝶形锁紧螺母，取下钢锯条，拔出前后挂销，调整前后挂销的角度，使钢锯条与钢锯架成90°，调整蝶形锁紧螺母，使锯条松紧适度，继续锯割。

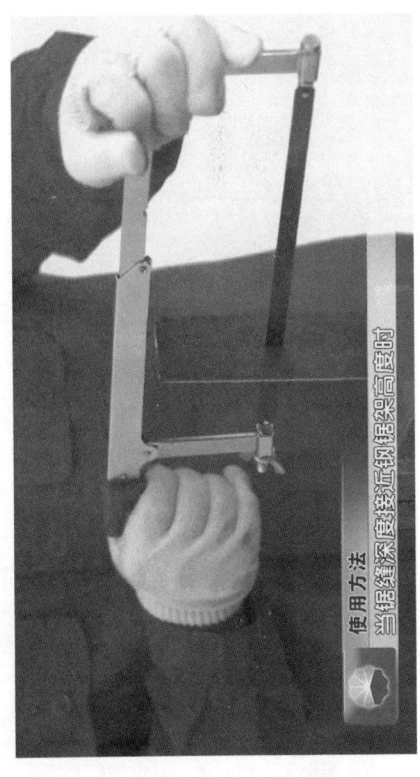

采油工常用管工工具的使用（切割类）

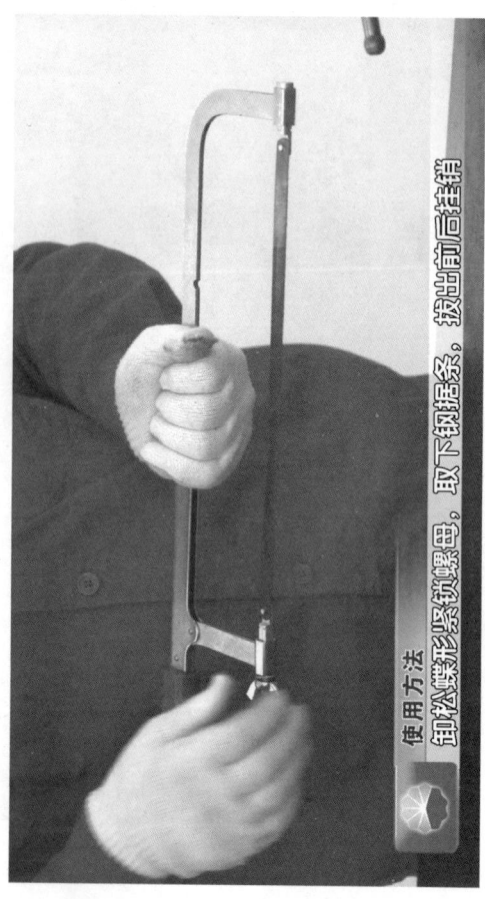

使用方法：卸松蝶形紧锁螺母，取下钢锯条，拔出前后挂销

钢锯架

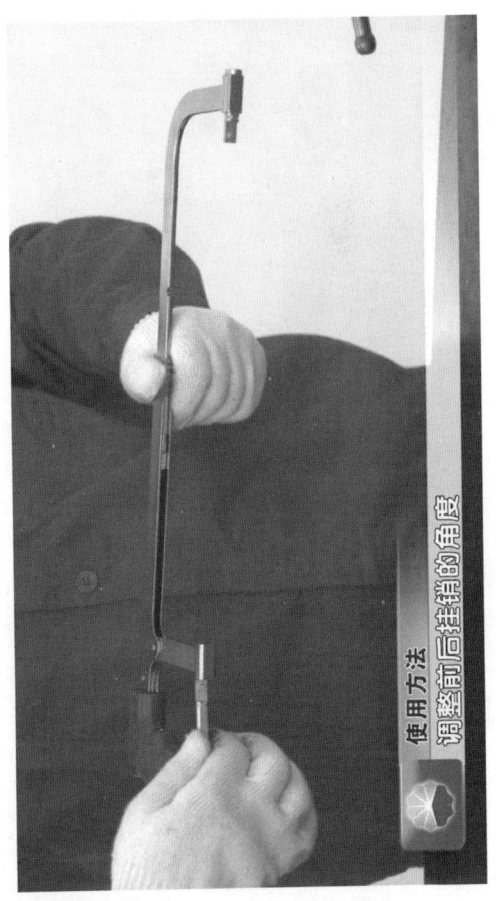

使用方法
调整即可锯割的角度

采油工常用管工工具的使用（切割类）

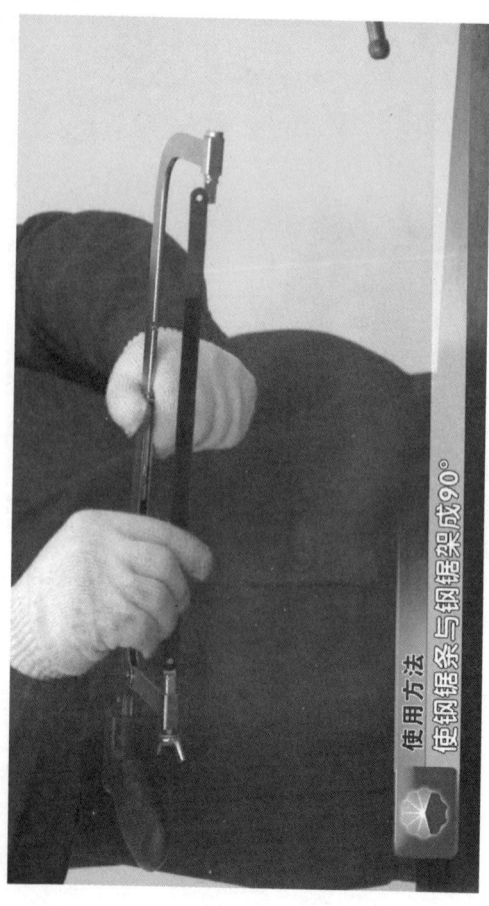

使用方法：使钢锯条与钢锯架成90°

钢锯架

使用方法
调整蝶形锁紧螺母,使钢锯条松紧适度,继续锯割

(9) 使用完毕后,卸下钢锯条,将钢锯架擦拭干净。

3. 使用中的注意事项

（1）安装锯条时，锯齿方向必须向前。

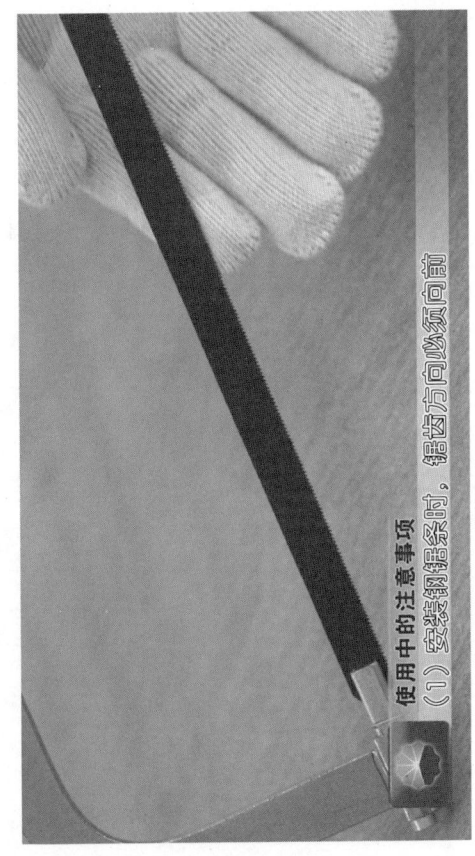

使用中的注意事项
（1）安装钢锯条时，锯齿方向必须向前

(2) 锯割过程中用力适当，防止钢锯条崩断伤人。

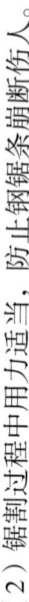

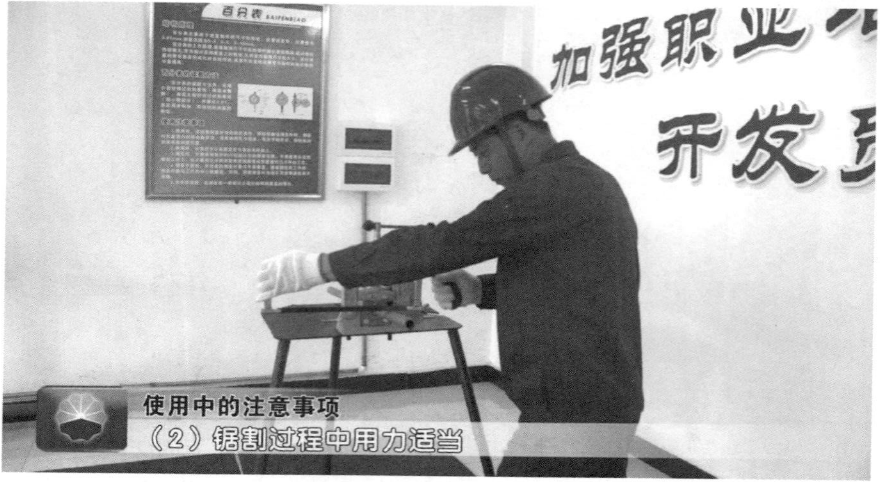

管子割刀

管子割刀是用于切割各种金属管材的专用工具。按其切割的材料不同分为通用型、轻型两种。常用的管子割刀型号有：2#（3~50mm）、3#（25~75mm）。

采油工常用管工工具的使用（切割类）

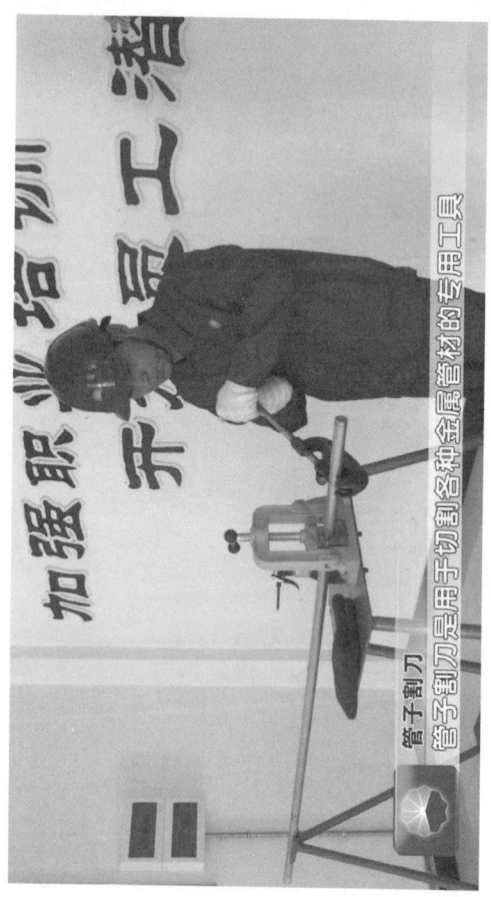

管子割刀
管子割刀是用于切割各种金属管材的专用工具

管子割刀

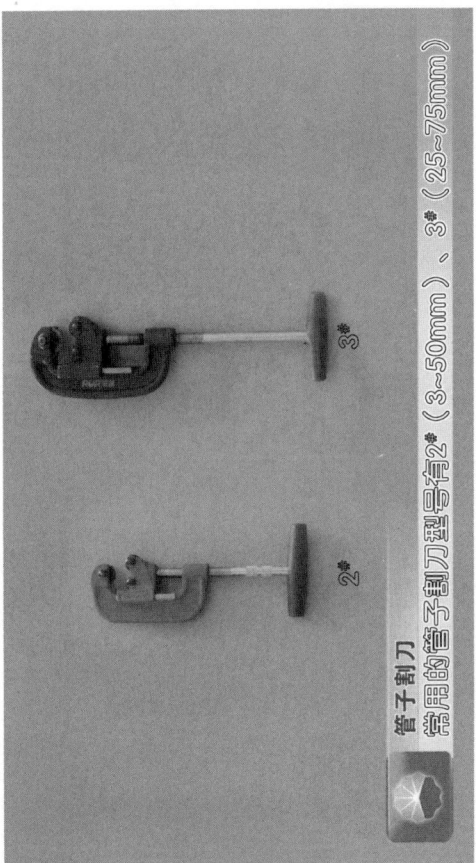

管子割刀
常用的管子割刀型号有2"（3~50mm）、3"（25~75mm）

1. 参考标准

QB/T 2350—1997《管子割刀》

Q/SY DQ0799—2002《管子割刀》

2. 结构组成

管子割刀主要是由手柄、加力丝杠、导向架、割刀架、扶正轮、割刀片等组成。

管子割刀

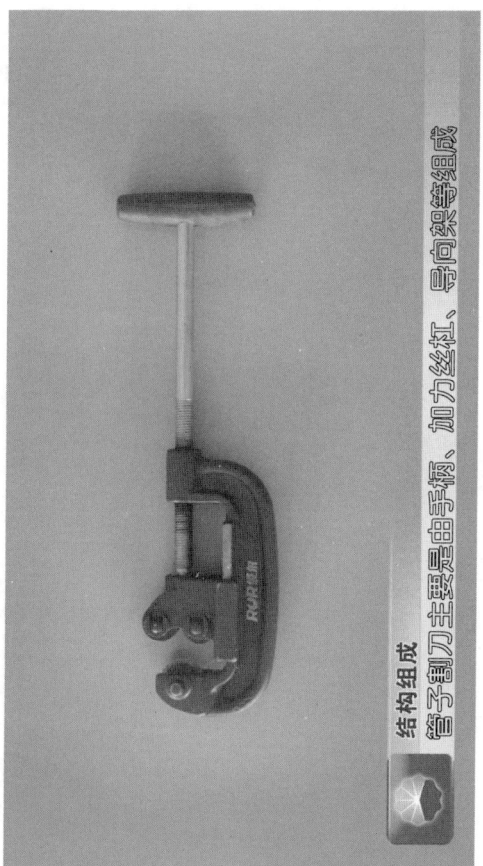

结构组成
管子割刀主要是由手柄、加力丝杠、导向架等组成

3. 使用方法

（1）检查管子割刀手柄无裂纹，加力丝杠无损坏，转动自如，导向架完好无破损，扶正轮灵活好用，割刀片完好无缺损。

使用方法
检查管子割刀手柄无裂纹

管子割刀

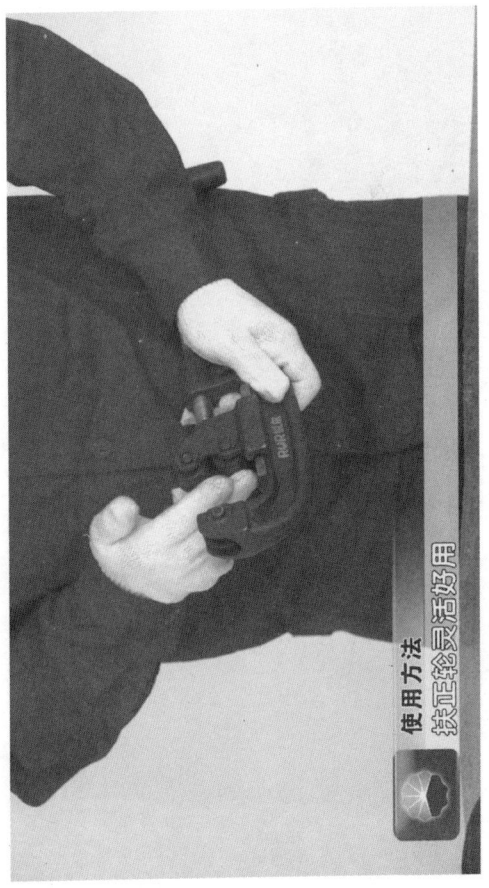

使用方法
拧正轮灵活好用

采油工常用管工工具的使用（切割类）

(2) 将管件夹在管子台虎钳上，夹持牢固。

(3) 根据需要在管件上量出切割长度,并做标记。

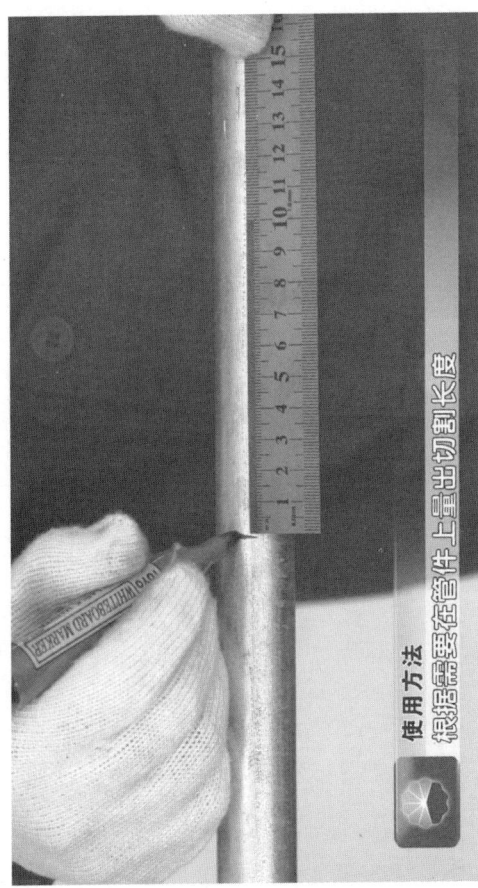

（4）将管子割刀套在管件上使管件置于割刀片与扶正轮之间，刀刃对准标记，旋紧手柄，调整割刀片与扶正轮的间距，轻划一圈。在被切割管件表面加润滑油，首次进刀时，进刀量应稍大一些，以防崩坏刀片。切割过程中，再次加注润滑油，管子割刀每旋转一周，旋紧手柄加力一次。管件即将割断时，要减慢切割速度，减小进刀量，手扶住管件慢慢割下防止掉落伤人。

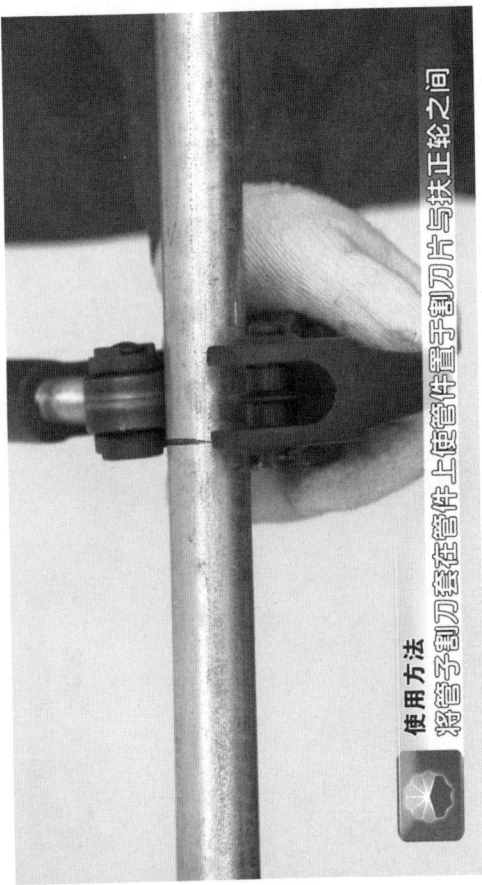

使用方法

将管子割刀套在管件上使管件置于割刀片与扶正轮之间

采油工常用管工工具的使用（切割类）

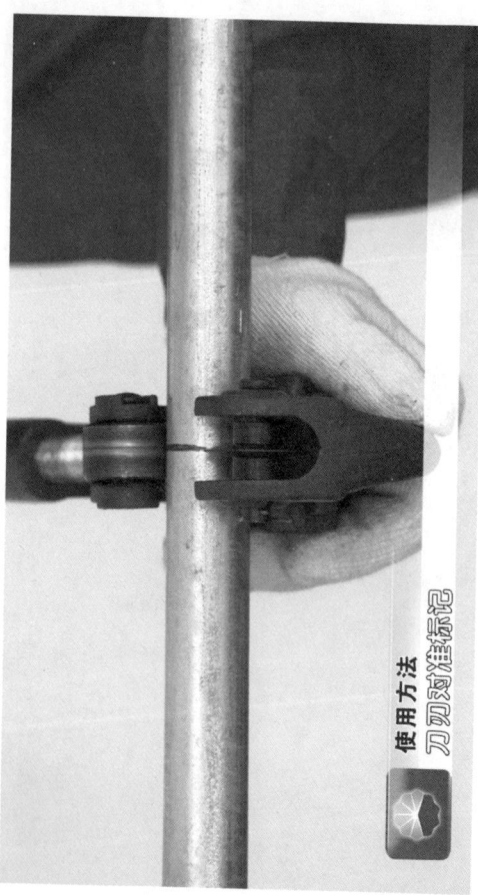

使用方法：刀刃对准标记

管子割刀

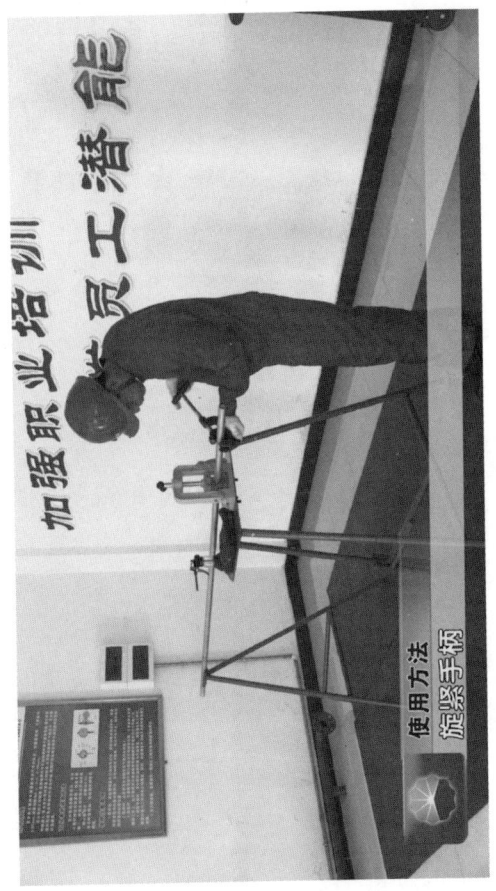

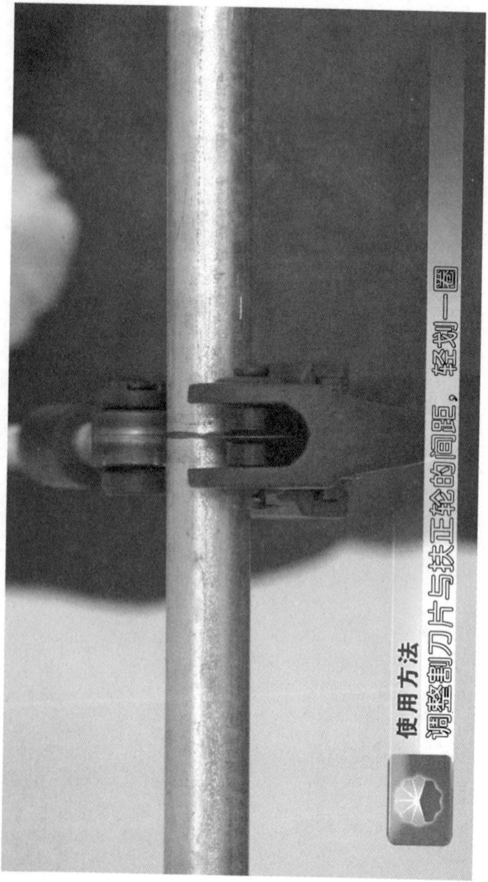

采油工常用管工工具的使用（切割类）

使用方法：调整割刀片与扶正轮的间距，轻划一圈

管子割刀

使用方法
在被切割的管件表面加润滑油

采油工常用管工工具的使用（切割类）

使用方法：首次进刀时

管子割刀

采油工常用管工工具的使用（切割类）

使用方法
管子割刀每旋转一周

管子割刀

采油工常用管工工具的使用（切割类）

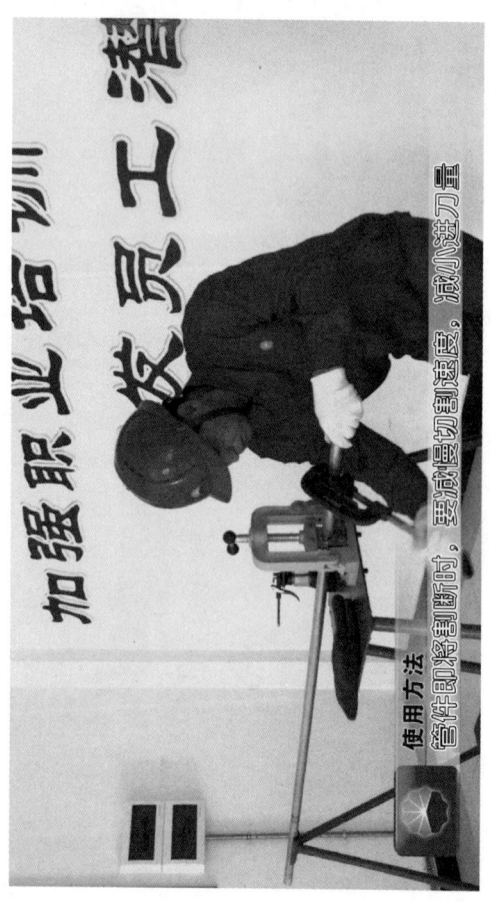

使用方法
管件即将割断时，要减慢切割速度，减小进刀量

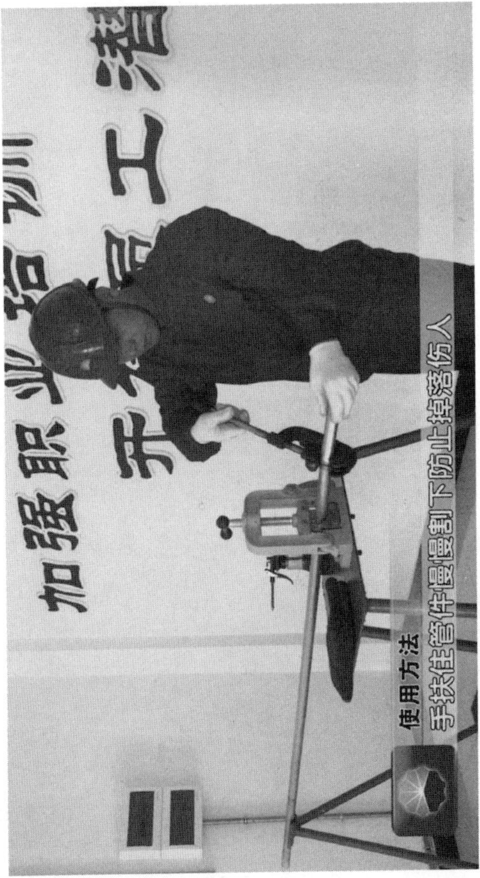
加强职业培训
使用方法
手扶住管件慢慢割下防止掉落伤人

(5) 当割刀片有损坏时, 应将管子割刀平放, 用尖嘴钳取下开口销钉, 拔出柱销, 取下旧刀片, 更换新刀片, 安装柱销并调整柱销位置, 装好开口销钉, 方可使用。

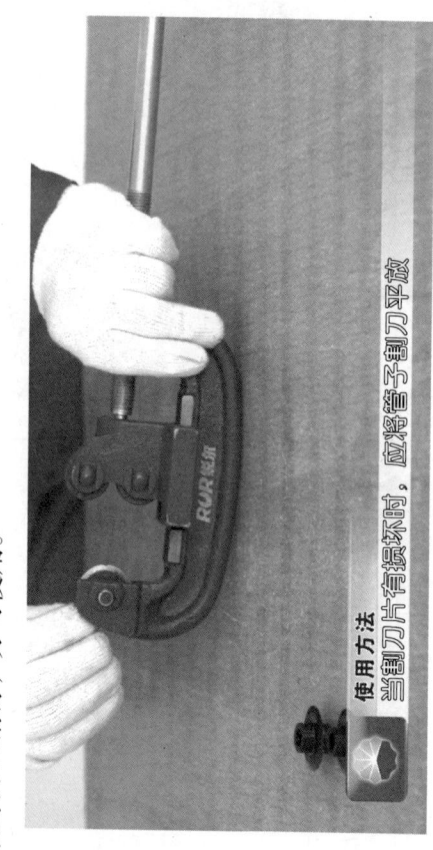

使用方法
当割刀片有损坏时, 应将管子割刀平放

管子割刀

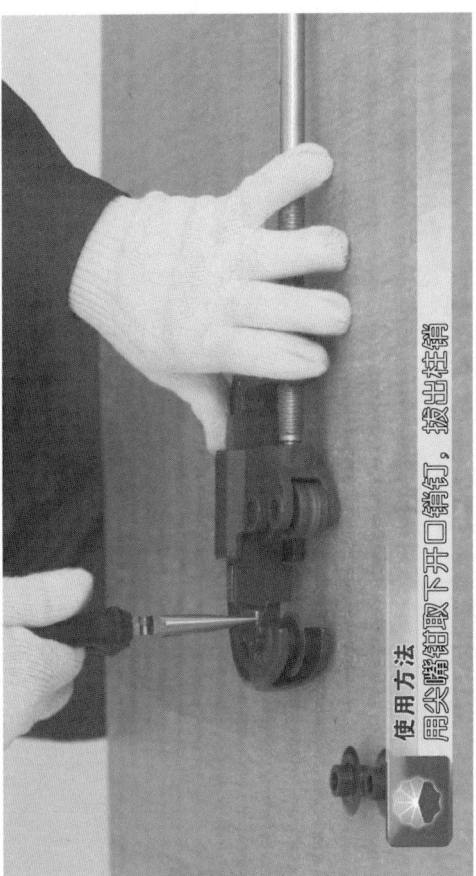

使用方法：用尖嘴钳取下开口销钉，拨出挡销

采油工常用管工工具的使用（切割类）

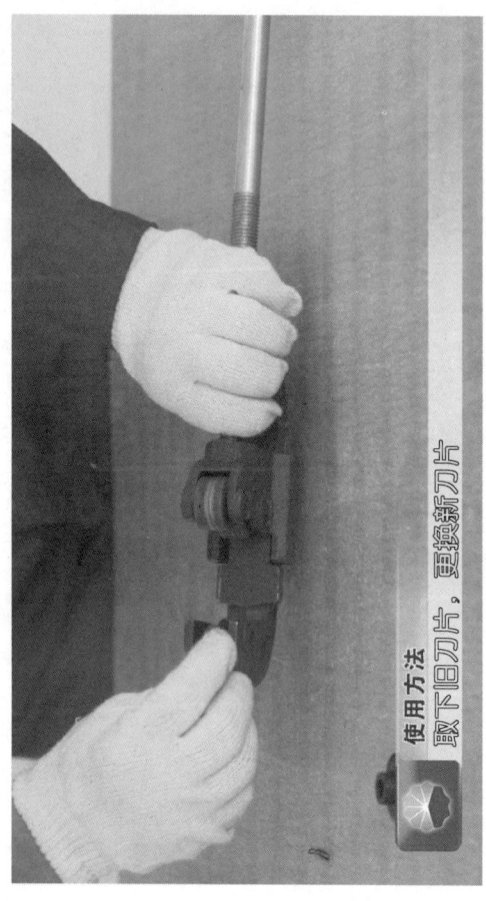

使用方法：取下旧刀片，更换新刀片

管子割刀

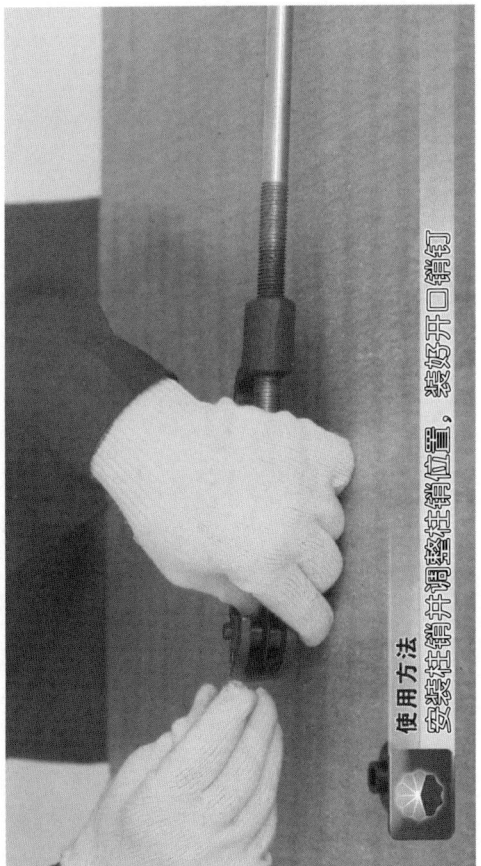

使用方法
安装柱销并调整柱销位置,装好开口销钉

采油工常用管工工具的使用（切割类）

（6）使用完毕后，应擦拭干净。

4. 使用中的注意事项

（1）切割时刀刃对准标记，旋转一周后，割刀轨迹必须重合。

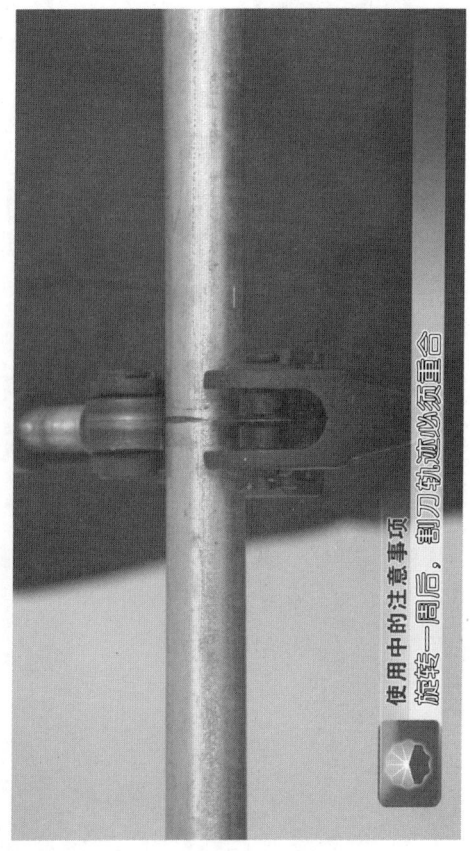

采油工常用管工工具的使用（切割类）

(2) 割刀片与管件应保持垂直，防止崩裂刀片。

使用中的注意事项
(2) 割刀片与管件应保持垂直，防止崩裂刀片

(3) 每次进刀时,用力要均匀,割刀严禁左右摆动。

试 题

一、选择题（不限单选）

1. 钢锯架安装钢锯条时，锯齿方向向（ ），调整蝶形锁紧螺母，使钢锯条松紧适度。

   A. 上　　　　　　　　B. 下
   C. 前　　　　　　　　D. 后

2. 将管件固定在管子台虎钳上，夹持牢固，防止锯割过程中出现松动造成（ ）的现象。

   A. 锯弓架活动　　　　B. 损坏钢锯弓
   C. 锁紧螺母松　　　　D. 崩断钢锯条

3. 可调式钢锯架的起锯角度在（ ）范围，开始锯割时往复行程要短、压力适当、速度要慢。

   A. 30°~45°　　　　　B. 15°~30°
   C. 10°~15°　　　　　D. 5°~10°

4. 可调式钢锯架使用时，向前推锯时要适当加压,退回时不加压,往复行程应( )。

A. 不小于锯条全长的 $^2/_3$

B. 不大于锯条全长的 $^2/_3$

C. 不小于锯条全长的 $^1/_3$

D. 等于锯条的全长

5. 可调式钢锯架使用时,当锯缝深度接近钢锯架高度时,应使钢锯条与钢锯架成( )后,继续锯割。

A. 120° B. 90°

C. 60° D. 30°

6. 使用管子割刀时,将管件置于割刀片与扶正轮之间,刀刃对准标记,旋紧( ),调整割刀片与扶正轮的间距。

A. 加力丝杠 B. 扶正轮

C. 割刀片 D. 手柄

7. 切割时刀刃对准标记,旋转一周后,割刀轨迹必须( )。

A. 平行　　　　　　　B. 垂直

C. 重合　　　　　　　D. 相交

8. 钢锯架分为固定式和（　）两种。

A. 移动式　　　　　　B. 可调式

C. 拆卸式　　　　　　D. 组合式

9. 常用的普通锯条的长度为（　）。

A. 200mm　　　　　　B. 250mm

C. 300 mm　　　　　　D. 350mm

10. 2[#]管子割刀的割管范围为（　）。

A. 3~50mm　　　　　　B. 25~75mm

C. 50~100mm　　　　　D. 100~150mm

二、判断题

1. 管子割刀使用时，管件即将割断时，要减慢切割速度，减小进刀量，手扶住管件慢慢割下防止掉落伤人。（　）

2. 可调式钢锯架使用时，当快要锯完时压力要轻、速度要快、行程要小并尽量用手扶管

件锯完，防止掉落伤人。（ ）

3. 管子割刀使用时，每次进刀时，用力要均匀，可左右摆动割刀完成切割。（ ）

4. 管子割刀使用时，割刀片与管件应保持垂直，防止崩裂刀片。（ ）

试题参考答案

一、选择题

题号	1	2	3	4	5	6	7	8	9	10
答案	C	D	C	A	B	D	C	B	C	A

二、判断题

题号	1	2	3	4
答案	√	×	×	√

《工具、用具、量具使用》

分册序号	分册书名
1	采油工常用扳手的使用
2	采油工常用手钳的使用
3	采油工常用电工仪表的使用
4	采油工常用量具的使用
5	采油工常用管工工具的使用（管螺纹铰板）
6	采油工常用管工工具的使用（管子钳）
7	采油工常用管工工具的使用（切割类）
8	采油工常用管工工具的使用（夹持类）
9	采油工常用锤击工具的使用
10	采油工常用电动钻孔工具的使用
11	采油工常用举升、顶拔工具的使用

采油工安全生产标准化操作丛书

中国石油人事部
中国石油勘探与生产分公司 编

工具、用具、量具使用 8

采油工常用管工工具的使用
（夹持类）

石油工业出版社

图书在版编目（CIP）数据

工具、用具、量具使用 / 中国石油人事部，中国石油勘探与生产分公司编 .—北京：石油工业出版社，2019.5

（采油工安全生产标准化操作丛书）

ISBN 978-7-5183-3248-9

Ⅰ. ①工… Ⅱ. ①中… ②中… Ⅲ. ①石油开采 – 工具 – 使用方法 ②石油开采 – 量具 – 使用方法 Ⅳ. ① TE35-65

中国版本图书馆 CIP 数据核字（2019）第 050026 号

出版发行：石油工业出版社
    （北京安定门外安华里 2 区 1 号楼 100011）
   网 址：www.petropub.com
   编辑部：（010）64523537
   图书营销中心：（010）64523633
经 销：全国新华书店
印 刷：北京中石油彩色印刷有限责任公司

2019 年 5 月第 1 版 2019 年 5 月第 1 次印刷
880×1230 毫米 开本：1/64 印张：13.625
字数：195 千字

定价：165.00 元（全 11 册）
（如出现印装质量问题，我社图书营销中心负责调换）
版权所有，翻印必究

《采油工安全生产标准化操作丛书》
编委会

主　　　任：吴　奇
副 主 任：黄　革　　郑新权　　万　军
执行副主任：王渝明　　张守良　　郝庆华
　　　　　　王子云　　张　超　　赵捍军
委员：姜宝山　王　林　于胜泓　章卫兵　董洪亮
　　　王松波　吴景刚　全海涛　李亚鹏　范　猛
　　　王玉琢　杨　东　吴成龙　张万福　杨海波
　　　周　燕　侯继波　柴方源　祝汉强　肖长军
　　　赵　伟　卢盛红　朱继红　宋伟光　尹前进
　　　王海波　袁　月　王鹏飞　张　利　邓　钢
　　　吴文君　高　媛

《工具、用具、量具使用 8 采油工常用管工工具的使用（夹持类）》编委会

主 编： 吴 奇

副主编： 丁洪涛　董敬宁　谷　月

委　员： 段宝昌　谭洪彬　王大一

　　　　　郑海峰　生凤英　王殿辉

　　　　　张　宇　王冬艳　郑　瑜

　　　　　吴　笛　程　亮　杨海波

　　　　　张春超　罗　琦　周恒仓

开发单位

中国石油天然气股份有限公司勘探与生产分公司

大庆油田有限责任公司人事部(党委组织部)

大庆油田有限责任公司开发部

大庆油田有限责任公司质量安全环保部

大庆油田有限责任公司第二采油厂

大庆油田有限责任公司第四采油厂

大庆油田有限责任公司第六采油厂

大庆油田有限责任公司文化集团

大庆油田有限责任公司人才开发院

大庆油田有限责任公司大庆医学高等专科学校

合作单位

长庆油田分公司
辽河油田分公司
新疆油田分公司
大港油田分公司
华北油田分公司
石油工业出版社

Foreword 序

"求木之长者,必固其根本;欲流之远者,必浚其泉源。"2017年,党中央、国务院印发了《新时期产业工人队伍建设改革方案》,明确指出,产业工人是工人阶级中发挥支撑作用的主体力量,是创造社会财富的中坚力量,是创新驱动发展的骨干力量,是实施制造强国战略的有生力量。同时提出,要造就一支有理想守信念、懂技术会创新、敢担当讲奉献的宏大的产业工人队伍。这充分体现了党和国家对产业工人队伍建设的关心支持。

中国石油牢固树立以人为本、质量至上、安全第一、环保优先的理念,坚持施行标准化操作作为保证安全生产、深化精细管理、实现

企业内涵发展的重要支撑。中国石油将提升员工技能水平作为抓好产业工人队伍建设的主攻方向，把标准化操作固化成基层单位和干部职工尤其是新员工的行为准则和工作标准，牢固树立"上标准岗、干标准活"的工作意识和理念，形成人人讲安全、人人会安全、人人都安全的良好局面。

守正笃实，久久为功。提升员工技能操作水平是一项长期而艰巨的任务，完善标准是基础，加强领导是保障，优化执行是根本。这需要大家积极推广标准化操作工作，不断加强和改进操作流程与标准，不断规范与完善标准化操作，引导广大员工全面提升对标准化操作的认知度，全面提升标准化操作执行力，规范本质化安全行为，推进各项工作上水平。

中国石油人事部和中国石油勘探与生产分公司共同组织编写的《采油工安全生产标准化

操作丛书》及配套的视频课件,包含中国石油各油气田单位通用性的140个基本操作,具有开发标准高、内容全面、注重安全风险、应用范围广、培训效果突出等方面优点。相对应的视频课件利用三维动画技术,通过分解、剖切等方式展示常规不可见的设备内部结构,让员工学习起来更加直观,是一套"看得懂、学得会、易掌握"的实用教材,真正做到了将"技术有形化",填补了中国石油安全生产操作培训课件方面的空白,为进一步提升操作员工整体素质提供有力支撑。

目前,跨国公司员工培训已经进入了"互联网+培训"的员工混合式培训阶段,以多终端应用设备为载体,展现多种资源,结合线下培训和社区化学习模式,以网络化应用进行培训评估,实现可规划路径的人才发展优化培训。这套丛书从生产实际出发,以满足需求为导向,

以促进员工养成标准化操作习惯为目标,实践性和针对性都很强。同时,大批专家的参与写作使教材的权威性有了保证。丛书配套的视频课件可以满足石油员工远程移动学习,也可以满足员工单机高清自学和集中学习。这样就形成了三位一体的员工培训模式,逐步迈入员工混合式培训阶段。希望这套丛书的出版发行,能为促进中国石油员工培训工作的深入开展,为促进员工操作技能水平的不断提升,为推动油气主业高质量发展,为实现中国石油建成世界一流综合性国际能源公司作出积极贡献。

中国石油天然气集团有限公司
总经理助理、人事部总经理 刘志华

PREFACE 前言

采油工是油田企业主体关键工种之一,在中国石油操作类员工中占比较大,采油工技能水平的高低,对油田的安全平稳生产起到至关重要的作用。为进一步提高采油工的基本素质和业务技能水平,中国石油人事部和中国石油勘探与生产分公司于2016年联合启动了采油工安全生产标准化操作视频培训课件开发项目,成立了课件编委会,委托大庆油田公司负责课件具体编制工作,并确定长庆、辽河、新疆、大港、华北5家油田公司和石油工业出版社,共同配合大庆油田做好视频培训课件编制工作。

课件开发过程中,大庆油田高度重视,按照"实际、实用、实效"的原则,专门成立了

课件开发工作领导组,组织公司人事部、开发部、安全环保部、第二采油厂、第四采油厂等9个部门和二级单位共同参与,共计抽调了100余名专家参与项目的研发设计。勘探与生产分公司加强过程监督和质量把控,针对开发方案、课件脚本、制作标准、课件样片等内容,按照不同工作节点先后组织三次大的集中审核会议,邀请中国石油各油田行业专家建言献策,为提高课件的通用性和实用性奠定坚实基础。大庆油田按照总体工作要求,历时两年,完成了视频培训课件的编制任务,并同步完成《采油工安全生产标准化操作丛书》的编写工作。本套丛书紧贴油田生产实际,以采油工岗位职责为依据,包含《安全防护用具使用》《工具、用具、量具使用》《采油工艺简介》《抽油机井标准化操作》《电动潜油泵井标准化操作》《电动螺杆泵井标准化操作》《注水井标准化操作》

《计量间标准化操作》《抽油机井生产故障分析与处理》《电动潜油泵井生产故障分析与处理》《电动螺杆泵井生产故障分析与处理》《注水井生产故障分析与处理》《计量间生产故障分析与处理》《现场应急救护》，共14种140个分册。本套丛书具有突出的实用性和规范性特点，可广泛用于新员工岗前培训、日常岗位练兵、鉴定考前培训、师徒帮带、技能竞赛等学习培训活动。

希望本套丛书能够为各石油企业提供借鉴，为今后采油工岗位培训的扎实有效开展提供有力保障。由于各油田在采油工艺、设备等方面存在差异性，书中难免有不足之处，敬请读者批评指正。

编者

2018年8月

CONTENTS 目录

项目说明 1

普通台虎钳 2

管子台虎钳 21

试题 39

试题参考答案 42

项目说明

夹持类工具是采油工常用的管工工具种类之一，主要用于工件、管件的夹持与固定，以进行各种加工作业，采油工常用的夹持类工具主要有普通台虎钳和管子台虎钳。

普通台虎钳

普通台虎钳是用来夹持工件进行锯、锉、錾以及零件的装配和拆卸的通用夹具。常用规格有 125mm、150mm。

普通台虎钳
普通台虎钳是用来夹持工件进行锯、锉、錾

普通台虎钳

普通台虎钳
常用规格有125mm、150mm

1. 参考标准

QB/T 1558.2—1992《普通台虎钳》

2. 结构组成

普通台虎钳主要由手柄、丝杆、固定钳身、固定钳口、活动钳口、活动钳身、回转盘、钻座、夹紧手柄、固定座组成。

普通台虎钳主要由手柄、丝杆、固定钳身、固定钳口等组成

3. 使用方法

（1）检查普通台虎钳夹紧手柄灵活好用，回转盘转动灵活，无卡阻现象。手柄无裂纹、无损坏，丝杆转动灵活，固定钳身、活动钳身、固定钳口、活动钳口完好。

采油工常用管工工具的使用（夹持类）

使用方法：固定钳身、活动钳身、固定钳口、活动钳口完好

普通台虎钳

（2）使用时根据操作需要，调整回转盘到合适位置，旋转夹紧手柄将其固定牢固。

使用方法
调整回转盘到合适位置

采油工常用管工工具的使用（夹持类）

普通台虎钳

（3）逆时针旋转手柄，使固定钳口与活动钳口张开，将工件放入两钳口之间，顺时针旋转手柄将工件夹持牢固。进行切割或拆装。

采油工常用管工工具的使用（夹持类）

普通台虎钳

采油工常用管工工具的使用（夹持类）

使用方法：顺时针旋转手柄将工件夹持牢固

普通台虎钳

(4) 锉削工件时，首先将工件夹持牢固，被锉削部分与钳口应保持适当距离，以免锉削时损伤钳口。

使用方法
锉削工件时，首先将工件加持牢固

采油工常用管工工具的使用（夹持类）

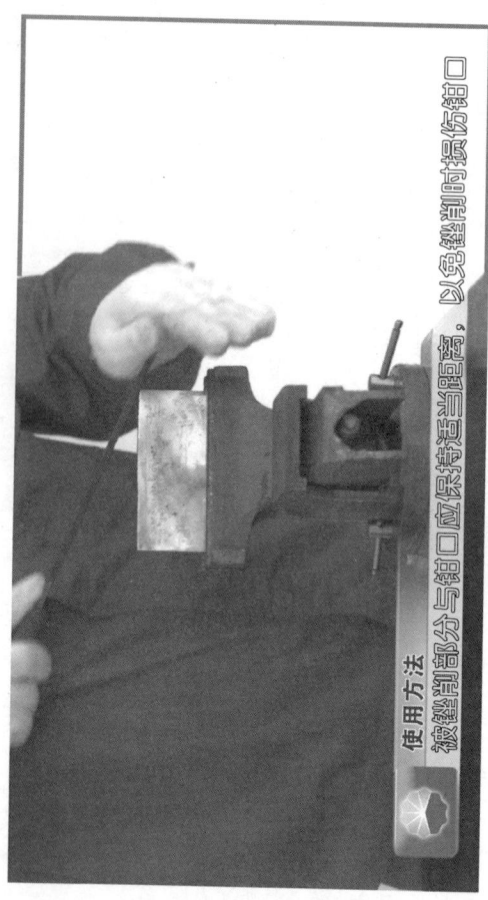

使用方法

被錾削部分与钳口应保持适当距离，以免錾削时损伤钳口

（5）需要敲打工件时，应将工件放在砧座上，进行敲打。

采油工常用管工工具的使用（夹持类）

使用方法
应将工件放在钳座上

普通台虎钳

使用方法
进行敲打

采油工常用管工工具的使用（夹持类）

(6) 使用完毕后，应擦拭干净。

4. 使用中的注意事项

(1) 严禁使用加力装置旋紧手柄。

使用中的注意事项
(1) 严禁使用加力装置旋紧手柄

(2) 严禁在活动钳身上敲击作业。

管子台虎钳

管子台虎钳是用于夹持金属或非金属管件，进行铰制螺纹、切断或其他加工的手工工具。按其承载能力及重量分为普通型和加重型。常用管子台虎钳规格有 2#（90mm）、3#（110mm）。

采油工常用管工工具的使用（夹持类）

管子台虎钳
进行锯割制螺纹、切断或其他加工的手工具

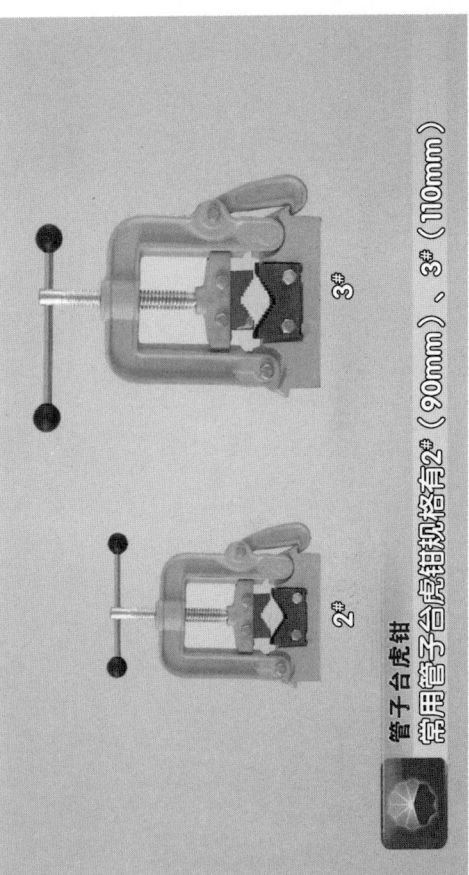

管子台虎钳

常用管子台虎钳规格有2#(90mm)、3#(110mm)

1. 参考标准

QB/T 2211—1996《管子台虎钳》

2. 结构组成

管子台虎钳主要由钳座、支架、丝杠、手柄、导板、上牙板、下牙板、钩子等组成。

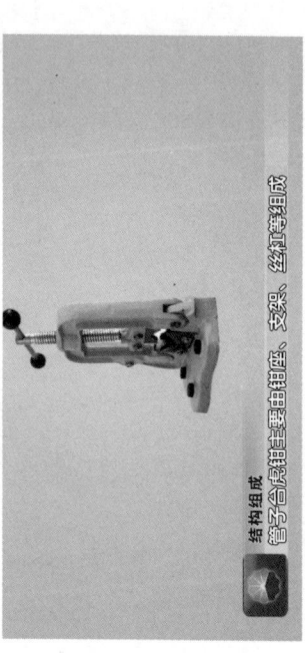

结构组成
管子台虎钳主要由钳座、支架、丝杠等组成

3. 使用方法

（1）检查管子台虎钳手柄完好无裂纹，丝杠转动灵活，支架完好活动自如，钩子外观完好，灵活好用，上下牙块无损坏，无油污，检查钳座与三脚架连接牢固。

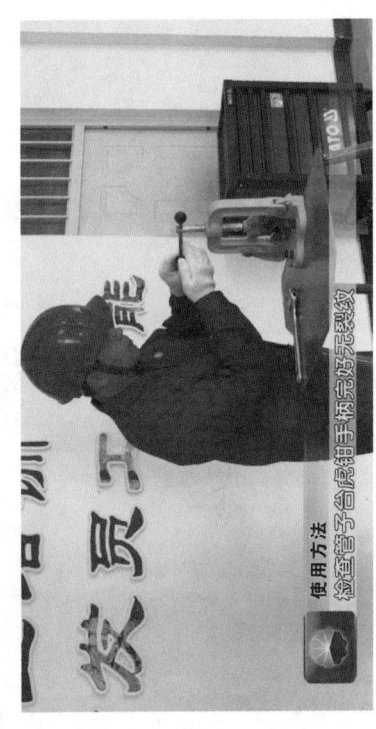

采油工常用管工工具的使用（夹持类）

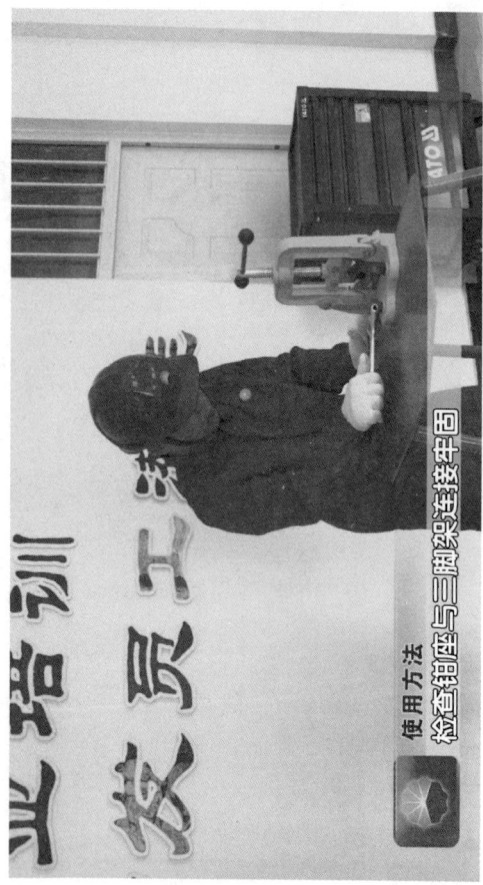

使用方法
检查钳座与三脚架连接牢固

管子台虎钳

(2) 使用时逆时针旋转手柄, 使上下牙块张开, 打开钩子和支架。

采油工常用管工工具的使用（夹持类）

使用方法
使上下牙块张开

管子台虎钳

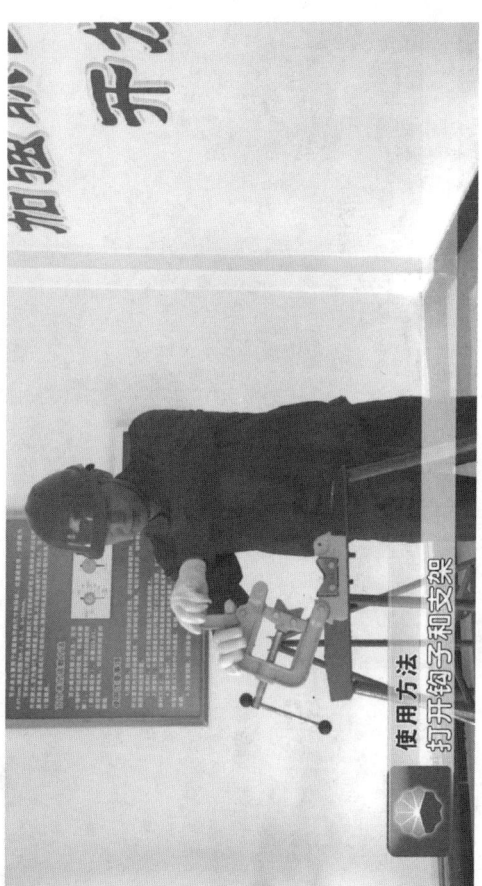

(3)将管件放入下牙块上,合上支架,挂上钩子,顺时针旋紧手柄,夹紧管件,检查管件无松动,进行锯割或铰制螺纹。

管子台虎钳

采油工常用管工工具的使用（夹持类）

管子台虎钳

采油工常用管工工具的使用（夹持类）

使用方法
夹紧管件

(4) 当需要拆装管件时，可将管件一端夹持牢固，另一端用管子钳或扳手进行拆装。

采油工常用管工工具的使用（夹持类）

(5) 使用完毕后，应擦拭干净。

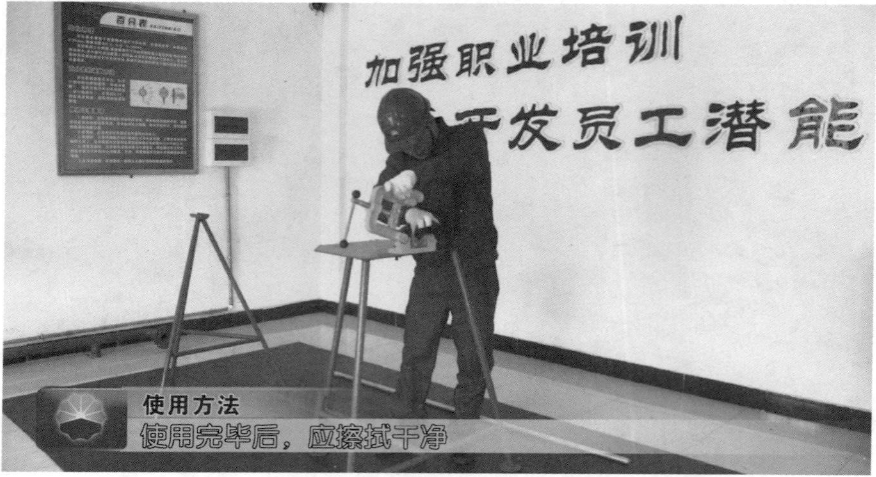

4. 使用中的注意事项

(1) 夹持管件松紧要适度,以防夹扁管件。

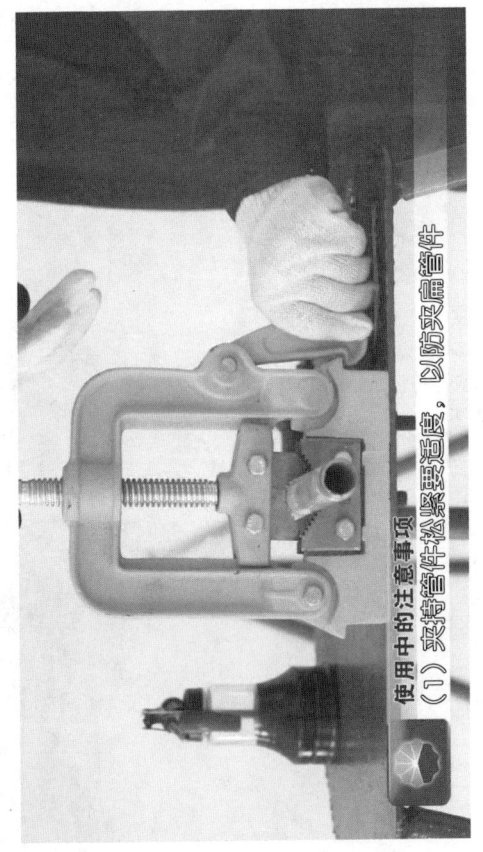

(2) 夹持长管时,管子尾部要用支架支撑。

试 题

一、选择题（不限单选）

1. 普通台虎钳使用时根据操作需要，调整（　）到合适位置固定牢固。

　A. 活动钳口　　　　B. 夹紧手柄

　C. 丝杆　　　　　　D. 回转盘

2. 使用普通台虎钳时，逆时针旋转手柄，使（　）与活动钳口张开，将工件放入夹持牢固。

　A. 夹紧手柄　　　　B. 固定钳身

　C. 固定钳口　　　　D. 活动钳身

3. 使用普通台虎钳锉削工件时，将工件夹持牢固，被锉削部分与（　）应保持适当距离。

　A. 钳身　　　　　　B. 钳口

　C. 砧座　　　　　　D. 手柄

4. 使用普通台虎钳敲打工件时，应将工件放在（　）上进行敲打。

　　A. 操作台　　　　　B. 固定座

　　C. 砧座　　　　　　D. 钳口

5. 管子台虎钳按其承载能力及重量分为普通型和（　）。

　　A. 特殊型　　　　　B. 轻型

　　C. 重型　　　　　　D. 加重型

6. 管子台虎钳是用于（　）金属或非金属管件，进行铰制螺纹、切断或其他加工的手工工具。

　　A. 安装　　　　　　B. 拆卸

　　C. 转动　　　　　　D. 夹持

7. 台虎钳分为回转式和（　）两种。

　　A. 移动式　　　　　B. 固定式

　　C. 分体式　　　　　D. 组合式

8. 管子台虎钳也称压力钳，其型号是按（　）划分的。

　　A. 管子台虎钳重量

B. 管子台虎钳大小

C. 夹持管子的最大承受压力

D. 夹持管子的最大外径

二、判断题

1. 普通台虎钳是用来夹持工件进行锯、锉、錾以及零件的装配和拆卸的通用夹具。（ ）

2. 使用普通台虎钳时，保证工件夹持牢固，应用加力装置旋紧手柄。（ ）

3. 使用管子台虎钳夹持长管时，管子中部要用支架支撑。（ ）

4. 使用普通台虎钳时，严禁在活动钳身上敲击作业。（ ）

试题参考答案

一、选择题

题号	1	2	3	4	5	6	7	8
答案	D	C	B	C	D	D	B	D

二、判断题

题号	1	2	3	4
答案	√	×	×	√

《工具、用具、量具使用》

分册序号	分册书名
1	采油工常用扳手的使用
2	采油工常用手钳的使用
3	采油工常用电工仪表的使用
4	采油工常用量具的使用
5	采油工常用管工工具的使用(管螺纹铰板)
6	采油工常用管工工具的使用(管子钳)
7	采油工常用管工工具的使用(切割类)
8	采油工常用管工工具的使用(夹持类)
9	采油工常用锤击工具的使用
10	采油工常用电动钻孔工具的使用
11	采油工常用举升、顶拔工具的使用

采油工安全生产标准化操作丛书

中国石油人事部
中国石油勘探与生产分公司 编

工具、用具、量具使用 9

采油工常用锤击工具的使用

石油工业出版社

图书在版编目（CIP）数据

工具、用具、量具使用 / 中国石油人事部，中国石油勘探与生产分公司编 .—北京：石油工业出版社，2019.5

（采油工安全生产标准化操作丛书）

ISBN 978-7-5183-3248-9

Ⅰ.①工… Ⅱ.①中… ②中… Ⅲ.①石油开采 - 工具 - 使用方法 ②石油开采 - 量具 - 使用方法 Ⅳ. ① TE35-65

中国版本图书馆 CIP 数据核字（2019）第 050026 号

出版发行：石油工业出版社
（北京安定门外安华里 2 区 1 号楼 100011）
网　址：www.petropub.com
编辑部：（010）64523537
图书营销中心：（010）64523633
经　销：全国新华书店
印　刷：北京中石油彩色印刷有限责任公司

2019 年 5 月第 1 版　2019 年 5 月第 1 次印刷
880×1230 毫米　开本：1/64　印张：13.625
字数：195 千字

定价：165.00 元（全 11 册）
（如出现印装质量问题，我社图书营销中心负责调换）
版权所有，翻印必究

《采油工安全生产标准化操作丛书》编委会

主　　　任：吴　奇

副　主　任：黄　革　　郑新权　　万　军

执行副主任：王渝明　　张守良　　郝庆华

　　　　　　王子云　　张　超　　赵捍军

委员：姜宝山　王　林　　于胜泓　　章卫兵　　董洪亮

　　　王松波　吴景刚　　全海涛　　李亚鹏　　范　猛

　　　王玉琢　杨　东　　吴成龙　　张万福　　杨海波

　　　周　燕　侯继波　　柴方源　　祝汉强　　肖长军

　　　赵　伟　卢盛红　　朱继红　　宋伟光　　尹前进

　　　王海波　袁　月　　王鹏飞　　张　利　　邓　钢

　　　吴文君　高　媛

《工具、用具、量具使用 9 采油工常用锤击工具的使用》 编 委 会

主　编：吴　奇

副主编：邓兆玉　　韩旭龙　　王　研

委　员：丁洪涛　　张春超　　生凤英

　　　　王殿辉　　张　宇　　王大一

　　　　邹宏刚　　刘　昱　　白丽君

　　　　罗　琦　　周恒仓　　王冬艳

　　　　郑　瑜　　吴　笛　　程　亮

开发单位

中国石油天然气股份有限公司勘探与生产分公司

大庆油田有限责任公司人事部(党委组织部)

大庆油田有限责任公司开发部

大庆油田有限责任公司质量安全环保部

大庆油田有限责任公司第二采油厂

大庆油田有限责任公司第四采油厂

大庆油田有限责任公司第六采油厂

大庆油田有限责任公司文化集团

大庆油田有限责任公司人才开发院

大庆油田有限责任公司大庆医学高等专科学校

合作单位

长庆油田分公司

辽河油田分公司

新疆油田分公司

大港油田分公司

华北油田分公司

石油工业出版社

FOREWORD 序

"求木之长者，必固其根本；欲流之远者，必浚其泉源。"2017年，党中央、国务院印发了《新时期产业工人队伍建设改革方案》，明确指出，产业工人是工人阶级中发挥支撑作用的主体力量，是创造社会财富的中坚力量，是创新驱动发展的骨干力量，是实施制造强国战略的有生力量。同时提出，要造就一支有理想守信念、懂技术会创新、敢担当讲奉献的宏大的产业工人队伍。这充分体现了党和国家对产业工人队伍建设的关心支持。

中国石油牢固树立以人为本、质量至上、安全第一、环保优先的理念，坚持施行标准化操作作为保证安全生产、深化精细管理、实现

企业内涵发展的重要支撑。中国石油将提升员工技能水平作为抓好产业工人队伍建设的主攻方向,把标准化操作固化成基层单位和干部职工尤其是新员工的行为准则和工作标准,牢固树立"上标准岗、干标准活"的工作意识和理念,形成人人讲安全、人人会安全、人人都安全的良好局面。

守正笃实,久久为功。提升员工技能操作水平是一项长期而艰巨的任务,完善标准是基础,加强领导是保障,优化执行是根本。这需要大家积极推广标准化操作工作,不断加强和改进操作流程与标准,不断规范与完善标准化操作,引导广大员工全面提升对标准化操作的认知度,全面提升标准化操作执行力,规范本质化安全行为,推进各项工作上水平。

中国石油人事部和中国石油勘探与生产分公司共同组织编写的《采油工安全生产标准化

操作丛书》及配套的视频课件,包含中国石油各油气田单位通用性的140个基本操作,具有开发标准高、内容全面、注重安全风险、应用范围广、培训效果突出等方面优点。相对应的视频课件利用三维动画技术,通过分解、剖切等方式展示常规不可见的设备内部结构,让员工学习起来更加直观,是一套"看得懂、学得会、易掌握"的实用教材,真正做到了将"技术有形化",填补了中国石油安全生产操作培训课件方面的空白,为进一步提升操作员工整体素质提供有力支撑。

目前,跨国公司员工培训已经进入了"互联网+培训"的员工混合式培训阶段,以多终端应用设备为载体,展现多种资源,结合线下培训和社区化学习模式,以网络化应用进行培训评估,实现可规划路径的人才发展优化培训。这套丛书从生产实际出发,以满足需求为导向,

以促进员工养成标准化操作习惯为目标,实践性和针对性都很强。同时,大批专家的参与写作使教材的权威性有了保证。丛书配套的视频课件可以满足石油员工远程移动学习,也可以满足员工单机高清自学和集中学习。这样就形成了三位一体的员工培训模式,逐步迈入员工混合式培训阶段。希望这套丛书的出版发行,能为促进中国石油员工培训工作的深入开展,为促进员工操作技能水平的不断提升,为推动油气主业高质量发展,为实现中国石油建成世界一流综合性国际能源公司作出积极贡献。

中国石油天然气集团有限公司
总经理助理、人事部总经理　刘志华

PREFACE 前言

采油工是油田企业主体关键工种之一,在中国石油操作类员工中占比较大,采油工技能水平的高低,对油田的安全平稳生产起到至关重要的作用。为进一步提高采油工的基本素质和业务技能水平,中国石油人事部和中国石油勘探与生产分公司于2016年联合启动了采油工安全生产标准化操作视频培训课件开发项目,成立了课件编委会,委托大庆油田公司负责课件具体编制工作,并确定长庆、辽河、新疆、大港、华北5家油田公司和石油工业出版社,共同配合大庆油田做好视频培训课件编制工作。

课件开发过程中,大庆油田高度重视,按照"实际、实用、实效"的原则,专门成立了

课件开发工作领导组,组织公司人事部、开发部、安全环保部、第二采油厂、第四采油厂等9个部门和二级单位共同参与,共计抽调了100余名专家参与项目的研发设计。勘探与生产分公司加强过程监督和质量把控,针对开发方案、课件脚本、制作标准、课件样片等内容,按照不同工作节点先后组织三次大的集中审核会议,邀请中国石油各油田行业专家建言献策,为提高课件的通用性和实用性奠定坚实基础。大庆油田按照总体工作要求,历时两年,完成了视频培训课件的编制任务,并同步完成《采油工安全生产标准化操作丛书》的编写工作。本套丛书紧贴油田生产实际,以采油工岗位职责为依据,包含《安全防护用具使用》《工具、用具、量具使用》《采油工艺简介》《抽油机井标准化操作》《电动潜油泵井标准化操作》《电动螺杆泵井标准化操作》《注水井标准化操作》

《计量间标准化操作》《抽油机井生产故障分析与处理》《电动潜油泵井生产故障分析与处理》《电动螺杆泵井生产故障分析与处理》《注水井生产故障分析与处理》《计量间生产故障分析与处理》《现场应急救护》，共 14 种 140 个分册。本套丛书具有突出的实用性和规范性特点，可广泛用于新员工岗前培训、日常岗位练兵、鉴定考前培训、师徒帮带、技能竞赛等学习培训活动。

希望本套丛书能够为各石油企业提供借鉴，为今后采油工岗位培训的扎实有效开展提供有力保障。由于各油田在采油工艺、设备等方面存在差异性，书中难免有不足之处，敬请读者批评指正。

编者
2018 年 8 月

CONTENTS 目录

项目说明 1

参考标准 2

大锤 3

钢锤 15

使用中的注意事项 31

试题 35

试题参考答案 38

项目说明

采油工常用的锤击工具主要有大锤、钢锤，是敲打物体使其移动或变形的工具。

参考标准

DIN 6475—2000《大锤》

GB/T 13473—2008《钢锤通用技术条件》

QB/T 1290.2—2010《钢锤圆头锤》

大 锤

大锤是常用的敲击工具，采油工在维修保养等工作中经常使用。常用大锤规格有 8 lb、10 lb、12 lb、14 lb、16 lb、18 lb。

大锤是常用的敲击工具

采油工常用锤击工具的使用

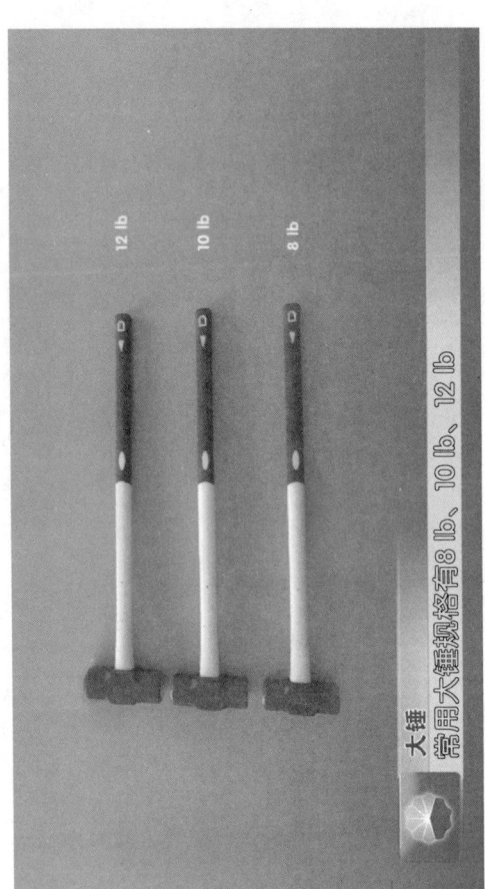

大锤

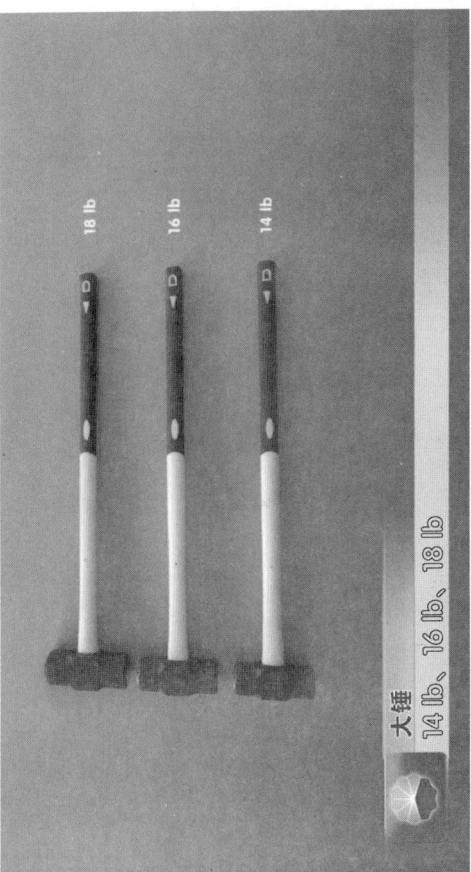

大锤
14 lb、16 lb、18 lb

1. 结构组成

大锤是由锤头、锤柄两部分组成。

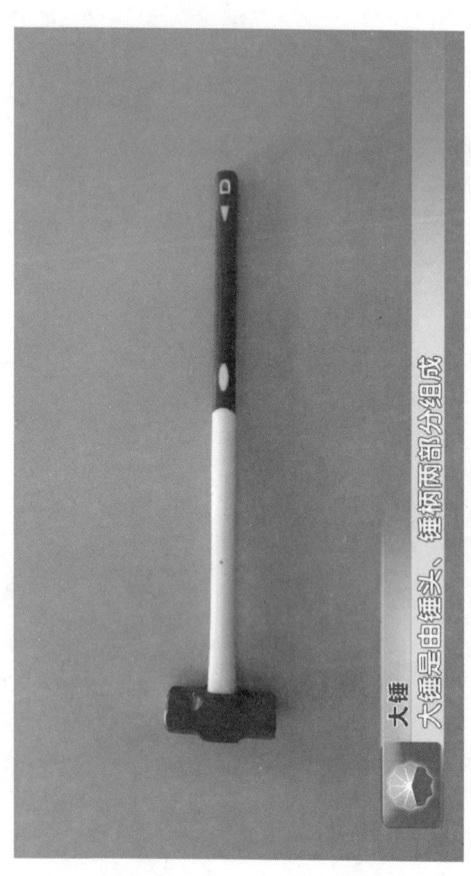

大锤
大锤是由锤头、锤柄两部分组成

2. 使用方法

(1) 使用大锤时,应检查锤柄无裂纹、无损坏及油污,锤头表面无裂纹、无毛刺,锤头与锤柄无松动。

采油工常用锤击工具的使用

（2）佩戴好护目镜，严禁戴手套，观察周围环境，确定锤击范围内无人。

采油工常用锤击工具的使用

（3）固定好被锤击物体，双手握住锤柄，一脚向前呈弓步，挥起大锤对准目标用力锤击，挥锤时保证锤击面与被锤击面垂直。

采油工常用锤击工具的使用

大锤

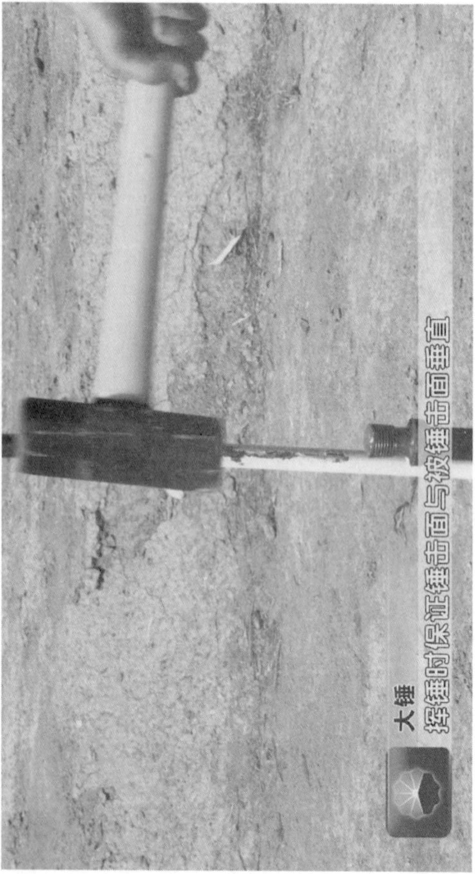

采油工常用锤击工具的使用

大锤

挥锤时保证锤击面与被锤击面垂直

钢 锤

钢锤是一种单手操作工具，常用于锤击、铆接、安装、维修、装配、矫正等工作。钢锤包括圆头锤、羊角锤等。圆头锤常见规格有 0.5 lb、1 lb、1.5 lb、2 lb。

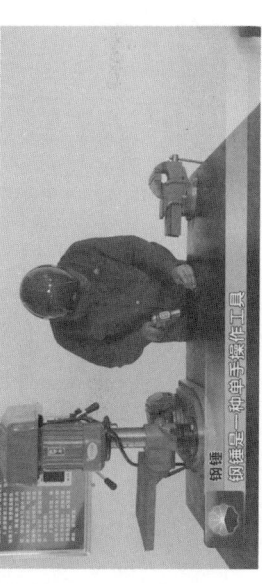

钢锤是一种单手操作工具

采油工常用锤击工具的使用

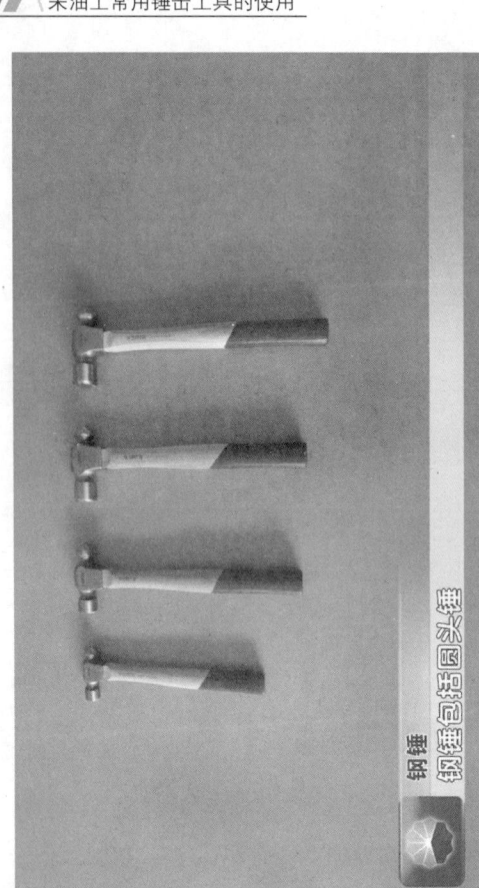

钢锤

采油工常用锤击工具的使用

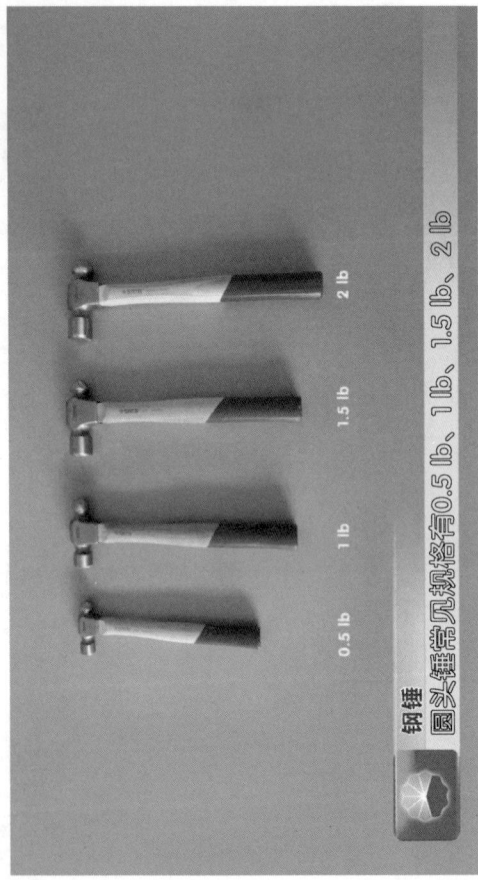

钢锤
圆头锤常见规格有0.5 lb、1 lb、1.5 lb、2 lb

1. 结构组成

圆头锤主要由锤头、锤柄和倒楔组成。

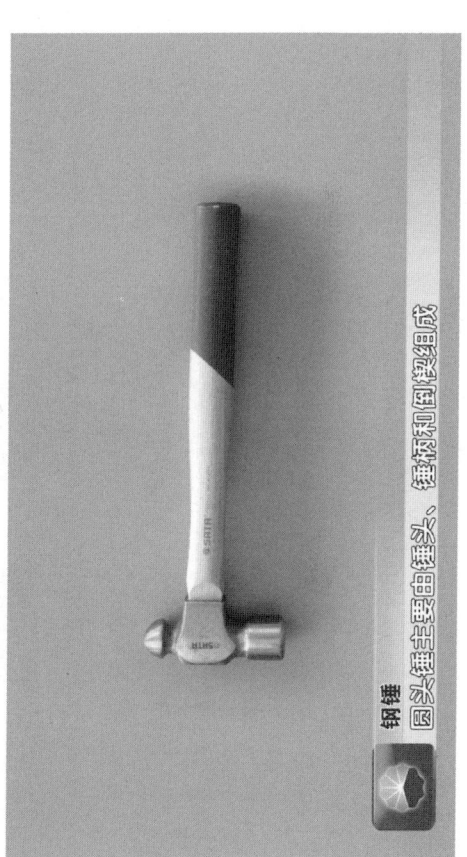

钢锤
圆头锤主要由锤头、锤柄和倒楔组成

2. 使用方法

（1）使用时，应检查锤头表面无裂纹、无毛刺，锤柄无裂纹，锤头与锤柄无松动，倒楔牢固。

采油工常用锤击工具的使用

(2) 佩戴好护目镜，固定好锤击物体，一手紧握锤柄，手腕与手臂一起挥动，将锤头锤击面对准目标，垂直进行锤打。

采油工常用锤击工具的使用

（3）当需要较大的击打力时，宜采用臂挥法。需要较小的击打力时，可采用手挥法。

采油工常用锤击工具的使用

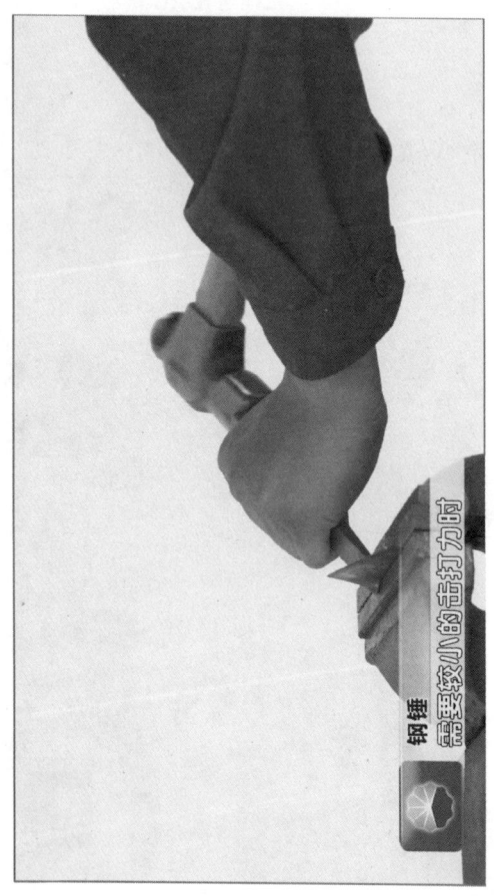

- 28 -

钢锤

钢锤可以用手握紧

采油工常用锤击工具的使用

（4）锤击工具使用完毕后应擦拭干净。

使用中的注意事项

(1) 使用大锤时,严禁戴手套,防止滑脱伤人。

采油工常用锤击工具的使用

(2) 锤头锤击面严禁淬火。

使用中的注意事项

(2) 锤头锤击面严禁淬火

(3) 倒楔如出现松动或外窜时，应修复后再使用。

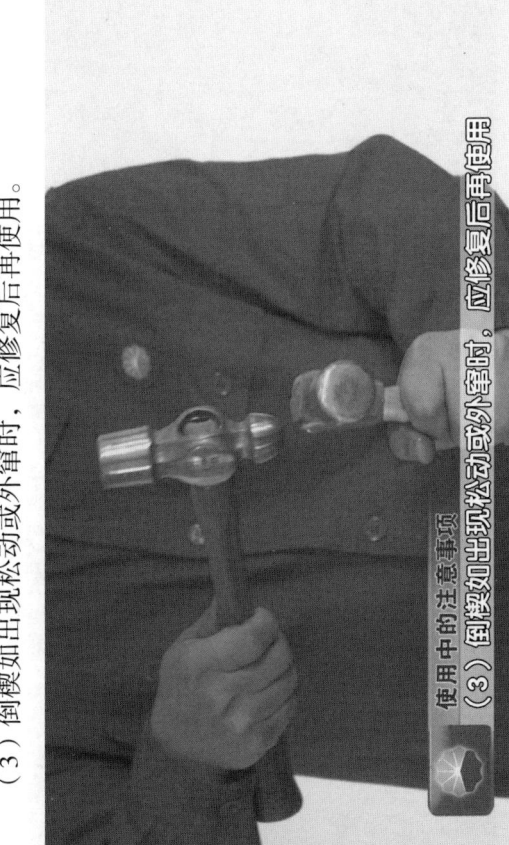

使用中的注意事项
(3) 倒楔如出现松动或外窜时，应修复后再使用

采油工常用锤击工具的使用

(4) 锤击时,被锤击面应平整完好。

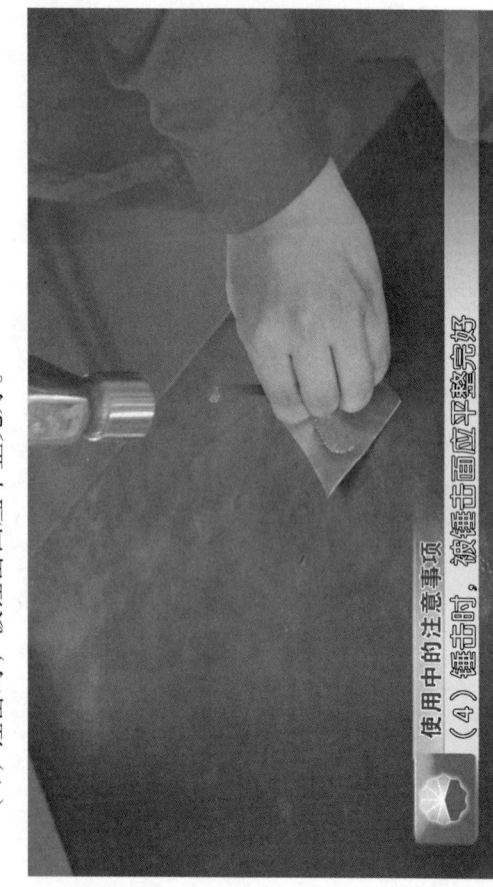

使用中的注意事项
(4) 锤击时,被锤击面应平整完好

试 题

一、选择题（不限单选）

1. 大锤是敲打物体使其（　）或变形的常用锤击工具。

   A. 破碎　　　　　B. 损坏
   C. 转动　　　　　D. 移动

2. 大锤或手锤的规格一般以 lb（磅）或（　）为单位。

   A. kg（千克）　　B. g（克）
   C. J（焦耳）　　　D. N（牛顿）

3. 使用圆头锤时，应检查锤头表面无裂纹、无毛刺，锤柄无裂纹，（　）牢固，锤头与锤柄无松动。

   A. 锤头　　　　　B. 锤柄
   C. 锤身　　　　　D. 倒楔

4.使用锤击工具时,必须戴好( )。

A.防护手套　　　　　B.防噪声耳塞

C.护目镜　　　　　　D.防护口罩

5.使用钢锤需要较小的击打力时,宜采用( )法。

A.腰挥　　　　　　　B.臂挥

C.肘挥　　　　　　　D.手挥

6.使用钢锤需要较大的击打力时,宜采用( )法。

A.腰挥　　　　　　　B.臂挥

C.肘挥　　　　　　　D.手挥

7.12lb 大锤重量约等于( )kg。

A.5.445　　　　　　　B.5.448

C.5.452　　　　　　　D.5.454

二、判断题

1.使用大锤时,应检查锤柄无裂纹、无损坏及油污,锤头表面无裂纹、无毛刺,锤头与

锤柄无松动。（ ）

2. 圆头锤使用时，佩戴好护目镜，固定好锤击物体，一手紧握锤柄，用锤头锤击面垂直进行锤打。（ ）

3. 使用大锤时应戴防护手套，用力不可过猛，防止滑脱伤人。（ ）

4. 使用钢锤时，倒楔如出现松动或外窜时用力不可过猛。（ ）

5. 锤头锤击面严禁淬火。（ ）

试题参考答案

一、选择题

题号	1	2	3	4	5	6	7
答案	D	A	D	C	D	B	B

二、判断题

题号	1	2	3	4	5
答案	√	√	×	×	√

《工具、用具、量具使用》

分册序号	分册书名
1	采油工常用扳手的使用
2	采油工常用手钳的使用
3	采油工常用电工仪表的使用
4	采油工常用量具的使用
5	采油工常用管工工具的使用(管螺纹铰板)
6	采油工常用管工工具的使用(管子钳)
7	采油工常用管工工具的使用(切割类)
8	采油工常用管工工具的使用(夹持类)
9	采油工常用锤击工具的使用
10	采油工常用电动钻孔工具的使用
11	采油工常用举升、顶拔工具的使用

采油工安全生产标准化操作丛书

中国石油人事部
中国石油勘探与生产分公司 编

工具、用具、量具使用 10

采油工常用电动钻孔工具的使用

石油工业出版社

图书在版编目（CIP）数据

工具、用具、量具使用 / 中国石油人事部，中国石油勘探与生产分公司编 .—北京：石油工业出版社，2019.5

（采油工安全生产标准化操作丛书）

ISBN 978-7-5183-3248-9

Ⅰ.①工… Ⅱ.①中… ②中… Ⅲ.①石油开采 - 工具 - 使用方法 ②石油开采 - 量具 - 使用方法 Ⅳ. ① TE35-65

中国版本图书馆 CIP 数据核字（2019）第 050026 号

出版发行：石油工业出版社
　　　　　（北京安定门外安华里 2 区 1 号楼 100011）
　　　　　网　　址：www.petropub.com
　　　　　编辑部：（010）64523537
　　　　　图书营销中心：（010）64523633
经　销：全国新华书店
印　刷：北京中石油彩色印刷有限责任公司

2019 年 5 月第 1 版　2019 年 5 月第 1 次印刷
880×1230 毫米　开本：1/64　印张：13.625
字数：195 千字

定价：165.00 元（全 11 册）
（如出现印装质量问题，我社图书营销中心负责调换）
版权所有，翻印必究

《采油工安全生产标准化操作丛书》编委会

主　　　　任：吴　奇
副　主　任：黄　革　　郑新权　　万　军
执行副主任：王渝明　　张守良　　郝庆华
　　　　　　王子云　　张　超　　赵捍军
委员：姜宝山　王　林　于胜泓　章卫兵　董洪亮
　　　王松波　吴景刚　全海涛　李亚鹏　范　猛
　　　王玉琢　杨　东　吴成龙　张万福　杨海波
　　　周　燕　侯继波　柴方源　祝汉强　肖长军
　　　赵　伟　卢盛红　朱继红　宋伟光　尹前进
　　　王海波　袁　月　王鹏飞　张　利　邓　钢
　　　吴文君　高　媛

《工具、用具、量具使用 10 采油工常用电动钻孔工具的使用》编委会

主　编：吴　奇

副主编：王冬艳　张云辉　熊　伟

委　员：丁洪涛　张春超　郑　瑜

　　　　吴　笛　程　亮　白丽君

　　　　谭洪彬　罗　琦　周恒仓

　　　　王大一　付希庆　生凤英

　　　　王殿辉　于子祥　王惠玲

开发单位

中国石油天然气股份有限公司勘探与生产分公司

大庆油田有限责任公司人事部(党委组织部)

大庆油田有限责任公司开发部

大庆油田有限责任公司质量安全环保部

大庆油田有限责任公司第二采油厂

大庆油田有限责任公司第四采油厂

大庆油田有限责任公司第六采油厂

大庆油田有限责任公司文化集团

大庆油田有限责任公司人才开发院

大庆油田有限责任公司大庆医学高等专科学校

合作单位

长庆油田分公司

辽河油田分公司

新疆油田分公司

大港油田分公司

华北油田分公司

石油工业出版社

FOREWORD 序

"求木之长者，必固其根本；欲流之远者，必浚其泉源。"2017年，党中央、国务院印发了《新时期产业工人队伍建设改革方案》，明确指出，产业工人是工人阶级中发挥支撑作用的主体力量，是创造社会财富的中坚力量，是创新驱动发展的骨干力量，是实施制造强国战略的有生力量。同时提出，要造就一支有理想守信念、懂技术会创新、敢担当讲奉献的宏大的产业工人队伍。这充分体现了党和国家对产业工人队伍建设的关心支持。

中国石油牢固树立以人为本、质量至上、安全第一、环保优先的理念，坚持施行标准化操作作为保证安全生产、深化精细管理、实现

企业内涵发展的重要支撑。中国石油将提升员工技能水平作为抓好产业工人队伍建设的主攻方向,把标准化操作固化成基层单位和干部职工尤其是新员工的行为准则和工作标准,牢固树立"上标准岗、干标准活"的工作意识和理念,形成人人讲安全、人人会安全、人人都安全的良好局面。

守正笃实,久久为功。提升员工技能操作水平是一项长期而艰巨的任务,完善标准是基础,加强领导是保障,优化执行是根本。这需要大家积极推广标准化操作工作,不断加强和改进操作流程与标准,不断规范与完善标准化操作,引导广大员工全面提升对标准化操作的认知度,全面提升标准化操作执行力,规范本质化安全行为,推进各项工作上水平。

中国石油人事部和中国石油勘探与生产分公司共同组织编写的《采油工安全生产标准化

操作丛书》及配套的视频课件,包含中国石油各油气田单位通用性的140个基本操作,具有开发标准高、内容全面、注重安全风险、应用范围广、培训效果突出等方面优点。相对应的视频课件利用三维动画技术,通过分解、剖切等方式展示常规不可见的设备内部结构,让员工学习起来更加直观,是一套"看得懂、学得会、易掌握"的实用教材,真正做到了将"技术有形化",填补了中国石油安全生产操作培训课件方面的空白,为进一步提升操作员工整体素质提供有力支撑。

目前,跨国公司员工培训已经进入了"互联网+培训"的员工混合式培训阶段,以多终端应用设备为载体,展现多种资源,结合线下培训和社区化学习模式,以网络化应用进行培训评估,实现可规划路径的人才发展优化培训。这套丛书从生产实际出发,以满足需求为导向,

以促进员工养成标准化操作习惯为目标,实践性和针对性都很强。同时,大批专家的参与写作使教材的权威性有了保证。丛书配套的视频课件可以满足石油员工远程移动学习,也可以满足员工单机高清自学和集中学习。这样就形成了三位一体的员工培训模式,逐步迈入员工混合式培训阶段。希望这套丛书的出版发行,能为促进中国石油员工培训工作的深入开展,为促进员工操作技能水平的不断提升,为推动油气主业高质量发展,为实现中国石油建成世界一流综合性国际能源公司作出积极贡献。

中国石油天然气集团有限公司
总经理助理、人事部总经理

PREFACE 前言

采油工是油田企业主体关键工种之一,在中国石油操作类员工中占比较大,采油工技能水平的高低,对油田的安全平稳生产起到至关重要的作用。为进一步提高采油工的基本素质和业务技能水平,中国石油人事部和中国石油勘探与生产分公司于2016年联合启动了采油工安全生产标准化操作视频培训课件开发项目,成立了课件编委会,委托大庆油田公司负责课件具体编制工作,并确定长庆、辽河、新疆、大港、华北5家油田公司和石油工业出版社,共同配合大庆油田做好视频培训课件编制工作。

课件开发过程中,大庆油田高度重视,按照"实际、实用、实效"的原则,专门成立了

课件开发工作领导组,组织公司人事部、开发部、安全环保部、第二采油厂、第四采油厂等9个部门和二级单位共同参与,共计抽调了100余名专家参与项目的研发设计。勘探与生产分公司加强过程监督和质量把控,针对开发方案、课件脚本、制作标准、课件样片等内容,按照不同工作节点先后组织三次大的集中审核会议,邀请中国石油各油田行业专家建言献策,为提高课件的通用性和实用性奠定坚实基础。大庆油田按照总体工作要求,历时两年,完成了视频培训课件的编制任务,并同步完成《采油工安全生产标准化操作丛书》的编写工作。本套丛书紧贴油田生产实际,以采油工岗位职责为依据,包含《安全防护用具使用》《工具、用具、量具使用》《采油工艺简介》《抽油机井标准化操作》《电动潜油泵井标准化操作》《电动螺杆泵井标准化操作》《注水井标准化操作》

《计量间标准化操作》《抽油机井生产故障分析与处理》《电动潜油泵井生产故障分析与处理》《电动螺杆泵井生产故障分析与处理》《注水井生产故障分析与处理》《计量间生产故障分析与处理》《现场应急救护》，共 14 种 140 个分册。本套丛书具有突出的实用性和规范性特点，可广泛用于新员工岗前培训、日常岗位练兵、鉴定考前培训、师徒帮带、技能竞赛等学习培训活动。

希望本套丛书能够为各石油企业提供借鉴，为今后采油工岗位培训的扎实有效开展提供有力保障。由于各油田在采油工艺、设备等方面存在差异性，书中难免有不足之处，敬请读者批评指正。

编者

2018 年 8 月

CONTENTS 目录

项目说明 1

参考标准 2

手电钻 3

台式钻床 31

使用中的注意事项 76

试题 80

试题参考答案 83

项目说明

电动钻孔工具是利用电能作为动力的钻孔机具,是电动工具中的常规产品。采油工常用的电动钻孔工具主要有手电钻和台式钻床两种。

参考标准

GB/T 5580—2007《电钻》

Q/SY DQ0799—2002《电钻》

JB/T 5245.7—2006《台式钻床精度》

GB/T 6805—1986《台式钻床》

手电钻

手电钻是以交流电源或直流电池电为动力,在金属、木材、塑料等材料上进行钻孔的手持式电动工具。分为普通型电钻、重型电钻、轻型电钻。

手电钻
进行钻孔的手持式电动工具

采油工常用电动钻孔工具的使用

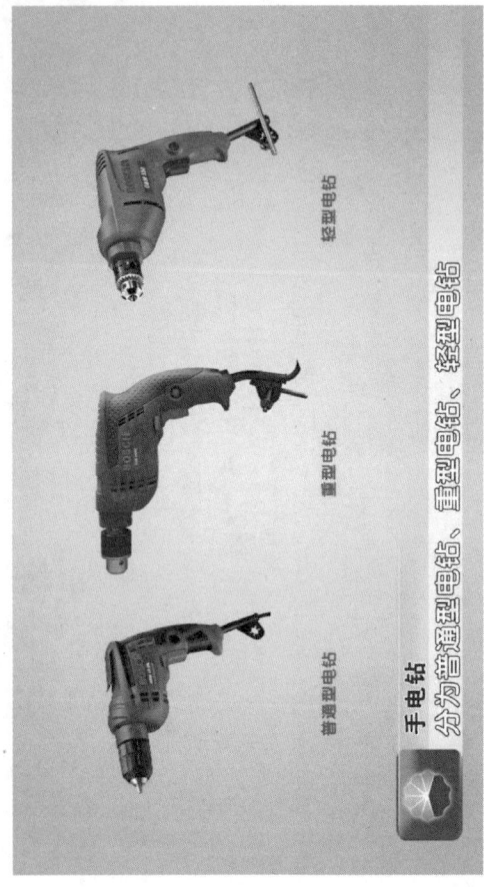

手电钻

分为普通型电钻、重型电钻、轻型电钻

1. 结构组成

手电钻由钻头夹、握把、加力手柄、主机体、插头、配套钻头、正反转调节开关、冲击转换开关、电源线、专用钥匙等组成。

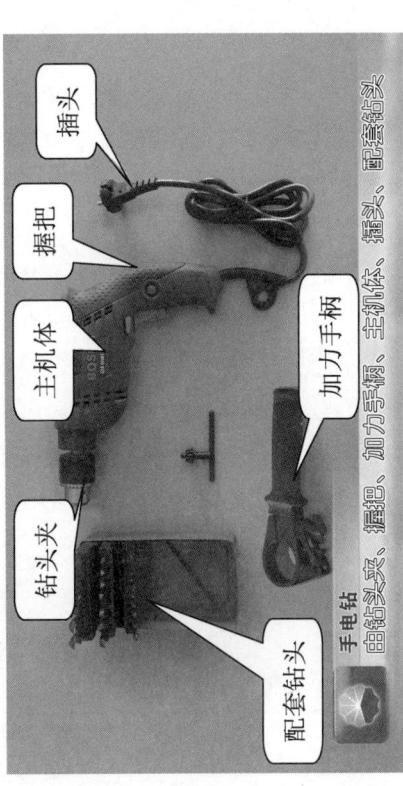

采油工常用电动钻孔工具的使用

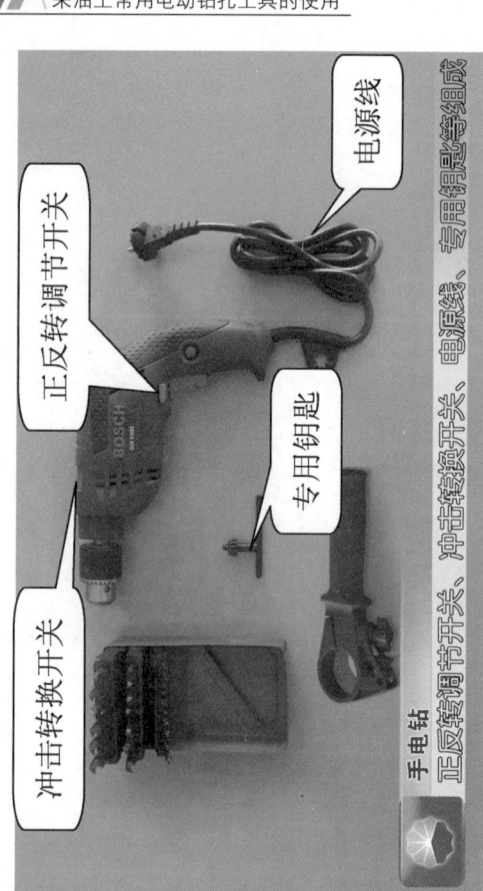

手电钻
正反转调节开关、冲击转换开关、电源线、专用钥匙等组成

2. 使用方法

(1) 检查手电钻外观完好，加力手柄紧固无裂纹，冲击转换开关、启动开关、正反转调节开关灵活好用，钻头夹完好转动灵活，各固定螺栓紧固，无松动，电源线绝缘良好，无破损，插头完好。

使用方法
检查手电钻外观完好

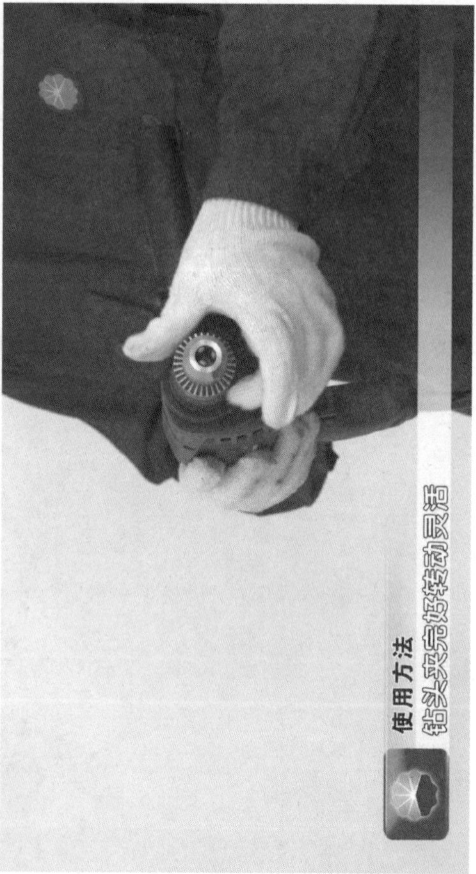

采油工常用电动钻孔工具的使用

使用方法

钻头夹完好转动灵活

(2) 根据所钻孔眼直径选择合适尺寸的钻头,检查钻头完好。

采油工常用电动钻孔工具的使用

（3）旋开钻头夹，将钻头装入三爪中间旋紧钻夹并用专用钥匙拧紧固，紧固时，三个紧固点均需紧牢。

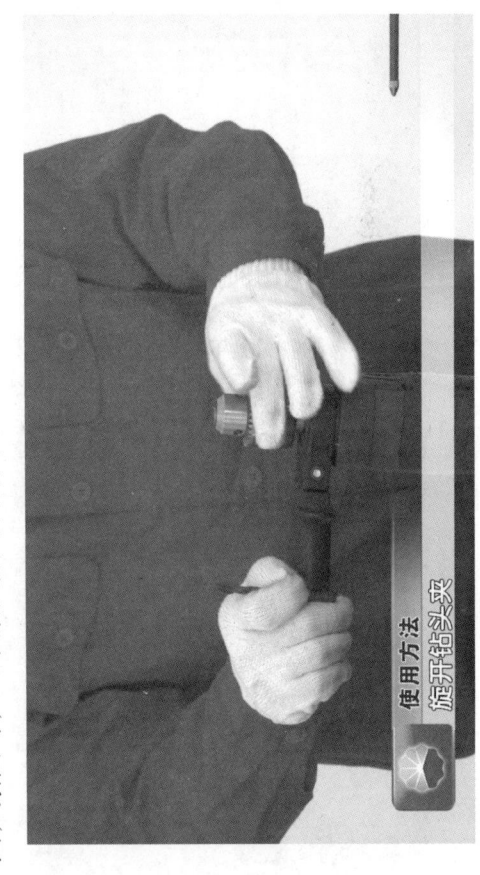

采油工常用电动钻孔工具的使用

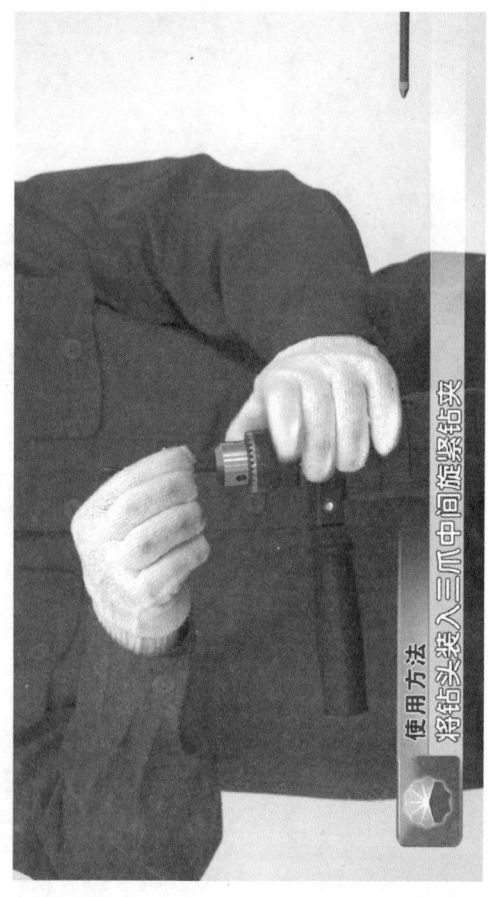

使用方法:将钻头插入三爪中间旋紧钻夹

手电钻

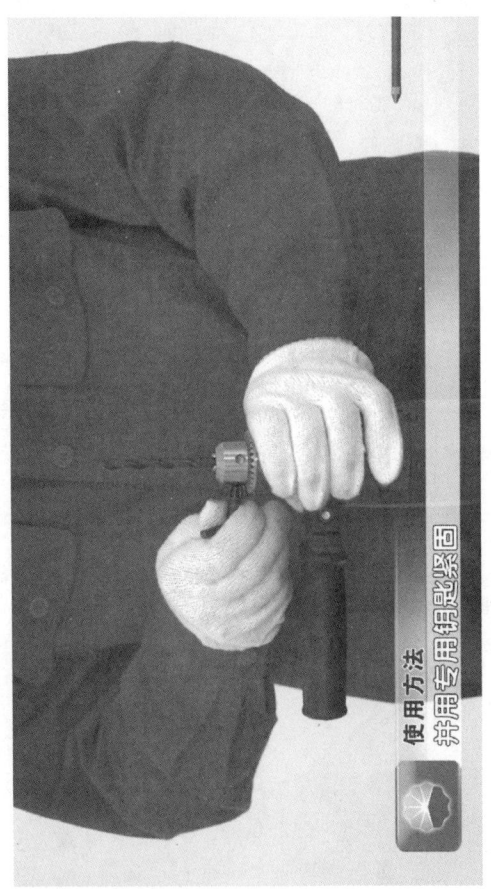

使用方法
并用专用钥匙紧固

(4)戴好护目镜,接通电源,试钻。钻头转动灵活、对中、声音正常。

手电钻

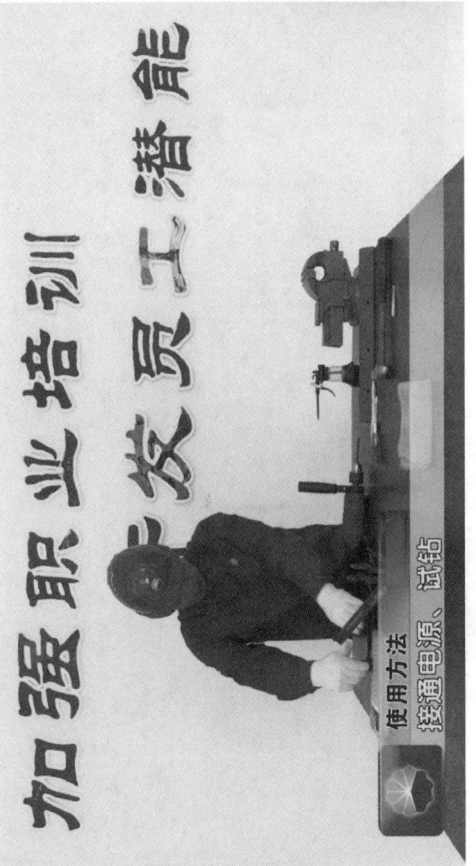

采油工常用电动钻孔工具的使用

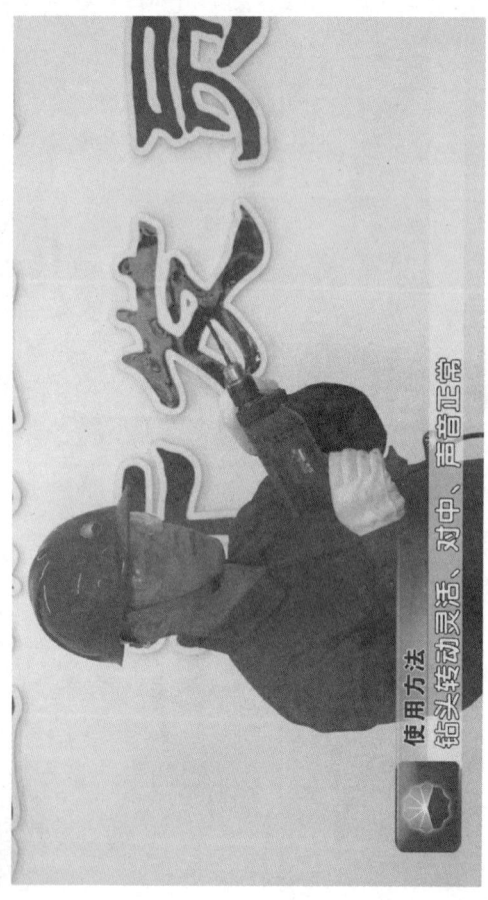

使用方法
钻头转动灵活、对中、声音正常

手电钻

(5) 将工件夹持在普通台虎钳上，工件应夹持牢固。

使用方法：将工件夹持在普通台虎钳上

采油工常用电动钻孔工具的使用

（6）用样冲和手锤在工件的定位线上打出定位坑，防止钻孔时钻头滑脱。

使用方法
用样冲和手锤在工件的定位线上打出定位坑

(7) 钻孔时，双手握紧电钻，使钻头对准定位坑，启动电钻缓慢加压进钻，钻孔过程中应逐渐加大压力，并加注润滑油，以起到冷却润滑作用。快要钻穿时，手的压力要适当减小，钻穿后缓慢抽出钻头再松开启动开关。

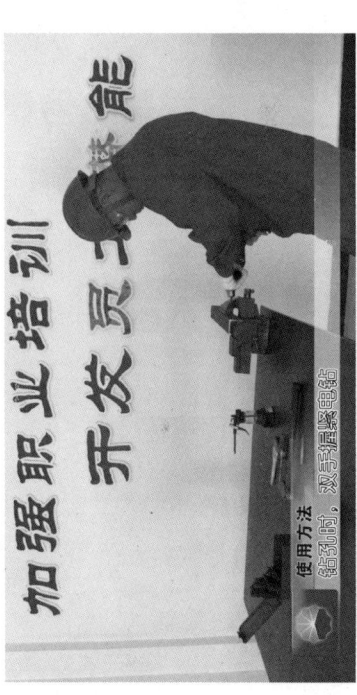

采油工常用电动钻孔工具的使用

使用方法
使钻头尖对准定位坑

手电钻

使用方法
启动电钻缓慢加压进钻

采油工常用电动钻孔工具的使用

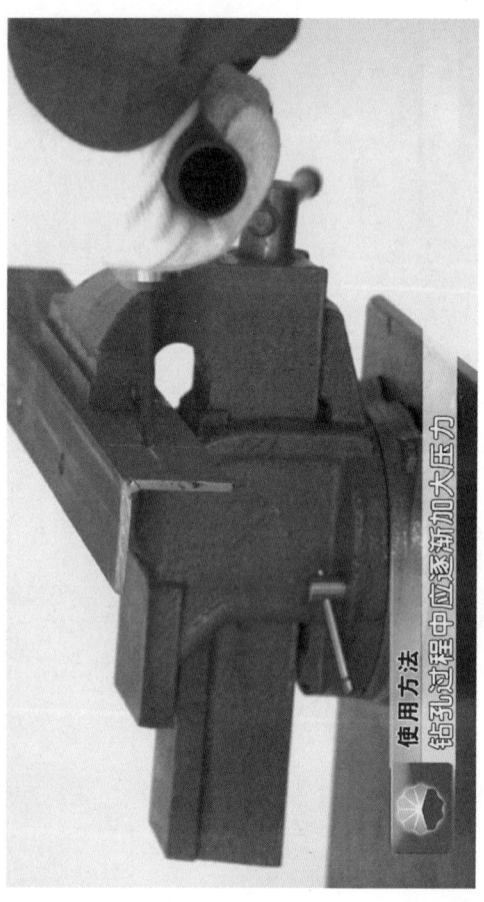

使用方法

钻孔过程中应逐渐加大压力

手电钻

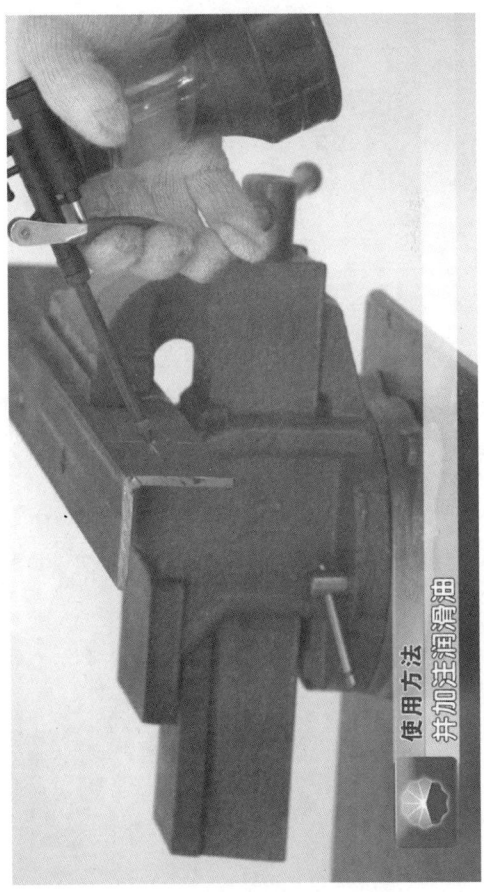

使用方法
并加注润滑油

采油工常用电动钻孔工具的使用

使用方法：快要钻穿时，手的压力要更小些。

采油工常用电动钻孔工具的使用

(8) 钻孔完毕后切断电源,待钻头冷却后,卸下钻头,并清理干净。

(9) 手电钻使用完毕后，应擦拭干净。

(10) 室外设备或较大的工件需要钻孔时，可直接拿手电钻进行钻孔。

使用方法
可直接拿手电钻进行钻孔

(11) 需要使用手电钻的冲击功能时,应先将冲击转换开关调到冲击挡位,并与冲击钻头配合使用,对混凝土墙进行钻孔作业。

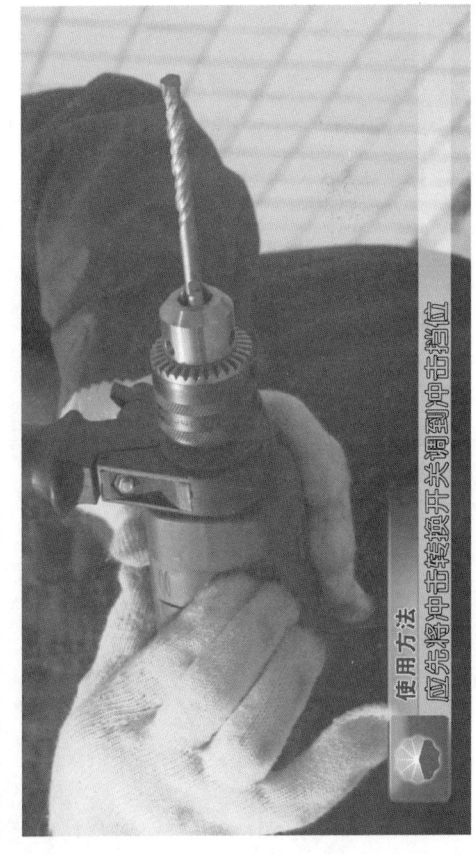

使用方法
应先将冲击转换开关调到冲击挡位

采油工常用电动钻孔工具的使用

台式钻床

台式钻床是用于钻孔和扩孔,主要钻、扩小型零件上直径小于13mm的孔。常用的台式钻床规格有ZQ4120、Z4125。

台式钻床
台式钻床是用于钻孔和扩孔

采油工常用电动钻孔工具的使用

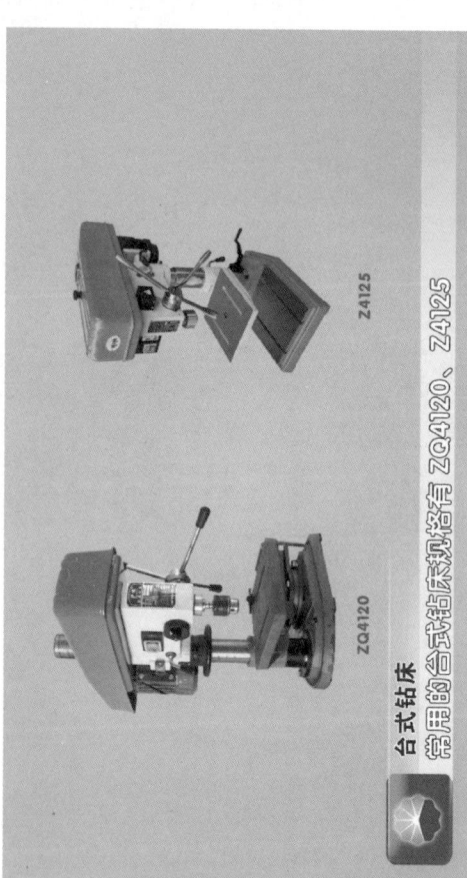

台式钻床

常用的台式钻床机型有 ZQ4120、Z4125

— 32 —

1. 结构组成

台式钻床主要由电动机、立柱、工作台、机用虎钳、带罩、主轴箱、主轴头、钻夹、锁紧装置、手柄、配套钻头及专用钥匙等组成。

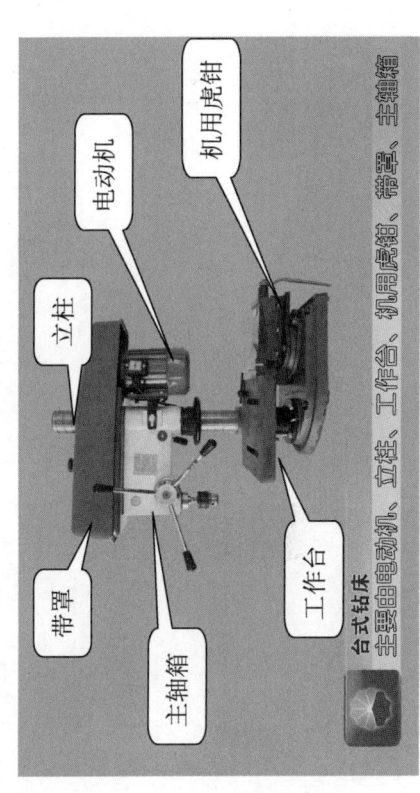

台式钻床
主要由电动机、立柱、工作台、机用虎钳、带罩、主轴箱

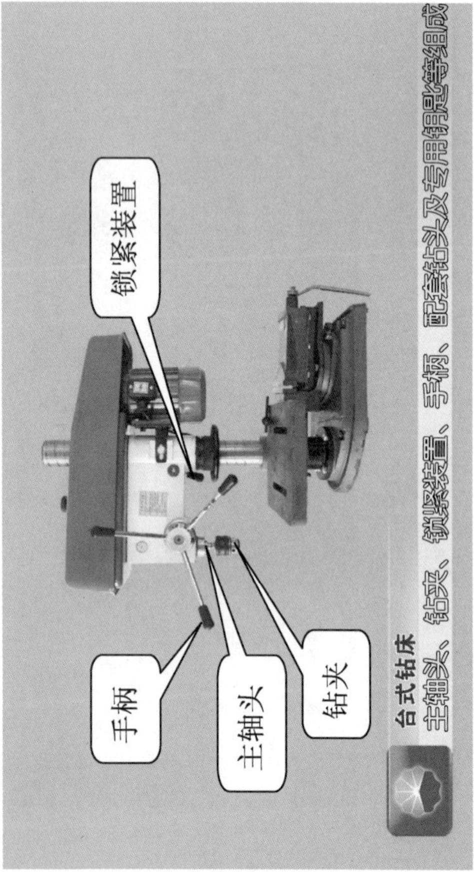

采油工常用电动钻孔工具的使用

台式钻床
主轴头、钻夹、锁紧装置、手柄、配套钻头及专用限速带组成

2. 使用方法

（1）检查钻床平台紧固、各部螺栓紧固、防护装置紧固，手柄、主轴头、钻夹转动灵活好用，工作台转动灵活、锁紧手柄锁紧牢固，主机体转动灵活、锁紧装置锁紧牢固，电源线无破损，插头绝缘、接地良好。

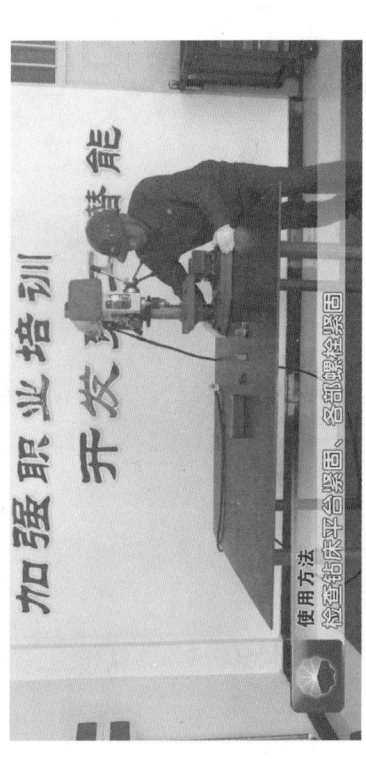

使用方法
检查钻床平台紧固、各部螺栓紧固

采油工常用电动钻孔工具的使用

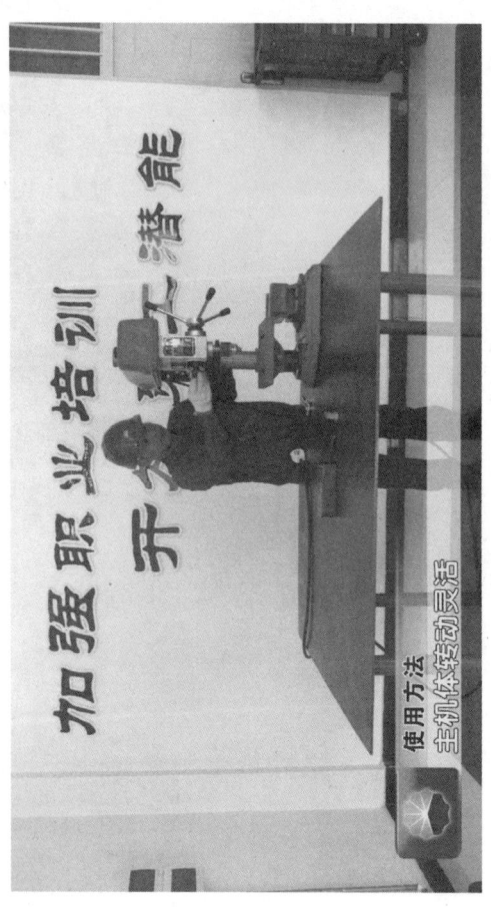

使用方法
主机保转动灵活

(2) 工件需要固定时将工作台转向一侧并锁紧，被钻工件放在机用虎钳上，用专用手柄锁紧虎钳，将工件夹持牢固。

采油工常用电动钻孔工具的使用

使用方法
被钻工件放在机用虎钳上

台式钻床

使用方法
用号用手柄锁紧虎钳

（3）根据所钻孔眼直径选择规格合适的钻头，检查钻头完好。将钻头放入钻夹中，逆时针旋紧钻夹并用专用钥匙紧固，紧固时三个紧固点均需紧牢。

使用方法
根据所钻孔眼直径选择机器合适的钻头

台式钻床

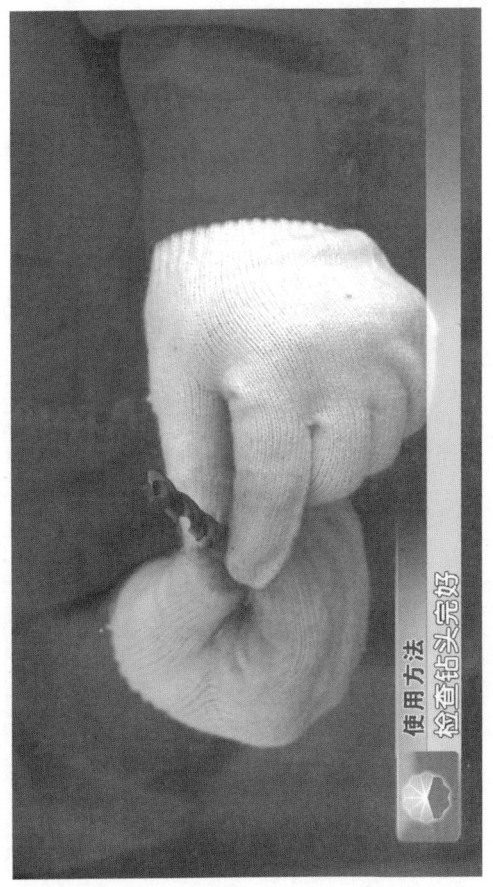

使用方法
检查钻头是否好

采油工常用电动钻孔工具的使用

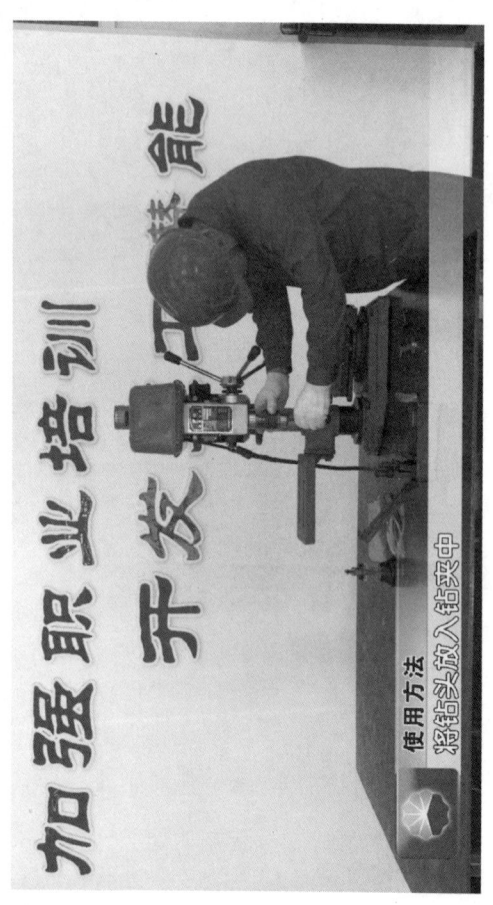

使用方法
将钻头放入钻卡中

台式钻床

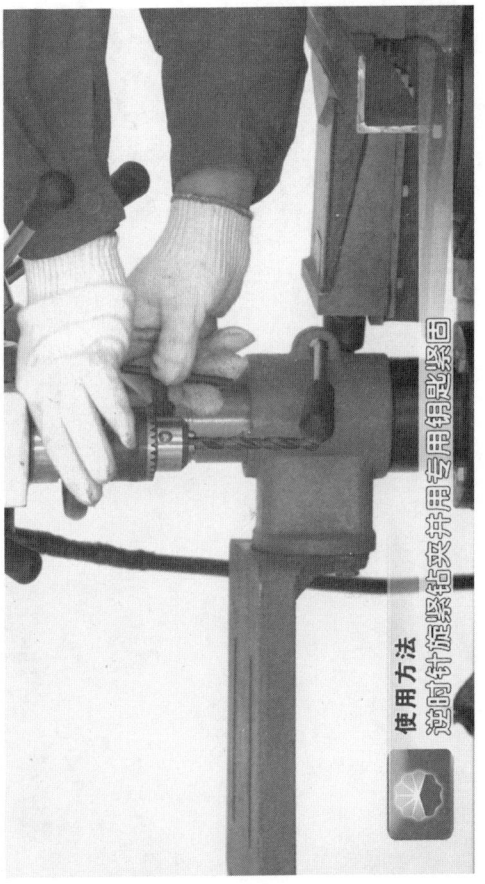

使用方法
逆时针旋紧钻夹头并用专用扳手旋紧固

采油工常用电动钻孔工具的使用

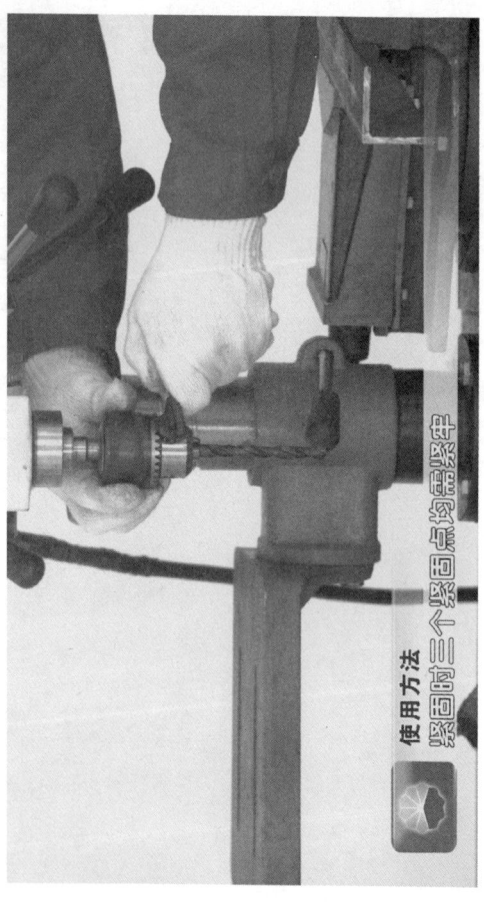

使用方法
紧固时三个紧固点均需紧固

台式钻床

(4) 调整主机体和机用虎钳的角度,使钻头尖尖对准工件的定位线中心,紧固机用虎钳锁紧手柄,紧固锁紧装置锁紧手柄。

— 45 —

采油工常用电动钻孔工具的使用

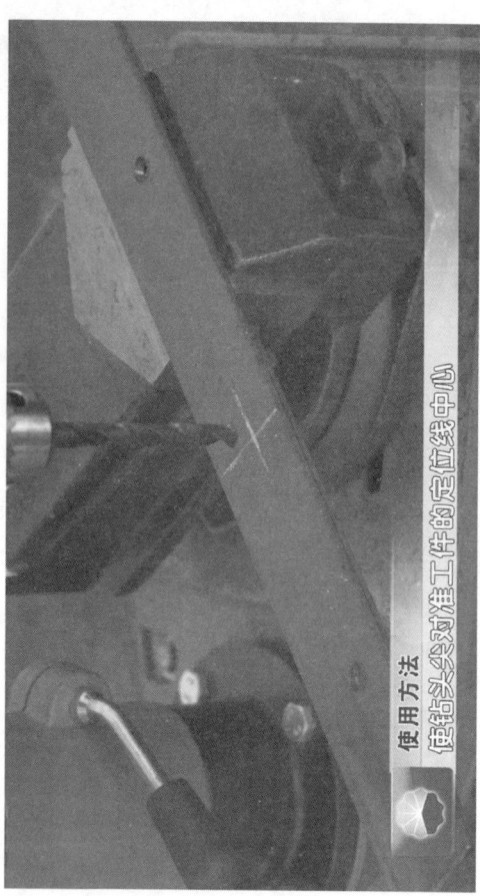

使用方法
使钻头尖对准工件的定位线中心

台式钻床

采油工常用电动钻孔工具的使用

（5）接通电源，戴好护目镜，按启动按钮，手扶手柄使钻头尖对准工件的定位线中心位置，手动进钻逐渐增压，钻孔过程中要加润滑油。

采油工常用电动钻孔工具的使用

台式钻床

采油工常用电动钻孔工具的使用

使用方法

手铣导杆使钻头尖对准工件的定位线中心位置

台式钻床

使用方法
钻孔过程中要加润滑油

采油工常用电动钻孔工具的使用

(6) 钻头快要钻透工件时,要轻施压力以免折断钻头损坏设备或发生事故,钻透后手扶手柄缓缓退出钻头。

使用方法 钻头快要钻透工件时

台式钻床

使用方法
要轻施压力以免折断钻头损坏设备或发生事故

采油工常用电动钻孔工具的使用

使用方法

钻透后手扶手柄缓缓退出钻头

台式钻床

(7) 钻孔完毕后按停止按钮,松开锁紧装置锁紧手柄,转动主机体移开钻头用毛刷清理工件上的铁屑。断开电源,整理电源线。待钻头和工件冷却后,打开虎钳,卸下工件,用专用钥匙打开钻夹,顺时针卸松钻夹,取下钻头。

采油工常用电动钻孔工具的使用

台式钻床

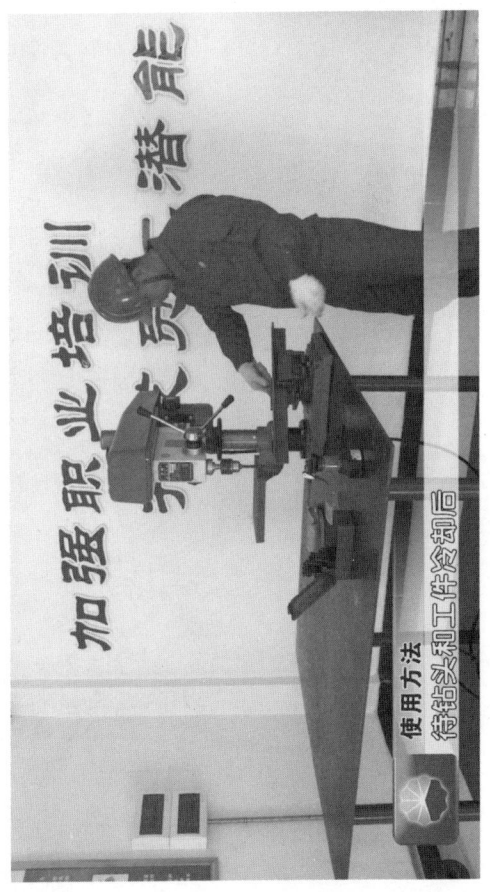

采油工常用电动钻孔工具的使用

台式钻床

采油工常用电动钻孔工具的使用

台式钻床

（8）工件不需要固定时调整工作台到合适位置，并锁紧锁紧手柄，把工件摆放到工作台上，安装钻头，根据工件厚度大小调整升降手轮，移动主轴头增加主轴头与工作台的间距，调整主机体使钻头尖对准定位线中心，锁紧装置锁紧。

台式钻床

使用方法
开动钻机钻紧手柄

采油工常用电动钻孔工具的使用

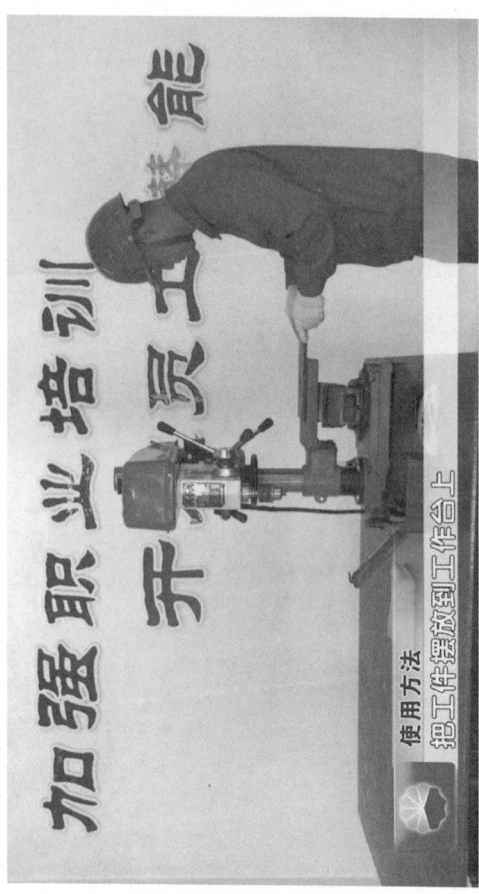

台式钻床

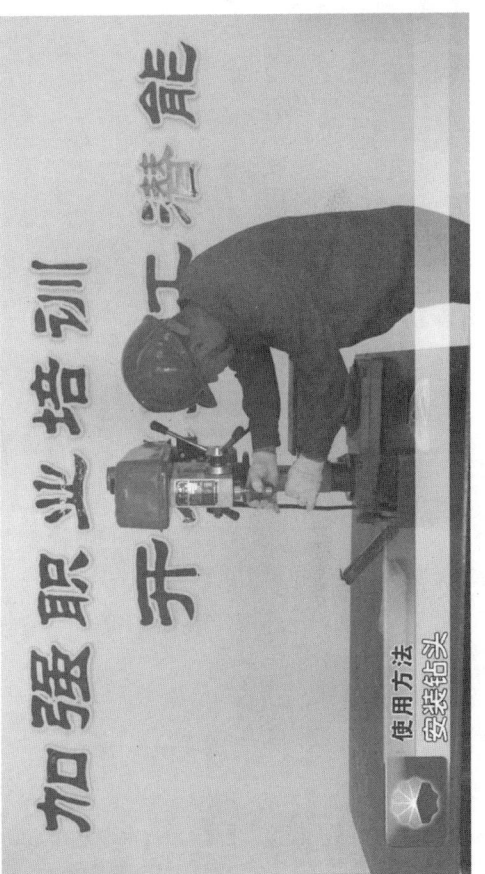

采油工常用电动钻孔工具的使用

台式钻床

采油工常用电动钻孔工具的使用

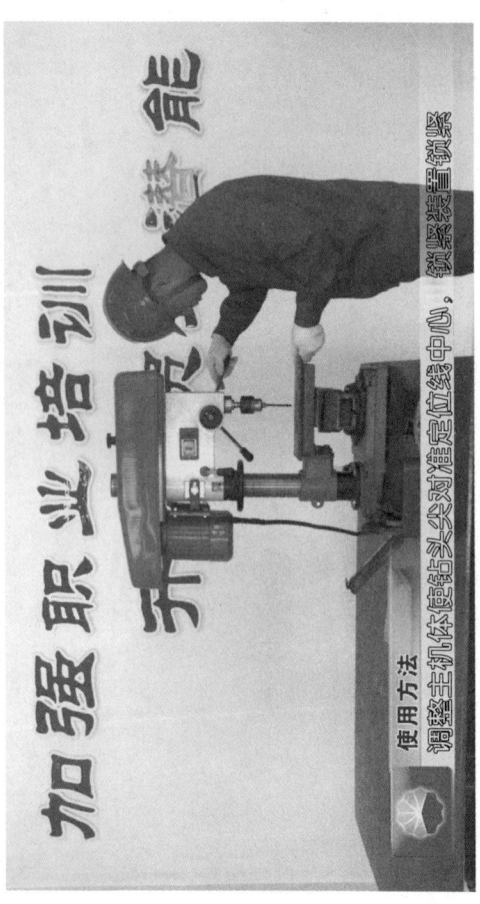

使用方法
调整主机体使钻头尖对准定位线中心,锁紧装置锁紧

(9)钻固定深度的孔时应将标尺调到预钻深度值,然后戴好护目镜,按启动按钮,开始钻孔。钻头钻到标尺上的零刻度线与标准线对齐时,缓慢抬起手柄,按停止按钮停钻。

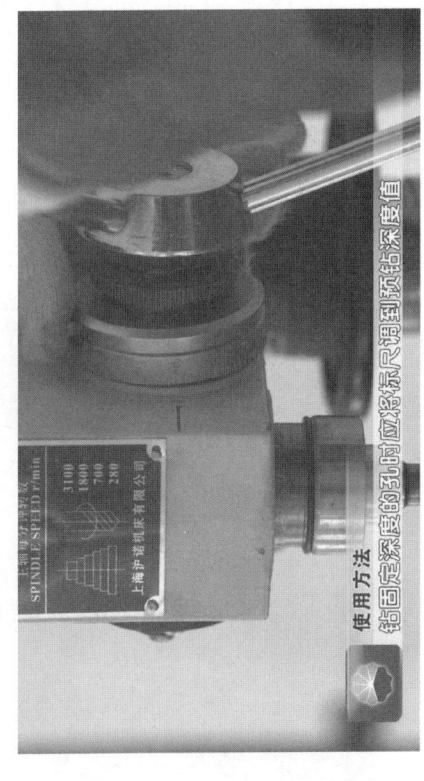

使用方法
钻固定深度的孔时应将标尺调到预钻深度值

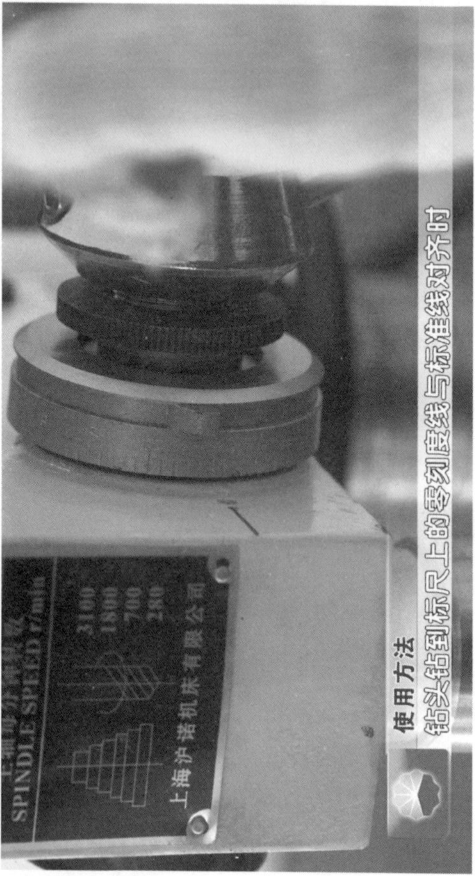
使用方法
钻头钻到标尺上的零刻度线与标准线对齐时
SPINDLE SPEED r/min
3100
1800
700
280
上海沪诺机床有限公司

台式钻床

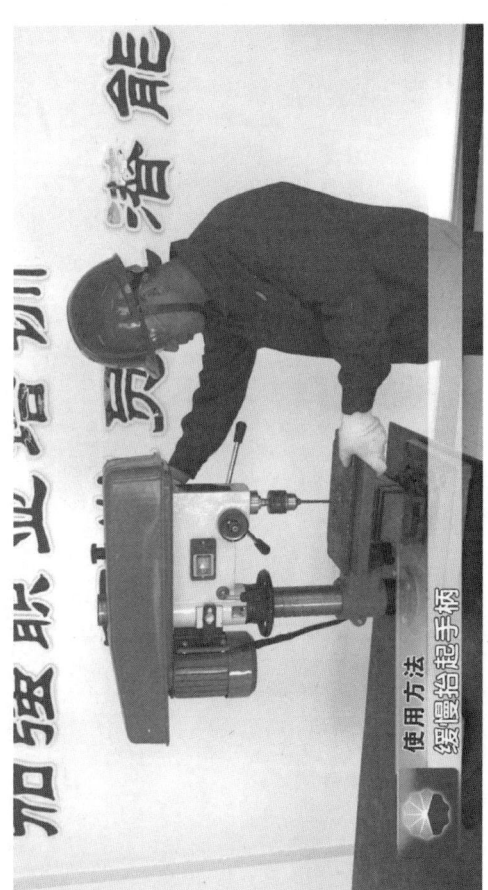

采油工常用电动钻孔工具的使用

(10) 使用完毕后,应用毛刷清理铁屑并擦拭干净。

使用中的注意事项

（1）装卸钻头、工件时要停机进行，严禁用铁锤或其他工具敲打钻头夹。

(2) 钻孔时,严禁接触旋转部位,应用毛刷清理铁屑。

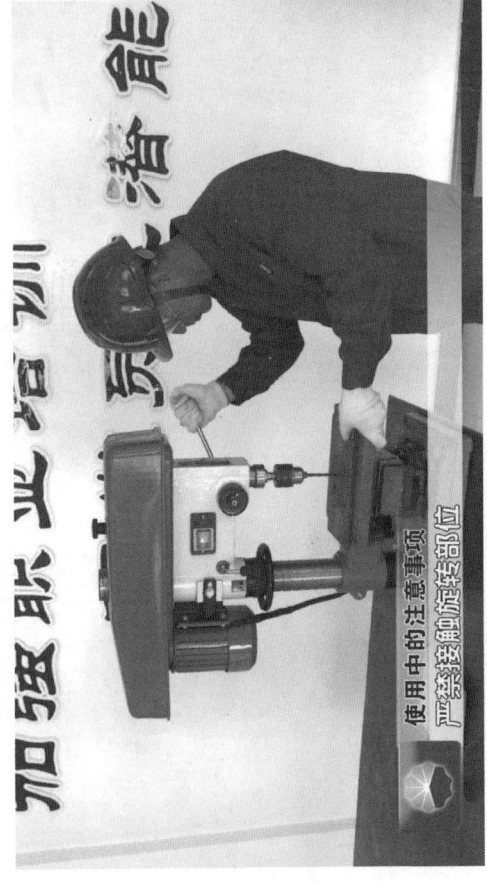

(3) 钻孔时,合理控制进钻力度,防止钻头打断飞出伤人。

使用中的注意事项
合理控制进钻力度,防止钻头打断飞出伤人

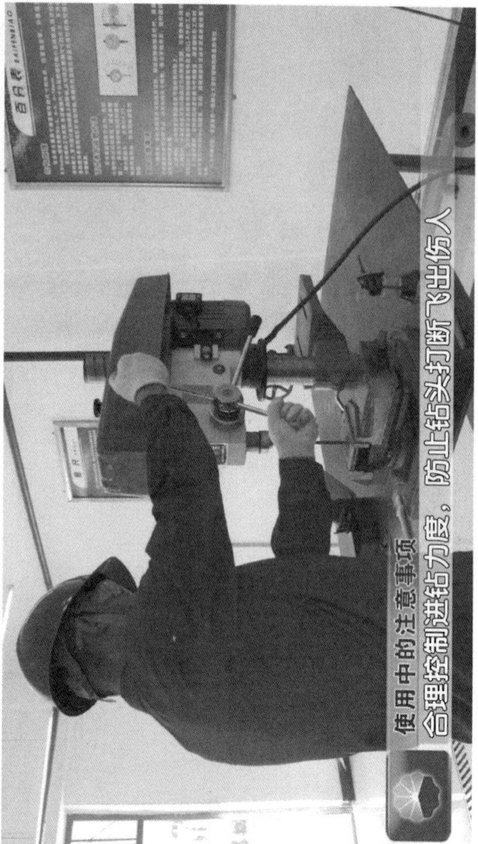

(4) 严禁在空气湿度较高及空气中含有易燃、易爆、腐蚀性气体工作环境下使用。

使用中的注意事项
(4) 严禁在空气湿度较高等工作环境下使用

试 题

一、选择题（不限单选）

1. 电动钻孔工具严禁在空气（　）及空气中含有易燃、易爆、腐蚀性气体工作环境下使用。

   A. 温度较高　　　　B. 温度较低

   C. 湿度较高　　　　D. 湿度较低

2. 使用手电钻时，应先旋开（　），装入钻头后用专用钥匙紧固。

   A. 锁紧装置　　　　B. 钻头夹

   C. 调节开关　　　　D. 加力手柄

3. 台式钻床安装钻头时，根据工件厚度大小调整（　）来移动主轴头，增加与工作台的间距。

   A. 锁紧装置　　　　B. 手柄

   C. 钻夹　　　　　　D. 升降手轮

4. 使用手电钻钻孔时,应先用( )和手锤在工件上打出定位坑,防止钻孔时钻头滑脱。

A. 样冲 B. 凿子

C. 扁铲 D. 錾子

5. 手电钻使用前,须开机空转至少( ),检查传动部分是否正常,如有异常,应排除故障后再使用。

A. 1min B. 2min

C. 3min D. 4min

6. 手电钻的特点是( )较小,便于携带。

A. 体积 B. 自重

C. 钻头 D. 钻夹

7. 手电钻是用来对金属或工件进行( )的电动工具。

A. 切割 B. 打磨

C. 钻孔 D. 除锈

8. 台式钻床包括( )两大类。

A. 开启式和封闭式   B. 电动式和手摇式

C. 活动式和固定式   D. 固定式和可调式

二、判断题

1. 使用专用钥匙紧固手电钻钻头夹时,两个紧固点均需紧牢。( )

2. 较小工件钻孔时,工件应夹持牢固。( )

3. 使用手电钻钻孔时,不用戴护目镜。( )

4. 钻孔时,双手握紧电钻,启动电钻后使钻头尖对准定位坑,缓慢加压进钻,钻孔过程中应逐渐加大压力。( )

5. 手电钻装卸钻头、工件时,严禁用铁锤或其他工具敲打钻头夹。( )

试题参考答案

一、选择题

题号	1	2	3	4	5	6	7	8
答案	C	B	D	A	A	B	C	B

二、判断题

题号	1	2	3	4	5
答案	×	√	×	×	√

《工具、用具、量具使用》

分册序号	分册书名
1	采油工常用扳手的使用
2	采油工常用手钳的使用
3	采油工常用电工仪表的使用
4	采油工常用量具的使用
5	采油工常用管工工具的使用（管螺纹铰板）
6	采油工常用管工工具的使用（管子钳）
7	采油工常用管工工具的使用（切割类）
8	采油工常用管工工具的使用（夹持类）
9	采油工常用锤击工具的使用
10	采油工常用电动钻孔工具的使用
11	采油工常用举升、顶拔工具的使用

采油工安全生产标准化操作丛书

中国石油人事部
中国石油勘探与生产分公司 编

工具、用具、量具使用 11

采油工常用举升、顶拔工具的使用

石油工业出版社

图书在版编目（CIP）数据

工具、用具、量具使用 / 中国石油人事部，中国石油勘探与生产分公司编.—北京：石油工业出版社，2019.5

（采油工安全生产标准化操作丛书）

ISBN 978-7-5183-3248-9

Ⅰ.①工… Ⅱ.①中… ②中… Ⅲ.①石油开采-工具-使用方法 ②石油开采-量具-使用方法 Ⅳ.① TE35-65

中国版本图书馆CIP数据核字（2019）第050026号

出版发行：石油工业出版社
（北京安定门外安华里2区1号楼100011）
网　　址：www.petropub.com
编辑部：（010）64523537
图书营销中心：（010）64523633
经　销：全国新华书店
印　刷：北京中石油彩色印刷有限责任公司

2019年5月第1版　2019年5月第1次印刷
880×1230毫米　开本：1/64　印张：13.625
字数：195千字

定价：165.00元（全11册）
（如出现印装质量问题，我社图书营销中心负责调换）
版权所有，翻印必究

《采油工安全生产标准化操作丛书》
编委会

主　　　　任：吴　奇

副　主　　任：黄　革　　郑新权　　万　军

执行副主任：王渝明　　张守良　　郝庆华

　　　　　　　王子云　　张　超　　赵捍军

委员：姜宝山　王　林　于胜泓　章卫兵　董洪亮

　　　王松波　吴景刚　全海涛　李亚鹏　范　猛

　　　王玉琢　杨　东　吴成龙　张万福　杨海波

　　　周　燕　侯继波　柴方源　祝汉强　肖长军

　　　赵　伟　卢盛红　朱继红　宋伟光　尹前进

　　　王海波　袁　月　王鹏飞　张　利　邓　钢

　　　吴文君　高　媛

《工具、用具、量具使用 11 采油工常用举升、顶拔工具的使用》编委会

主　编：吴　奇

副主编：郑海峰　王梓任　丁洪涛

委　员：吴文君　张春超　王大一

　　　　李雪莲　生凤英　王殿辉

　　　　于子祥　王冬艳　郑　瑜

　　　　吴　笛　程　亮　白丽君

　　　　段宝昌　罗　琦　周恒仓

开发单位

中国石油天然气股份有限公司勘探与生产分公司

大庆油田有限责任公司人事部(党委组织部)

大庆油田有限责任公司开发部

大庆油田有限责任公司质量安全环保部

大庆油田有限责任公司第二采油厂

大庆油田有限责任公司第四采油厂

大庆油田有限责任公司第六采油厂

大庆油田有限责任公司文化集团

大庆油田有限责任公司人才开发院

大庆油田有限责任公司大庆医学高等专科学校

合作单位

长庆油田分公司

辽河油田分公司

新疆油田分公司

大港油田分公司

华北油田分公司

石油工业出版社

Foreword 序

"求木之长者,必固其根本;欲流之远者,必浚其泉源。"2017年,党中央、国务院印发了《新时期产业工人队伍建设改革方案》,明确指出,产业工人是工人阶级中发挥支撑作用的主体力量,是创造社会财富的中坚力量,是创新驱动发展的骨干力量,是实施制造强国战略的有生力量。同时提出,要造就一支有理想守信念、懂技术会创新、敢担当讲奉献的宏大的产业工人队伍。这充分体现了党和国家对产业工人队伍建设的关心支持。

中国石油牢固树立以人为本、质量至上、安全第一、环保优先的理念,坚持施行标准化操作作为保证安全生产、深化精细管理、实现

企业内涵发展的重要支撑。中国石油将提升员工技能水平作为抓好产业工人队伍建设的主攻方向,把标准化操作固化成基层单位和干部职工尤其是新员工的行为准则和工作标准,牢固树立"上标准岗、干标准活"的工作意识和理念,形成人人讲安全、人人会安全、人人都安全的良好局面。

守正笃实,久久为功。提升员工技能操作水平是一项长期而艰巨的任务,完善标准是基础,加强领导是保障,优化执行是根本。这需要大家积极推广标准化操作工作,不断加强和改进操作流程与标准,不断规范与完善标准化操作,引导广大员工全面提升对标准化操作的认知度,全面提升标准化操作执行力,规范本质化安全行为,推进各项工作上水平。

中国石油人事部和中国石油勘探与生产分公司共同组织编写的《采油工安全生产标准化

操作丛书》及配套的视频课件,包含中国石油各油气田单位通用性的140个基本操作,具有开发标准高、内容全面、注重安全风险、应用范围广、培训效果突出等方面优点。相对应的视频课件利用三维动画技术,通过分解、剖切等方式展示常规不可见的设备内部结构,让员工学习起来更加直观,是一套"看得懂、学得会、易掌握"的实用教材,真正做到了将"技术有形化",填补了中国石油安全生产操作培训课件方面的空白,为进一步提升操作员工整体素质提供有力支撑。

目前,跨国公司员工培训已经进入了"互联网+培训"的员工混合式培训阶段,以多终端应用设备为载体,展现多种资源,结合线下培训和社区化学习模式,以网络化应用进行培训评估,实现可规划路径的人才发展优化培训。这套丛书从生产实际出发,以满足需求为导向,

以促进员工养成标准化操作习惯为目标，实践性和针对性都很强。同时，大批专家的参与写作使教材的权威性有了保证。丛书配套的视频课件可以满足石油员工远程移动学习，也可以满足员工单机高清自学和集中学习。这样就形成了三位一体的员工培训模式，逐步迈入员工混合式培训阶段。希望这套丛书的出版发行，能为促进中国石油员工培训工作的深入开展，为促进员工操作技能水平的不断提升，为推动油气主业高质量发展，为实现中国石油建成世界一流综合性国际能源公司作出积极贡献。

中国石油天然气集团有限公司
总经理助理、人事部总经理　刘志华

PREFACE 前言

采油工是油田企业主体关键工种之一,在中国石油操作类员工中占比较大,采油工技能水平的高低,对油田的安全平稳生产起到至关重要的作用。为进一步提高采油工的基本素质和业务技能水平,中国石油人事部和中国石油勘探与生产分公司于2016年联合启动了采油工安全生产标准化操作视频培训课件开发项目,成立了课件编委会,委托大庆油田公司负责课件具体编制工作,并确定长庆、辽河、新疆、大港、华北5家油田公司和石油工业出版社,共同配合大庆油田做好视频培训课件编制工作。

课件开发过程中,大庆油田高度重视,按照"实际、实用、实效"的原则,专门成立了

课件开发工作领导组,组织公司人事部、开发部、安全环保部、第二采油厂、第四采油厂等9个部门和二级单位共同参与,共计抽调了100余名专家参与项目的研发设计。勘探与生产分公司加强过程监督和质量把控,针对开发方案、课件脚本、制作标准、课件样片等内容,按照不同工作节点先后组织三次大的集中审核会议,邀请中国石油各油田行业专家建言献策,为提高课件的通用性和实用性奠定坚实基础。大庆油田按照总体工作要求,历时两年,完成了视频培训课件的编制任务,并同步完成《采油工安全生产标准化操作丛书》的编写工作。本套丛书紧贴油田生产实际,以采油工岗位职责为依据,包含《安全防护用具使用》《工具、用具、量具使用》《采油工艺简介》《抽油机井标准化操作》《电动潜油泵井标准化操作》《电动螺杆泵井标准化操作》《注水井标准化操作》

《计量间标准化操作》《抽油机井生产故障分析与处理》《电动潜油泵井生产故障分析与处理》《电动螺杆泵井生产故障分析与处理》《注水井生产故障分析与处理》《计量间生产故障分析与处理》《现场应急救护》,共14种140个分册。本套丛书具有突出的实用性和规范性特点,可广泛用于新员工岗前培训、日常岗位练兵、鉴定考前培训、师徒帮带、技能竞赛等学习培训活动。

希望本套丛书能够为各石油企业提供借鉴,为今后采油工岗位培训的扎实有效开展提供有力保障。由于各油田在采油工艺、设备等方面存在差异性,书中难免有不足之处,敬请读者批评指正。

编者
2018年8月

Contents 目录

项目说明 1

手拉葫芦 2

撬杠 32

顶拔器 50

试题 71

试题参考答案 74

项目说明

举升工具主要用来吊装、举升设备和货物；顶拔工具主要用来拆卸轴套类设备或零件。采油工常用的举升、顶拔工具有手拉葫芦、撬杠、顶拔器。

手拉葫芦

手拉葫芦是一种悬挂式手动提升工具。适用于小型设备和短距离的吊运升降。手拉葫芦按其使用工况分为Z级重载和Q级轻载。常用规格有1吨、2吨。

手拉葫芦

手拉葫芦
适用于小型设备和短距离的吊运升降

采油工常用举升、顶拔工具的使用

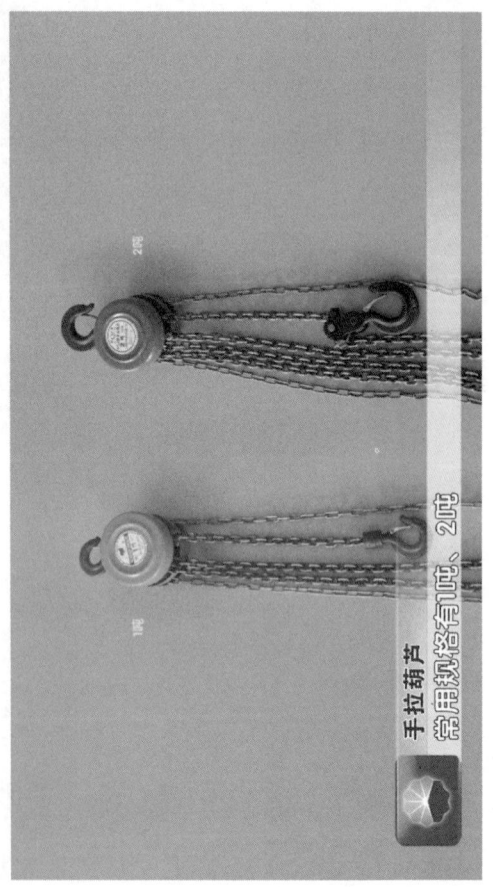

手拉葫芦
常用规格有1吨、2吨

手拉葫芦

1. 参考标准

JB/T 7334—2007《手拉葫芦》

2. 结构组成

手拉葫芦是由手拉链条、起重链条、上吊钩及止索夹、下吊钩及止索夹、传动装置组成。

3. 使用方法

(1) 根据所吊重物的质量检查手拉葫芦起重规格合适。检查手拉葫芦上吊钩完好无裂纹、无缺损，止syu夹灵活好用。下吊钩完好无裂纹、无缺损，止syu夹灵活好用。起重链条润滑良好无缠绕、无开焊、无扭结，手拉链条润滑良好，无开焊，传动装置转动灵活好用。

使用方法 根据所吊重物的质量检查手拉葫芦起重规格合适

手拉葫芦

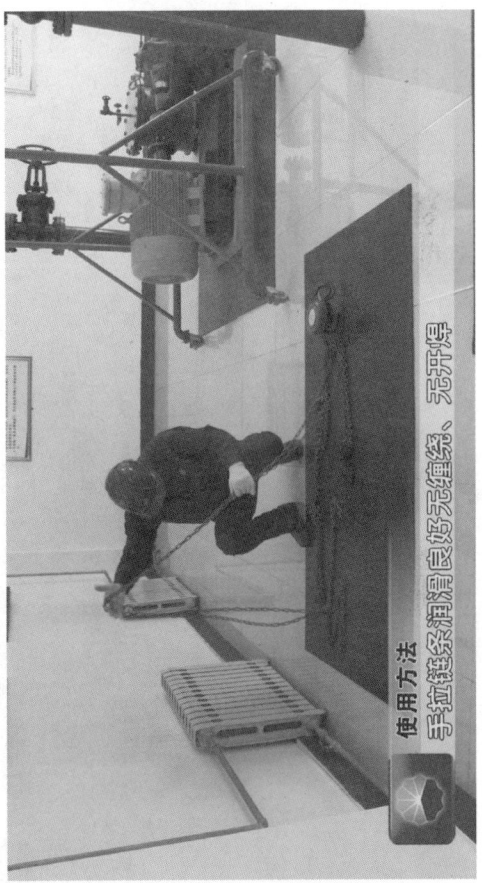

使用方法
手拉链经润滑后应无缠绕、无扭曲

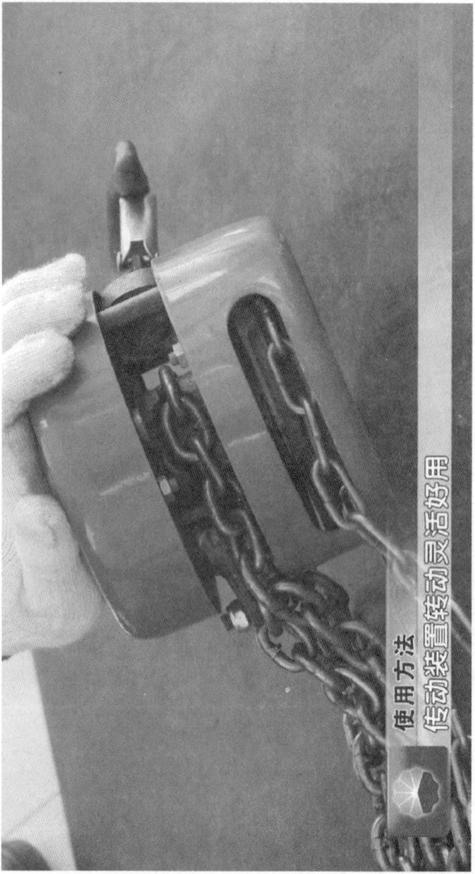

采油工常用举升、顶拔工具的使用

使用方法

传动装置转动灵活好用

手拉葫芦

(2) 检查上吊钩固定挂点连接牢固无开焊,下吊钩固定挂点无裂纹、无损坏、连接牢固。起吊重物时将上吊钩挂在固定挂点上,卡好止索夹,起重链条、手拉链条垂直悬挂无缠绕,在无载状态下,拉动手拉链条,各机构运转灵活。

使用方法
检查上吊钩固定点连接焊缝牢固无开焊

采油工常用举升、顶拔工具的使用

使用方法
起吊重物时将上吊钩挂在固定挂点上

手拉葫芦

使用方法
卡好止紧买

— 11 —

采油工常用举升、顶拔工具的使用

手拉葫芦

使用方法
拉动导拉链条

采油工常用举升、顶拨工具的使用

使用方法
各机构运转要灵活

(3)将手拉葫芦下吊钩挂在被吊重物的固定挂点上,挂接牢固,卡好止索夹,拽动一侧手拉链条,缓慢平稳提升重物。

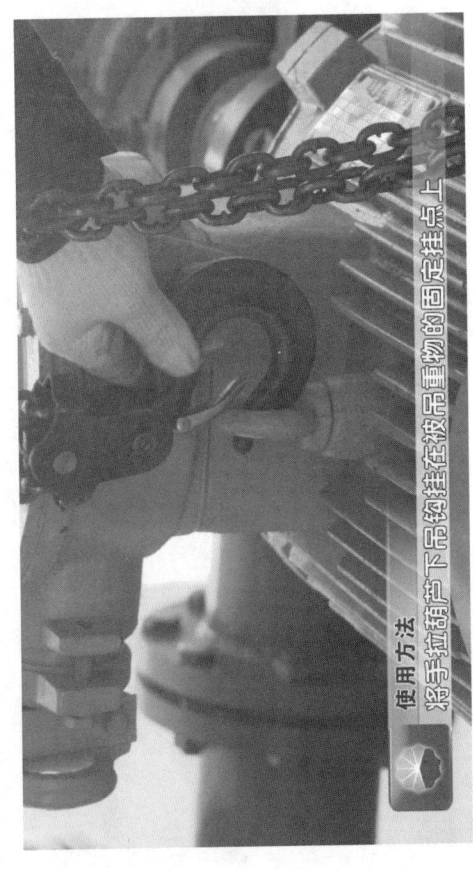

使用方法
将手拉葫芦下吊钩挂在被吊重物的固定挂点上

手拉葫芦

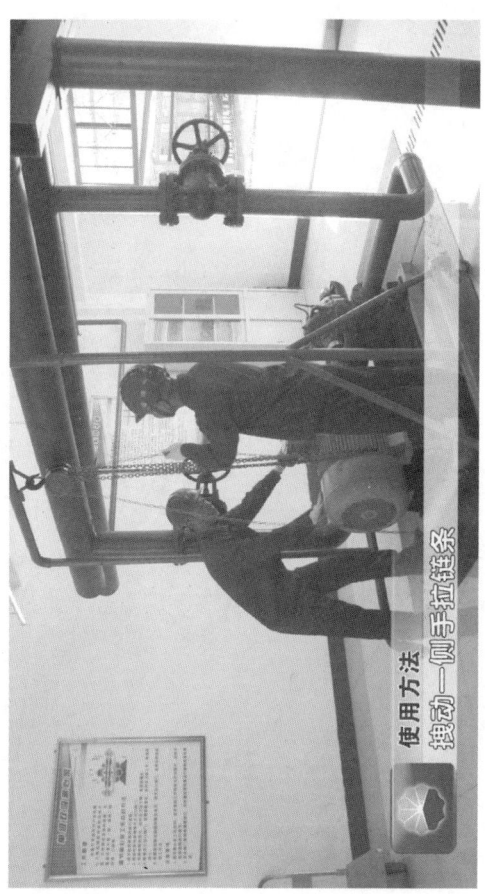

使用方法
拽动一侧手拉链条

— 17 —

采油工常用举升、顶拔工具的使用

使用方法
缓慢平稳提升重物

（4）当重物提到所需要的高度时，停止拽动手拉链条，将手拉链条整理放到一侧并用挂钩挂好，防止操作过程中碰到链条造成重物下落或上升。

使用方法
当重物没提到所需要的高度时

采油工常用举升、顶拔工具的使用

使用方法：停止拽动手扳链条

手拉葫芦

使用方法

将号码链条整理放到图一侧并用挂钩挂好

— 21 —

采油工常用举升、顶拔工具的使用

使用方法

防止操作过程中砸到链条造成重物下落或上升

手拉葫芦

(5) 当需要将提起的重物下落时,应拽动另一侧手拉链条,拽动时应缓慢、平稳,使被吊重物平稳下落,直到重物落到支承面上,起重链条无载状态下松开止索夹取下吊钩。

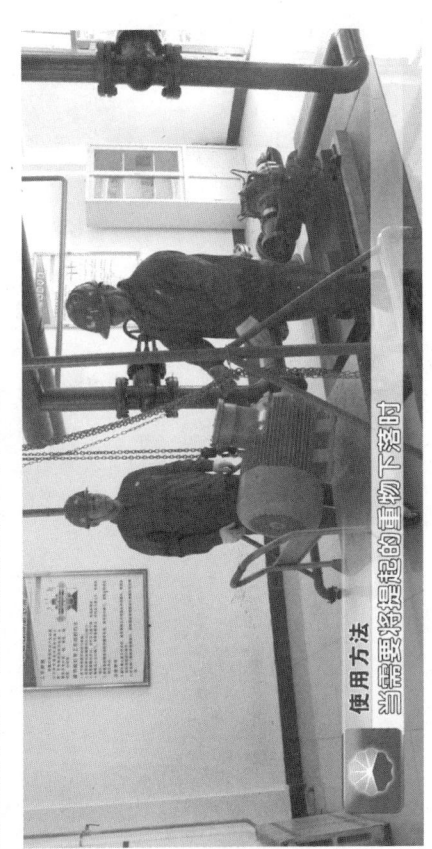

使用方法
当需要将提起的重物下落时

采油工常用举升、顶拔工具的使用

使用方法
一应推动另一侧手拉链条

手拉葫芦

使用方法
直到重物落到支承面上

采油工常用举升、顶拔工具的使用

使用方法
起重链条毛钩状态下松开止器取下下吊钩

(6)使用完毕后,应松开上吊钩止索夹,取下上吊钩,整理链条,擦试上、下吊钩。

采油工常用举升、顶拔工具的使用

使用方法
摆放上、下吊钩

4. 使用中的注意事项

（1）严禁超过额定起重量和标准起升高度进行使用。

使用中的注意事项
（1）严禁超过额定起重量和标准起升高度进行使用

采油工常用举升、顶拨工具的使用

使用中的注意事项

(2) 起升、下降前卡好止索夹,起重链条无扭结。

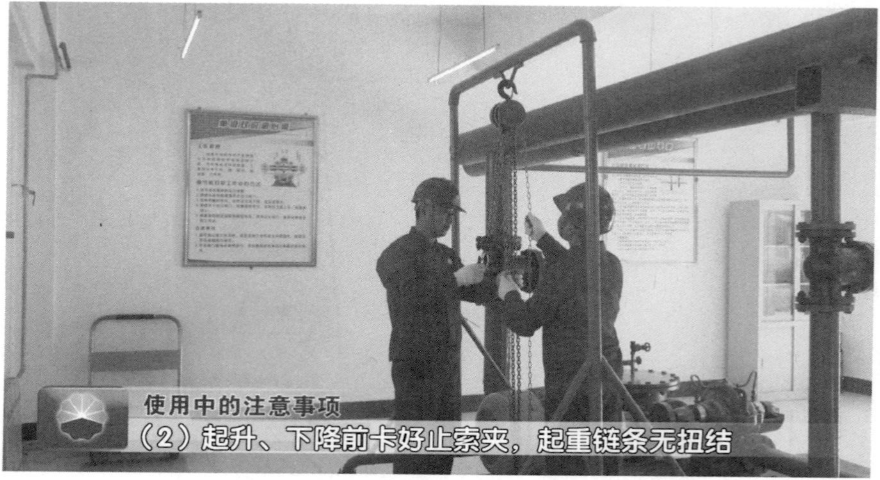

手拉葫芦

(3) 起吊重物时，手拉葫芦下严禁站人。

使用中的注意事项
(3) 起吊重物时，手拉葫芦下严禁站人

— 31 —

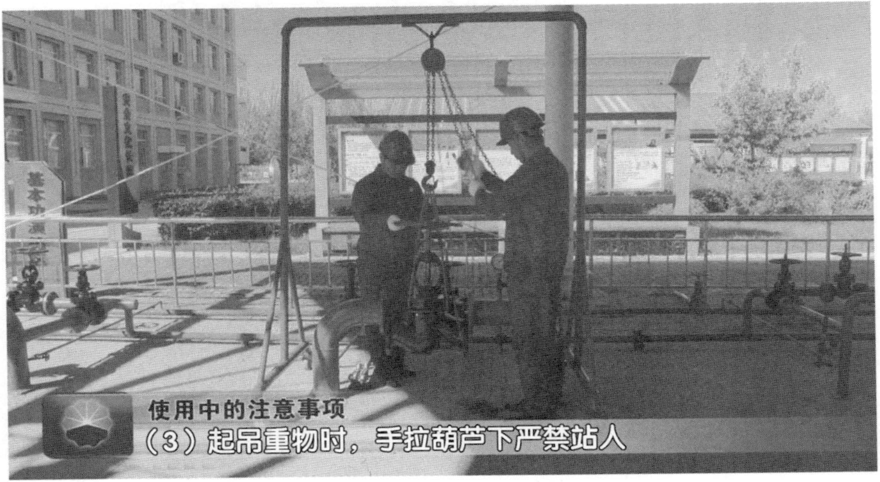

撬 杠

撬杠是利用杠杆原理,用较小的力来撬起、移动、活动物体的一种常用工具。常用的规格有400mm、800mm、1000mm。

撬杠
撬杠是利用杠杆原理

撬杠

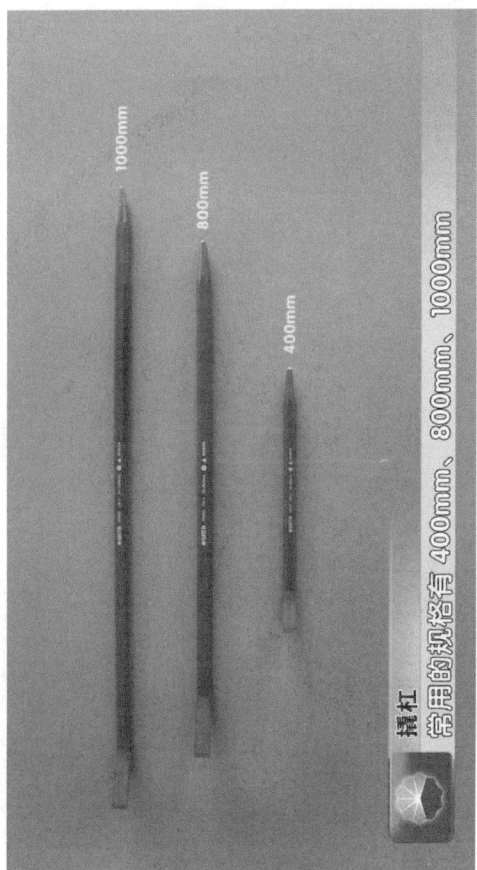

撬杠
常用的规格有 400mm、800mm、1000mm

1. 参考标准

TB/T 1517—1984《撬棍》

2. 结构组成

撬杠是由主体、锥头和扁头三部分组成。

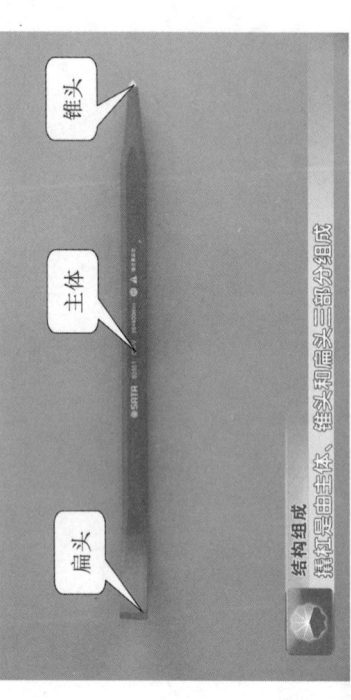

3. 使用方法

(1) 检查撬杠无裂纹、无毛刺、无变形，锥头和扁头完好。

(2)使用扁头时,手握撬杠锥头一侧将扁头部分插入被撬缝隙中,用力下压,以固定端为支点,撬起活动部分,用力方向与支点方向一致。

撬杠

使用方法
手握撬杠锥头一侧将扁部分插入被撬缝隙中

采油工常用举升、顶拔工具的使用

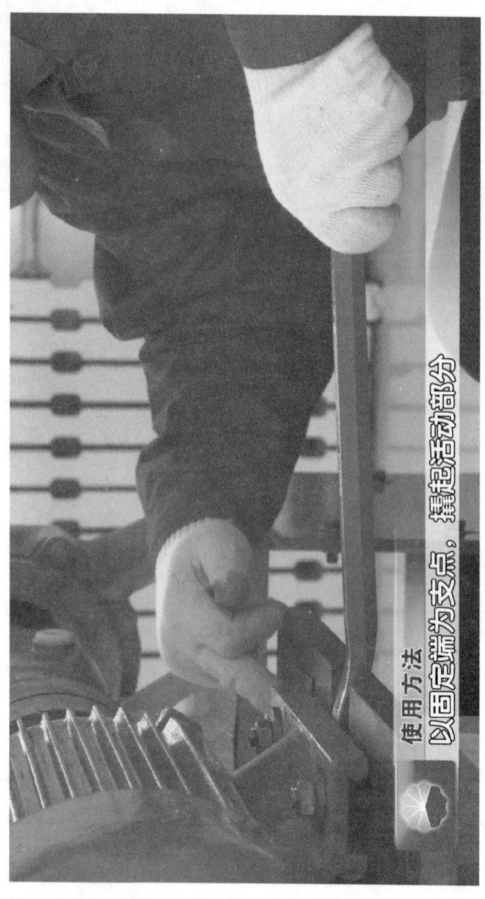

使用方法
以固定端为支点,撬起活动部分

撬杠

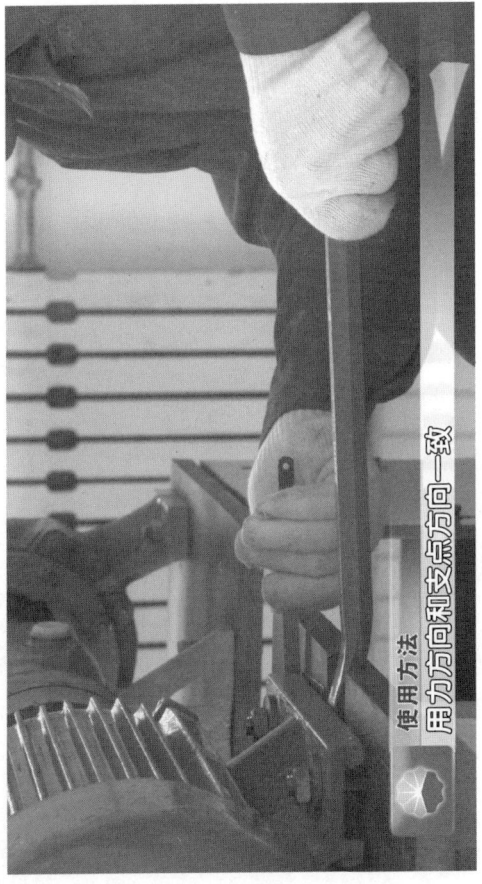

使用方法：用力口和支点力口一致

（3）使用锥头时，手握撬杠扁头一侧，将撬杠锥头部分插入两法兰对应螺栓孔中，用力拉动或下压进行调整，使螺栓孔对中，法兰对齐。

使用方法
使用锥头时，手握撬杠扁头一侧

撬杠

（4）使用较大的撬杠时，应双手一正一反握住撬杠一端，另一端插入被撬物体底部，用力下压或抬起撬起重物。

使用方法
使用较大的撬杠时

采油工常用举升、顶拔工具的使用

使用方法：应双手一正一反握住铧杠一端

采油工常用举升、顶拔工具的使用

使用方法
用力下压或拾起得起起重物

(5) 使用完毕后,应擦拭干净。

4. 使用中的注意事项

(1) 使用时要选取好支点,用力方向朝向支点。

(2)撬动时用力平稳,防止滑脱伤人。

顶拔器

顶拔器是拆卸轴承、更换传动轴上的齿轮、联轴器、皮带轮等零件的手工工具。顶拔器分为三爪和两爪两种。常用的规格有150mm、200mm、300mm。

顶拔器

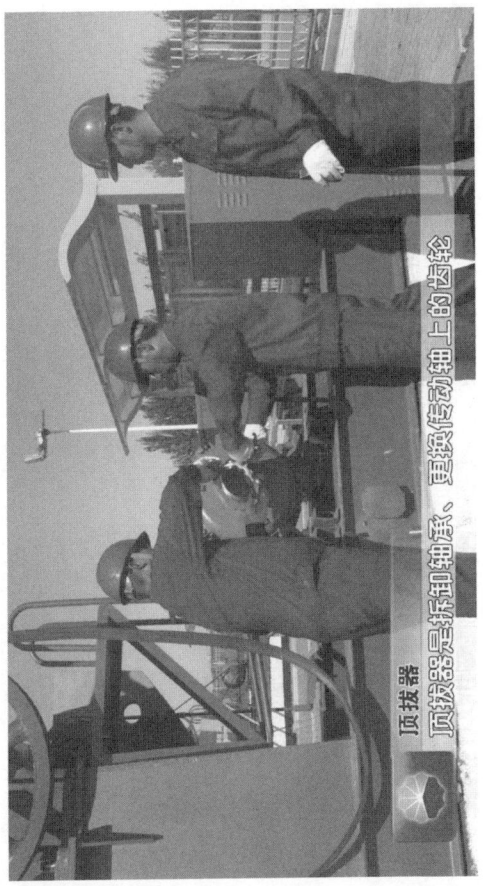

顶拔器
顶拔器是拆卸钟泵、更换传动钟上的齿轮

采油工常用举升、顶拔工具的使用

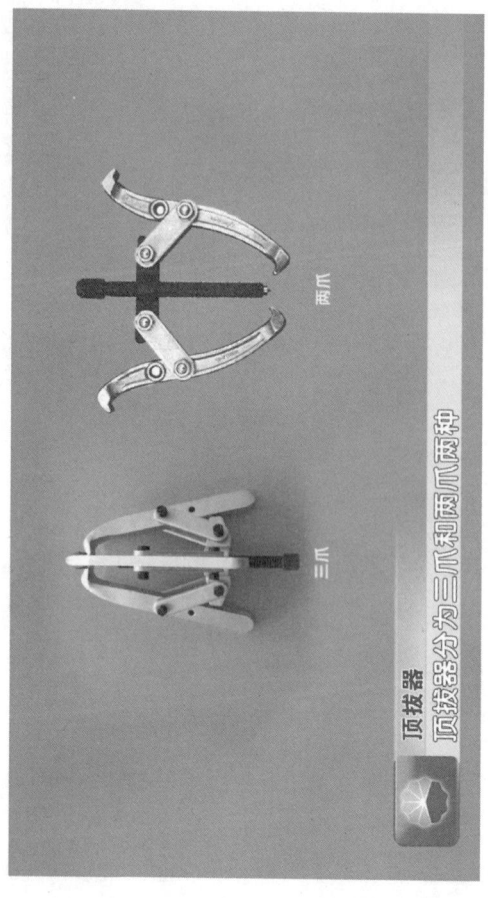

顶拔器
顶拔器分为三爪和两爪两种

顶拔器

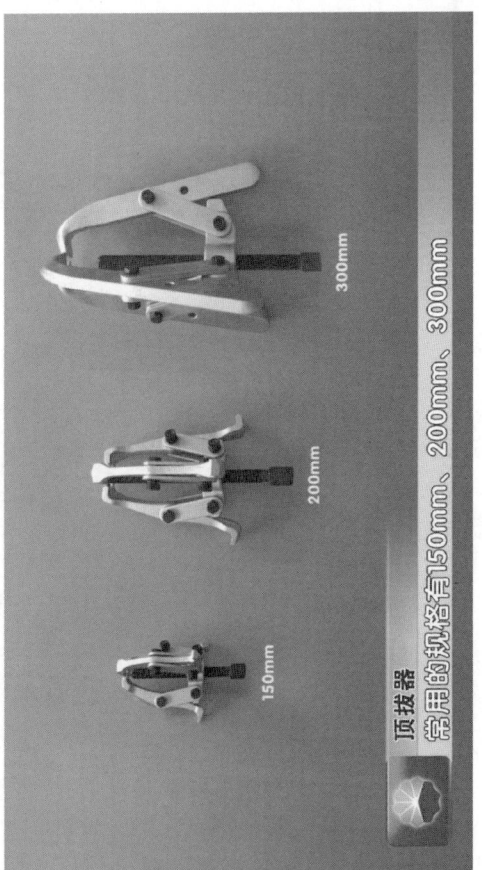

顶拔器 常用的规格有150mm、200mm、300mm

1. 参考标准

JB/T 3411.50—1999《两爪顶拔器尺寸》

JB/T 3411.51—1999《三爪顶拔器尺寸》

2. 结构组成

顶拔器是由丝杆、拉座、拉脚、连接片、螺栓、螺母、顶尖等组成。

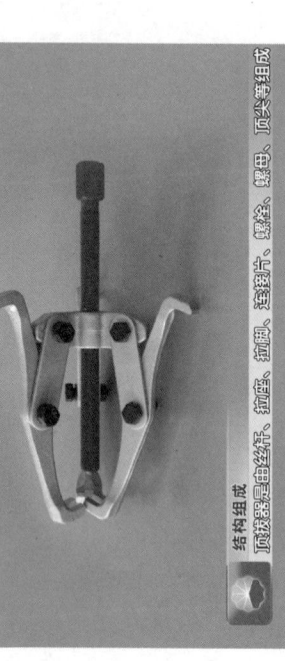

结构组成：顶拔器是由丝杆、拉座、拉脚、连接片、螺栓、螺母、顶尖等组成

3. 使用方法

（1）根据拆卸工件的大小选择合适规格的顶拔器。

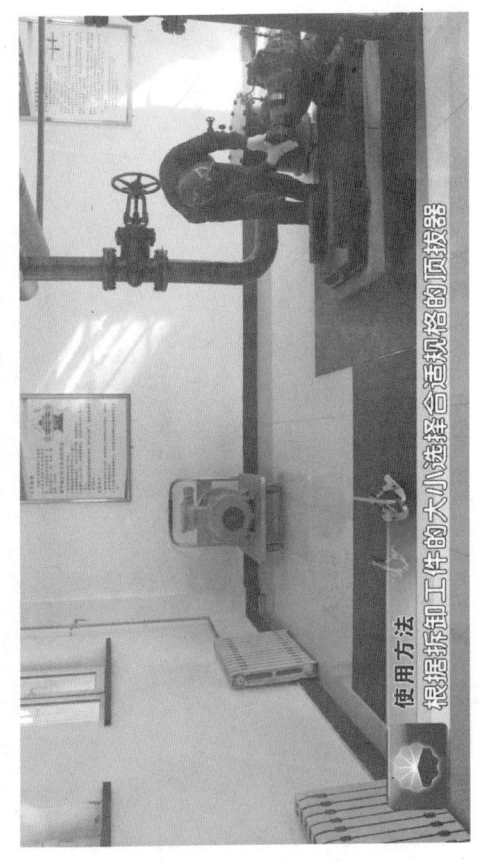

(2) 检查顶拔器丝杆无裂纹转动灵活，拉座无损坏无裂纹，拉脚完好无变形，各连接片连接处牢固无损坏。

使用方法
检查顶拔器丝杆无裂纹转动灵活，拉座无损坏无裂纹

顶拔器

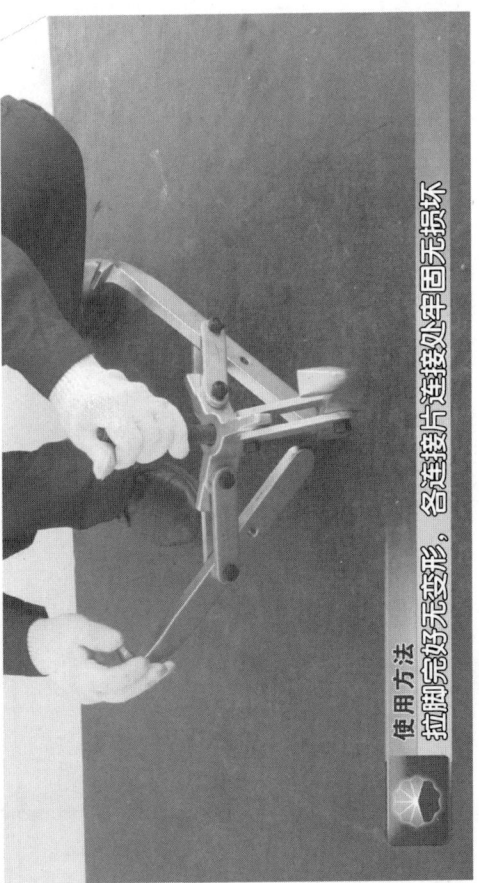

使用方法

拉测完好无变形,各连接片连接处灵活且无损坏

(3)使用时用手托起顶拔器,将丝杆顶尖对准被拆卸工件的轴心。将三个拉脚分别扣在工件端面,转动丝杆,将拉脚与工件拉紧,保证各拉脚受力均匀。

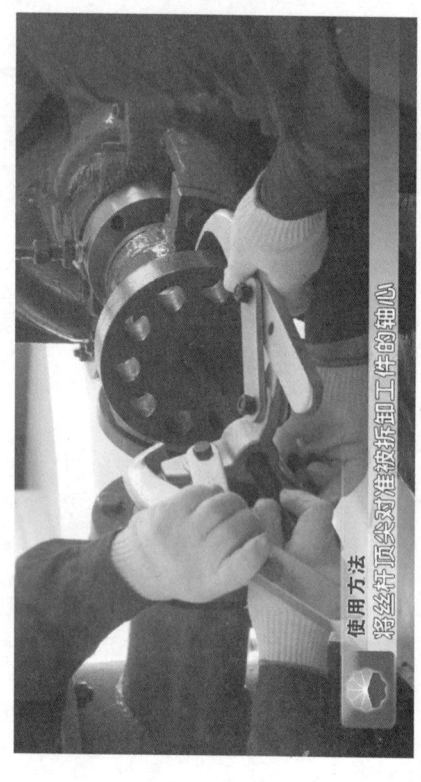

使用方法　将丝杆顶尖对准被拆卸工件的轴心

采油工常用举升、顶拔工具的使用

顶拔器

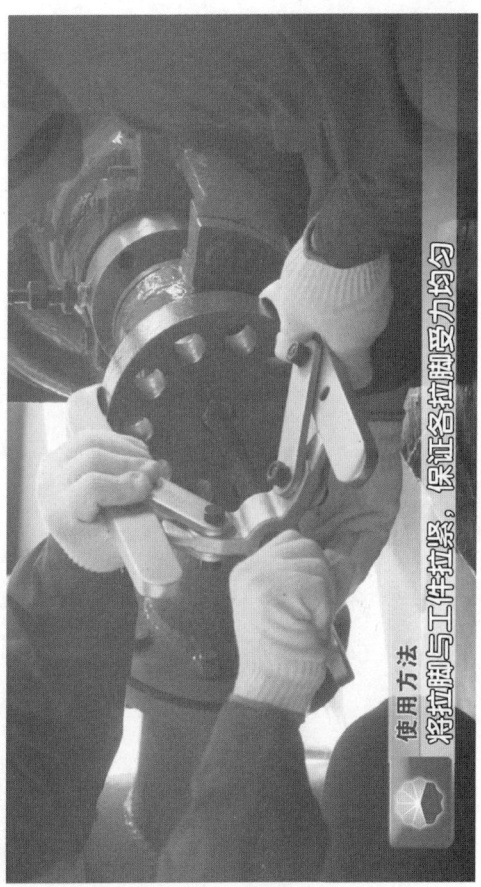

使用方法
将拔削与工件拉紧,保证各拔削受力均匀

（4）用扳手旋进丝杆，逐渐增加拉脚拉力，用力时要平稳缓慢。当工件松动时，用手扶住工件，旋出丝杆，使拉脚卸力，并摘下拉脚，取下顶拔器，双手平稳取下工件。

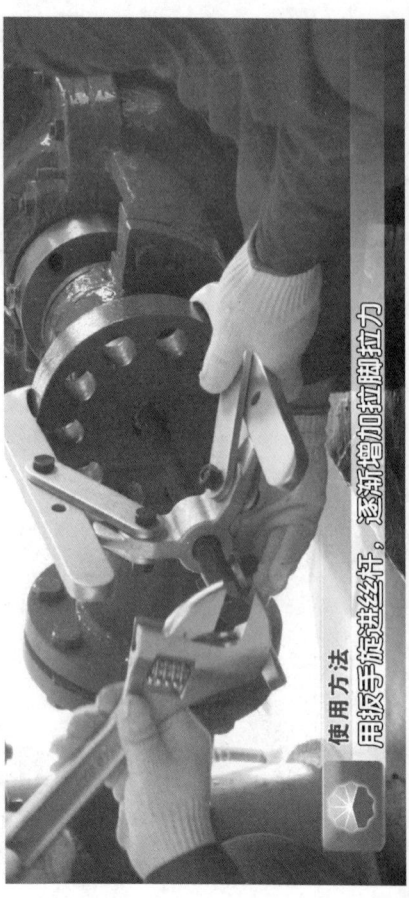

使用方法
用扳手旋进丝杆，逐渐增加拉脚拉力

顶拔器

使用方法
用力时要平稳缓慢

采油工常用举升、顶拔工具的使用

顶拔器

使用方法
用手拨住工件,旋出丝杆,使之脱销力

采油工常用举升、顶拔工具的使用

使用方法 并摘下卡圈，取下顶拔器

顶拔器

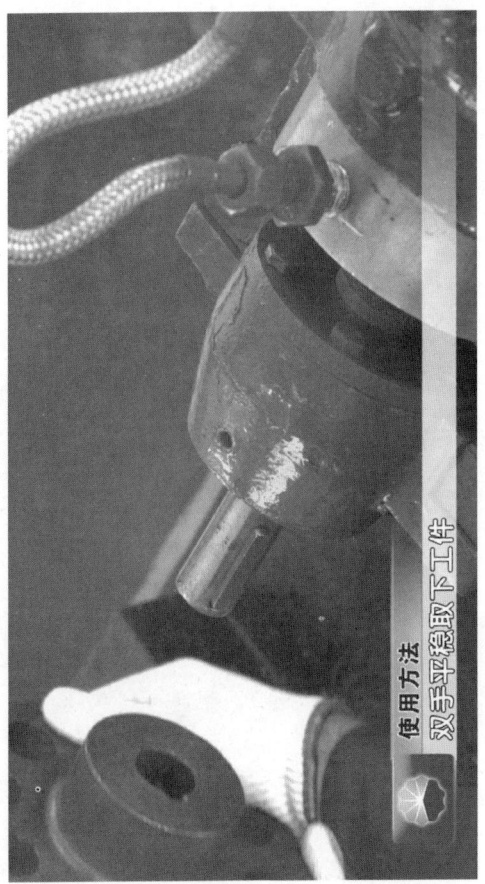

使用方法：双手平稳取下工件

(5) 使用完毕后,应擦拭干净。

4. 使用中的注意事项

(1) 丝杆与被拆卸的工件要同轴。

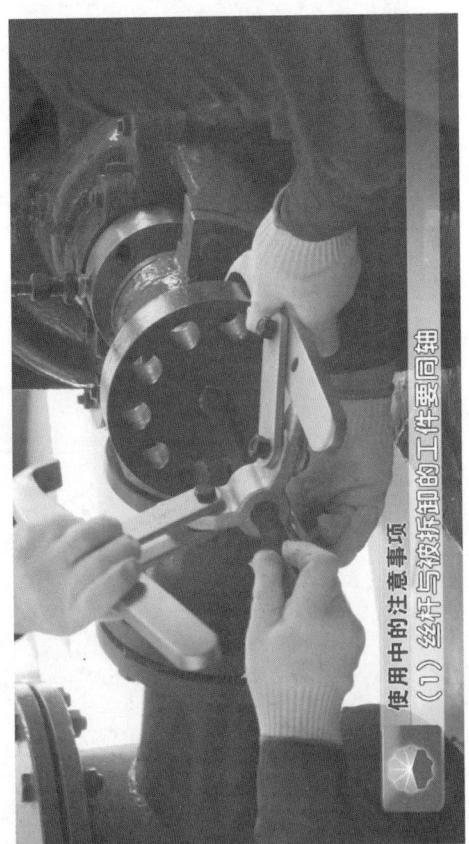

(2) 拉脚与拆卸工件要充分接触。

使用中的注意事项
(2) 拉脚与被拆卸工件要充分接触

试 题

一、选择题（不限单选）

1. 举升工具主要用来（　　）、举升设备和货物。

　　A. 安装　　　　　　B. 拆卸
　　C. 吊装　　　　　　D. 固定

2. 手拉葫芦是一种（　　）手动提升工具。

　　A. 倒挂式　　　　　B. 悬挂式
　　C. 壁挂式　　　　　D. 固定式

3. 手拉葫芦按其使用工况分为（　　）级重载和 Q 级轻载。

　　A. N　　　　　　　B. G
　　C. E　　　　　　　D. Z

4. 手拉葫芦使用时，起重链条应在（　　）下松开止索夹取下下吊钩。

A. 无载状态 B. 轻载状态

C. 承载状态 D. 重载状态

5.使用手拉葫芦时,严禁超过( )起重量和标准起升高度进行使用。

A. 最大 B. 最小

C. 试验 D. 额定

6.用以撬起、迁移、活动物体的工具是( )。

A. 手拉葫芦 B. 穿心柄螺钉旋具

C. 撬杠 D. 千斤顶

7.手拉葫芦使用前,应检查起重链条润滑良好( ),传动装置转动灵活好用。

A. 无缠绕 B. 无油脂

C. 无开焊 D. 无扭结

二、判断题

1.使用手拉葫芦时,应快速提升重物以防止提升过程中摆动伤人。( )

2.使用手拉葫芦起吊重物时,手拉葫芦下

严禁站人。（　）

3.撬杠使用时要选取好支点,用力方向朝向活动端。（　）

4.使用撬杠撬动法兰时应以活动端为支点,撬起固定部分。（　）

5.使用顶拔器时,将丝杆顶尖对准被拆卸工件的工件端面。（　）

试题参考答案

一、选择题

题号	1	2	3	4	5	6	7
答案	C	B	D	A	D	C	ACD

二、判断题

题号	1	2	3	4	5
答案	×	√	×	×	×

《工具、用具、量具使用》

分册序号	分册书名
1	采油工常用扳手的使用
2	采油工常用手钳的使用
3	采油工常用电工仪表的使用
4	采油工常用量具的使用
5	采油工常用管工工具的使用（管螺纹铰板）
6	采油工常用管工工具的使用（管子钳）
7	采油工常用管工工具的使用（切割类）
8	采油工常用管工工具的使用（夹持类）
9	采油工常用锤击工具的使用
10	采油工常用电动钻孔工具的使用
11	采油工常用举升、顶拔工具的使用